全国科学技术名词审定委员会

科学技术名词·工程技术卷（全藏版）

13

海峡两岸大气科学名词

（第二版）

海峡两岸大气科学名词工作委员会

国家自然科学基金资助项目

科学出版社

北京

内 容 简 介

本书是由海峡两岸大气科学界专家会审的海峡两岸大气科学名词对照本（第二版），是在 2002 年出版的《海峡两岸大气科学名词》的基础上加以增补修订而成。内容包括大气、大气探测、大气物理学、大气化学、动力气象学、天气学、气候学、应用气象学等，共收词约 6000 条。本书可供海峡两岸大气科学界和其他领域的有关人士使用。

图书在版编目（CIP）数据

科学技术名词. 工程技术卷：全藏版 / 全国科学技术名词审定委员会审定.
—北京：科学出版社，2016.01
　ISBN 978-7-03-046873-4

　I. ①科… II. ①全… III. ①科学技术–名词术语 ②工程技术–名词术语
IV. ①N-61 ②TB-61

中国版本图书馆 CIP 数据核字（2015）第 307218 号

责任编辑：李玉英 / 责任校对：陈玉凤
责任印制：张 伟 / 封面设计：铭轩堂

科 学 出 版 社 出版
北京东黄城根北街 16 号
邮政编码：100717
http://www.sciencep.com
北京厚诚则铭印刷科技有限公司印刷
科学出版社发行　各地新华书店经销
*
2016 年 1 月第 一 版　开本：787×1092 1/16
2016 年 1 月第一次印刷　印张：21 1/4
字数：507 000
定价：7800.00 元（全 44 册）
（如有印装质量问题，我社负责调换）

海峡两岸大气科学名词工作委员会委员名单

第一届委员（1999—2006）

大陆召集人：周诗健

大 陆 委 员（按姓氏笔画为序）：

王存忠　　王明星　　刘金达　　纪立人　　李玉英

周明煜　　周晓平　　谢 安

臺灣召集人：陳泰然

臺 灣 委 員（按姓氏筆畫爲序）：

王作臺　　周仲島　　紀水上　　郭鴻基　　蒲金標

鄭明典　　劉振榮　　劉廣英

第二届委员（2006—2012）

大陆召集人：张人禾

大 陆 委 员（按姓氏笔画为序）：

伍荣生　　纪立人　　李玉英　　陈 文　　周明煜

俞卫平　　秦大河　　黄荣辉　　谭本馗

臺灣召集人：周仲島

臺 灣 委 員（按姓氏筆畫爲序）：

王作臺　　紀水上　　郭鴻基　　陳泰然　　蒲金標

鄭明典　　劉振榮　　劉廣英

序

　　科学技术名词作为科技交流和知识传播的载体,在科技发展和社会进步中起着重要作用。规范和统一科技名词,对于一个国家的科技发展和文化传承是一项重要的基础性工作和长期性任务,是实现科技现代化的一项支撑性系统工程。没有这样一个系统的规范化的基础条件,不仅现代科技的协调发展将遇到困难,而且,在科技广泛渗入人们生活各个方面、各个环节的今天,还将会给教育、传播、交流等方面带来困难。

　　科技名词浩如烟海,门类繁多,规范和统一科技名词是一项十分繁复和困难的工作,而海峡两岸的科技名词要想取得一致更需两岸同仁作出坚韧不拔的努力。由于历史的原因,海峡两岸分隔逾50年。这期间正是现代科技大发展时期,两岸对于科技新名词各自按照自己的理解和方式定名,因此,科技名词,尤其是新兴学科的名词,海峡两岸存在着比较严重的不一致。同文同种,却一国两词,一物多名。这里称"软件",那里叫"软体";这里称"导弹",那里叫"飞弹";这里写"空间",那里写"太空";如果这些还可以沟通的话,这里称"等离子体",那里称"电浆";这里称"信息",那里称"资讯",相互间就不知所云而难以交流了。"一国两词"较之"一国两字"造成的后果更为严峻。"一国两字"无非是两岸有用简体字的,有用繁体字的,但读音是一样的,看不懂,还可以听懂。而"一国两词"、"一物多名"就使对方既看不明白,也听不懂了。台湾清华大学的一位教授前几年曾给时任中国科学院院长周光召院士写过一封信,信中说:"1993年底两岸电子显微学专家在台北举办两岸电子显微学研讨会,会上两岸专家是以台湾国语、大陆普通话和英语三种语言进行的。"这说明两岸在汉语科技名词上存在着差异和障碍,不得不借助英语来判断对方所说的概念。这种状况已经影响两岸科技、经贸、文教方面的交流和发展。

　　海峡两岸各界对两岸名词不一致所造成的语言障碍有着深刻的认识和感受。具有历史意义的"汪辜会谈"把探讨海峡两岸科技名词的统一列入了共同协议之中,此举顺应两岸民意,尤其反映了科技界的愿望。两岸科技名词要取得统一,首先是需要了解对方。而了解对方的一种好的方式就是编订名词对照本,在编订过程中以及编订后,经过多次的研讨,逐步取得一致。

　　全国科学技术名词审定委员会(简称全国科技名词委)根据自己的宗旨和任务,始终把海峡两岸科技名词的对照统一工作作为责无旁贷的历史性任务。近些年一直本着积极推进,增进了解;择优选用,统一为上;求同存异,逐步一致的精神来开展这项工作。先后接待和安排了许多台湾同仁来访,也组织了多批专家赴台参加有关学科的名词对照研讨会。工作中,按照先急后缓、先易后难的精神来安排。对于那些与"三通"

有关的学科,以及名词混乱现象严重的学科和条件成熟、容易开展的学科先行开展名词对照。

在两岸科技名词对照统一工作中,全国科技名词委采取了"老词老办法,新词新办法",即对于两岸已各自公布、约定俗成的科技名词以对照为主,逐步取得统一,编订两岸名词对照本即属此例。而对于新产生的名词,则争取及早在协商的基础上共同定名,避免以后再行对照。例如101~109号元素,从9个元素的定名到9个汉字的创造,都是在两岸专家的及时沟通、协商的基础上达成共识和一致,两岸同时分别公布的。这是两岸科技名词统一工作的一个很好的范例。

海峡两岸科技名词对照统一是一项长期的工作,只要我们坚持不懈地开展下去,两岸的科技名词必将能够逐步取得一致。这项工作对两岸的科技、经贸、文教的交流与发展,对中华民族的团结和兴旺,对祖国的和平统一与繁荣富强有着不可替代的价值和意义。这里,我代表全国科技名词委,向所有参与这项工作的专家们致以崇高的敬意和衷心的感谢!

值此两岸科技名词对照本问世之际,写了以上这些,权当作序。

2002 年 3 月 6 日

第二版前言

1994 年 3 月和 10 月，分别在台北和北京召开了"海峡两岸天气与气候学术研讨会"。在 10 月的北京会议上，两岸大气学界确定了重点交流的四大范畴：即学术、技术、名词、资料。从此，大气科学名词被纳入两岸大气学界的交流重点。在两岸科技名词交流牵头单位全国科学技术名词审定委员会和台湾大学等相关机构的组织和领导下，海峡两岸大气科学名词交流、对照和统一工作取得了丰硕成果。

为了缩小两岸大气科学名词之间的差异，促进两岸大气领域之间的交流与合作，截至目前总共召开了七届"海峡两岸大气科学名词学术研讨会"，每次研讨会都取得实质性成效。1999 年 3 月，第一届"海峡两岸大气科学名词学术研讨会"在台北市召开，两岸学者就出版《海峡两岸大气科学名词》（简称"对照本"）达成共识。以两岸各自已审定的名词为蓝本，大陆的是《大气科学名词》（1996 年版），台湾的是《气象学名词》（1998 年第四版），收录学科内较基础、特有、常用且重要的名词。根据会议精神，两岸成立了"海峡两岸大气科学名词工作委员会"，由两岸各出 9 名代表（含各自推选的召集人 1 名）组成。2000 年 11 月在海南省海口市召开第二届"海峡两岸大气科学名词学术研讨会"，对两岸气象专家提出的"对照本"的建议本中所列名词逐条进行审定。2002 年 4 月，《海峡两岸大气科学名词》（即"对照本"）出版，共收词约6000 条。

2002 年 5 月在台北市召开第三届"海峡两岸大气科学名词学术研讨会"，两岸专家研讨了译名的共同性和一般译名通用原则，提出了新名词定名要符合信、达、雅，并兼顾科学性、一致性和约定俗成。会上针对"对照本"中一些定名进行了研讨，并提出了推荐名。2006 年 10 月，第四届"海峡两岸大气科学名词学术研讨会"在新疆召开，重点对新近出现的大气科学领域的 342 条名词进行了研讨，经会议讨论，82% 的名词达到一致。会议还提出在增加名词、讨论共同推荐名的基础上修订增补"对照本"，出版第二版《海峡两岸大气科学名词》。

2008 年 9 月，第五届"海峡两岸大气科学名词学术研讨会"再度在台北市召开，主要对已出版的"对照本"进行补充修订。会议对"对照本"中两岸各自称谓的名词进行研讨，最后在双方共同推荐要研讨的 448 条名词中，有 284 条达成一致。使"对照本"中两岸一致的名词由4324 条上升到 4608 条，一致率由原先的 72% 上升到 76.8%。2009 年 12 月 9—13 日，第六届"海峡两岸大气科学名词学术研讨会"在海南省召开。经过讨论，在总数 553 条名词中，有 208条取得了一致。本次会议还讨论了 152 条新名词，其中两岸达成一致的有 61 条。第七届"海峡两岸大气科学名词学术研讨会"于 2012 年 3 月在台北召开。会议主要研讨两方面的问题：首先对大陆新提出的 400 余条名词进行研讨，近半数达成一致意见，其余各自保留；其次对已有稿件做了进一步梳理，统一了 75 条，各自保留 88 条，删除 26 条，使全稿的质量得到进一步提升。

从 2002 年正式出版《海峡两岸大气科学名词》以来，在全国科技名词委的有效组织和积极推动下，按照全国科技名词委提出的"积极推进，增进了解；择优选用，统一为上；求同存异，逐步一致"以及"先急后缓、先易后难"的原则，"海峡两岸大气科学名词工作委员会"经过 10 年的努力，形成了目前的第二版《海峡两岸大气科学名词》。第二版《海峡两岸大气科学名词》在收录词汇的广度和深度上都比第一版有显著的提高，并特别注重了词汇的科学性、准确性、规范性、新颖性和代表性。第二版《海峡两岸大气科学名词》的出版，将在进一步减少两岸大气科学名词方面的差异、规范两岸大气科学词汇的统一、推动两岸大气科学领域的深入交流与合作等方面起到积极的作用。

海峡两岸大气科学名词工作委员会

2012 年 6 月

第一版前言

科学技术名词在学术交流中具有极为重要的地位,这已成为海峡两岸学者的共识。由于大气科学研究对象密切关联且具有全球性,研究工作更需加强合作与交流,故对两岸大气科学名词的差异感触尤深。基于上述原因,两岸大气科学专家在大气科学名词的对照与研讨方面行动得较快较早,早在1995年就提出了这方面的动议。

经过双方的认真准备,1999年3月由全国科学技术名词审定委员会副主任潘书祥先生率领的大陆大气科学名词代表团赴台参加了"海峡两岸大气科学名词学术研讨会",台湾李国鼎科技发展基金会秘书长万其超先生和台湾气象科学专家代表出席了会议。经过两天的热烈讨论,一致同意共同编辑出版《海峡两岸大气科学名词》(对照本)。海峡两岸学者商定《对照本》的收词范围与准则为:①以英文字母排列选词;②学科内较基础、特有、常用且重要的词先选;③第一阶段预计收词4000—5000条,以两岸各自已审定之名词为蓝本。

海峡两岸会议上所指的"已审定名词"系指两本公开出版的名词书中所列出的名词,一本是大陆的《大气科学名词》(科学出版社,1996年);一本是台湾的《气象学名词》(第四版,1998年)。"大陆本"收集基本大气科学词汇1700余条,"台湾本"收词较广泛,含物理、化学、数学等领域计17000余条。

为了便于开展工作,海峡两岸成立了"海峡两岸大气科学名词工作委员会",由两岸各出9名代表(含各自推选的召集人1名)组成。根据1999年第一次研讨会的决议和大陆方面收集的约8000条词汇,再参考两本已审定的名词和其他有关书籍,大陆代表整理出了约6000条的《对照本》名词。在此基础上于2000年6月13—15日在北京召开了大气科学名词审定委员会全体委员的会议,并特邀了部分专家,共约20人。会议对收集的对照名词进行了逐条讨论与定名,最后整理出《对照本》初稿,提供台湾同行修订增补。台湾代表收到初稿后召开会议逐条审议,提出具体修订意见,在此基础上终于提出了"《对照本》两岸讨论建议本"。

2000年11月在海南省海口市召开了"第二届海峡两岸大气科学名词学术研讨会",对"建议本"所列名词逐条研议审定,会议气氛热烈融洽,最后认为出版《对照本》的时机已经成熟,对版本的各重要方面均取得一致意见并写于"会议纪要"中。会议一致认为,近年来大气科学发展迅速,同其他学科的交叉与渗透也越来越多,所以收词要适当反映这些特点;另一方面,为了保证《对照本》的权威性与严肃性,一些涵义不清的名词暂不收入。由于"海峡两岸大气科学名词工作委员会"的一些委员公务缠身,分身无术,未能全部出席第二届研讨会,有的还专门派了代表。出席第二届研讨会参与"建议本"审定的代表有:王存忠、王作台、王明星、纪水上、纪立人、李玉英、周仲岛、周晓平、周诗健、陈泰然、蒲金标、刘金达、刘振荣、刘广英、谢安、卢孟明(代表郑明典委员)。

经第二届研讨会审定的"建议本",会后又经两岸专家分别厘定,最后才将《对照本》定稿付梓。《对照本》的出版是"海峡两岸大气科学名词工作委员会"的初步成果,它为两岸的大气科学学术交流提供了基础。工作委员会任重道远,还有下列多项任务:①研议两岸名词对照;②提出两岸名词推荐名;③收集与推荐新名词;④研议与海峡两岸大气科学名词有关事宜。我们区区十余人,能力与才识均有限,担此重任,诚惶诚恐,惟有茹苦含辛以尽绵薄,还望海峡两岸广大有识之士不吝指正。

海峡两岸大气科学名词工作委员会

2002 年 3 月 1 日

编 排 说 明

一、本书是海峡两岸大气科学名词对照本。

二、本书分正篇和副篇两部分。正篇按汉语拼音顺序编排;副篇按英文的字母顺序编排。

三、本书[ ]中的字使用时可以省略。

正篇

四、本书中祖国大陆和台湾地区使用的科技名词以"大陆名"和"台湾名"分栏列出。

五、本书正名和异名分别排序,并在异名处用(=)注明正名。

六、本书收录的汉文名对应英文名为多个时(包括缩写词)用","分隔。

副篇

七、英文名对应多个相同概念的汉文名时用","分隔,不同概念的用① ② ③分别注明。

八、英文名的同义词用(=)注明。

九、英文缩写词排在全称后的( )内。

目　　录

正 篇

A

大 陆 名	台 湾 名	英 文 名
阿拉斯加海流	阿拉斯加海流	Alaskan Stream
阿留申低压	阿留申低壓	Aleutian low
阿留申海流	阿留申海流	Aleutian current
阿斯曼干湿表	阿斯曼乾濕計	Assmann psychrometer
锕射气	錒射氣	actinon
埃克曼边[界]条件	艾克曼邊界條件	Ekman boundary condition
埃克曼层	艾克曼層	Ekman layer
埃克曼尺度高度	艾克曼尺度高	Ekman scaling height
埃克曼抽吸	艾克曼抽吸	Ekman pumping
埃克曼流	艾克曼流	Ekman flow
埃克曼螺线	艾克曼螺旋	Ekman spiral
埃玛图	能量圖	emagram
艾萨卫星,环境探测卫星	環境探測衛星,艾莎衛星	Environmental Survey Satellite, ESSA
艾特肯核,爱根核	艾肯核	Aitken nucleus
艾特肯计尘器,爱根计尘器	艾肯計塵器	Aitken dust counter
艾托斯卫星	改良泰洛斯作業衛星	Improved TIROS Operational Satellite, ITOS
爱根核(=艾特肯核)		
爱根计尘器(=艾特肯计尘器)		
氨	氨	ammonia
鞍形气压场	鞍形氣壓場	col pressure field
昂斯特伦地球辐射表	埃氏地面輻射計	Angström pyrgeometer
昂斯特伦浑浊度系数	埃氏濁度係數	Angström turbidity coefficient
奥布霍夫判据	奥氏判據	Obukhov's criterion
奥-高公式	奥-高公式	Ostrovski-Gauss formula
奥陶纪	奥陶紀	Ordovician Period

B

大　陆　名	台　湾　名	英　文　名
巴(旧的气压单位)	巴	bar
巴巴多斯海洋和气象试验	巴貝多海洋氣象試驗	Barbados Oceanographic and Meteorological Experiment, BOMEX
巴塘管(=布尔东管)		
巴塘温度表	巴塘溫度計	Bourdon thermometer
巴西[暖]海流	巴西海流	Brazil current
白贝罗定律	白貝羅定律	Buys Ballot's law
白飑	白颮	white squall
白道	白道	moon's path
白垩纪	白堊紀	Cretaceous Period
白化天	白濛天	whiteout
白金汉 π 理论	白氏 π 理論	Buckingham π theory
白露	凍露白	White Dew
白球温度表	白球溫度計	white bulb thermometer
白霜	白霜	hoar frost
白噪声	白噪	white noise
百分度,摄氏度	百分度	centigrade
百分温标	百分溫標	centigrade temperature scale
百分温度表	百分溫度計	centigrade thermometer
百分误差	百分誤差	percentage error
百慕大高压	百慕達高壓	Bermuda high
百帕	百帕	hectopascal, hPa
百万分率	百萬分率	parts per million, ppm
百叶箱	百葉箱	louver screen, screen
摆动(=漂移)		
摆动现象	游移現象	vacillation phenomena
摆动循环	游移週期	vacillation cycle
摆日	擺日	pendulum day
半地转运动	半地轉運動	semigeostrophic motion
半干旱	半乾燥	semi-arid
半干旱带	半乾燥帶	semi-arid zone
半干旱气候	半乾燥氣候	semi-arid climate
半干旱区	半乾燥區	semi-arid region

大 陆 名	台 湾 名	英 文 名
半荒漠	半沙漠	semi-desert
半年振荡	半年振盪	half-yearly oscillation, semiannual oscillation
半谱方法	半譜法	semi-spectral method
半球模式	半球模式	hemispherical model
半日变化	半日變化	semidiurnal variation
半日波	半日波	semidiurnal wave
半日潮	半日潮	semidiurnal tide
半深海环境	半深海環境	bathyal environment
半湿润区	半濕區	semi-humid region
半隐式格式	半隱法	semi-implicit scheme
半永久性低压	半永久[性]低壓	semi-permanent depression
半永久性高压	半永久[性]高壓	semi-permanent high
半滞留期	半滯留期	residence half-time
半周期	半週期	semiperiod
伴随方程	伴隨方程	adjoint equation
伴随灵敏度	伴隨敏感度	adjoint sensitivity
伴随模式	伴隨模式	adjoint model
伴随同化	伴隨同化	adjoint assimilation
包络孤立子	包絡孤立子	envelope soliton
雹瓣	雹瓣	hail lobe
雹暴	雹暴	hailstorm
雹暴记录器	雹暴記錄器	hailstorm recorder
雹飑	雹飑	hail squall
雹核(=雹胚)		
雹块	雹[塊]	hailstone
雹胚,雹核	雹胚	hail embryo
雹雨分离器	雹雨分離器	hail-rain separator
雹灾	雹災	hail damage
薄幕层云	霧狀層雲	stratus nebulosus, St neb
薄幕卷层云	霧狀卷層雲	cirrostratus nebulosus, Cs neb
宝光[环]	光環	glory
饱和	飽和	saturation
饱和比湿	飽和比濕	saturation specific humidity
饱和差	飽和差	saturation deficit
饱和持水量	飽和水氣容量	saturation moisture capacity
饱和点	飽和點	saturation point
饱和静力能	飽和靜能	saturation static energy

大　陆　名	台　湾　名	英　文　名
饱和空气	飽和空氣	saturated air
饱和区	飽和區	zone of saturation
饱和水汽压	飽和水氣壓	saturation vapor pressure
饱和相当位温	飽和相當位溫	saturation equivalent potential temperature
保守(=守恒)		
保守性	保守性,守恆性	conservatism
堡状层积云	堡狀層積雲	stratocumulus castellanus , Sc cas
堡状高积云	堡狀高積雲	altocumulus castellanus , Ac cast
堡状卷积云	堡狀卷積雲	cirrocumulus castellanus , Cc cas
堡状卷云	堡狀卷雲	cirrus castellanus , Ci cas
鲍恩比	鮑文比	Bowen ratio
鲍尔太阳指数	鮑爾太陽指數	Baur's solar index
暴[发]洪[水]	暴洪	flash flood
暴风(=11 级风)		
暴雨	暴雨	hard rain
爆发	爆發	outbreak
北冰洋表层水	北極水	arctic surface water
北冰洋底层水	北極底層水	arctic bottom water
北冰洋[烟]雾	北極蒸氣霧	arctic sea smoke
北冰洋中层水	北極中層水	arctic intermediate water
北部[森林]气候	極北氣候	boreal climate
北大西洋涛动	北大西洋[大氣]振盪	North Atlantic Oscillation
北回归线	北回歸線	Tropic of Cancer
北极	北極	boreal pole
北极大陆空气	北極大陸空氣	arctic continental air
北极大陆气团	北極大陸氣團	arctic continental air mass
北极反气旋	北極反氣旋	arctic anticyclone
北极锋	北極鋒	arctic front
北极浮冰[群]	北極堆冰	arctic pack
北极光	北極光	aurora borealis
北极海流	北極海流	arctic current
北极空气	北極空氣	arctic air
北极霾	北極霾	arctic haze
北极气候	北極氣候	arctic climate
北极气团	北極氣團	arctic air mass
北极区	北極區	arctic zone
北太平洋涛动	北太平洋振盪	North Pacific Oscillation
贝纳胞	本納胞	Benard cell

大　陆　名	台　湾　名	英　文　名
贝纳对流	本納對流	Benard convection
贝热龙机制	白吉龍機制	Bergeron mechanism
贝塞尔函数	貝色函數	Bessel function
贝塔螺线	貝他螺旋	beta spiral
贝叶斯定理	貝葉斯定理	Bayes' theorem
背风	背風	alee
背风波	背風波	lee wave
背风槽	背風槽	lee trough
背风面	背風面	lee side
背风飘雨	背風飄雨	spillover
背风坡低压	背風低壓	lee depression
背景场	背景場	background field
背景辐射,本底辐射	背景輻射	background radiation
倍周期	倍週期	period doubling
倍周期分岔	倍週期分歧	period doubling bifurcation
本底辐射(=背景辐射)		
本底［观测］站	背景站	background station
本底监测	基線監測	baseline monitoring
本底空气污染	背景空氣污染	background air pollution
本底浓度	背景濃度	background concentration
本底污染	背景污染	background pollution
本地气候学	本地氣候學	domestic climatology
本影食	本影食	umbral eclipse
本站气压	測站氣壓	station pressure
本征值(=特征值)		
崩溃	崩潰	collapse
比,比率	比,比率	ratio
比尔定律	比爾定律	Beer's law
比焓	比焓	specific enthalpy
比较无线电探空	比較雷保	comparative rabal
比例	比例	scale
比例尺	比尺	scale
比流量	比流量	specific discharge
比率(=比)		
比热	比熱	specific heat
比热容	比熱容	specific heat capacity
比容	比容	specific volume
比容量	比容量	specific capacity

大　陆　名	台　湾　名	英　文　名
比色法	比色法	colorimetry
比熵	比熵	specific entropy
比湿	比濕	specific humidity
比衰减	比衰減	specific attenuation
比特(＝位)		
比通量	比通量	specific flux
毕晓普光环	畢旭光環	Bishop's corona
闭合单体	封閉胞	closed cell
闭合系统	封閉系統	closed system
碧空	碧空，晴天	blue sky
蔽光层积云	蔽光層積雲	stratocumulus opacus, Sc op
蔽光层云	蔽光層雲	stratus opacus, St op
蔽光高层云	蔽光高層雲	altostratus opacus, As op
蔽光高积云	蔽光高積雲	altocumulus opacus, Ac op
壁垒,障碍	障礙	barrier
避雷针	避雷針,導閃器	lightning rod, lightning conductor
边界,界限	邊界	boundary
边界层	邊界層	boundary layer
边界层抽吸作用	邊界層抽吸[作用]	boundary layer pumping
边界层动力学	邊界層動力[學]	boundary layer dynamics
边界层分离	邊界層分離	boundary layer separation
边界层急流	邊界層噴流	boundary layer jet stream
边界层廓线仪	邊界層剖線儀	boundary layer profiler
边界层模式	邊界層模式	boundary layer model
边界层气候	邊界層氣候	boundary layer climate
边界层气象学	邊界層氣象[學]	boundary layer meteorology
边界层探空仪	邊界層雷送	boundary layer radiosonde
边界流	邊界流	boundary current
边界条件	邊界條件	boundary condition
边蚀光度计	邊蝕光度計	limb occultation photometer
边缘波	邊波	edge wave
边值问题	邊界值問題	boundary value problem
变动	變動	fluctuation
变分法	變分法	variational method
变分客观分析	變分客觀分析	variational objective analysis
变化	變化	variation
变形半径	變形半徑	deformation radius
变形场	變形場	deformation field

大 陆 名	台 湾 名	英 文 名
变形[类]温度表	變形溫度計	deformation thermometer
变性气团	變性氣團	transformed air mass
变压场	變壓場	allobaric field
变压风	變壓風	allobaric wind
变异性	變率,變異度	variability
遍历性	遍歷性	ergodicity
标尺	尺規	scale
标定曲线,校准曲线	檢准曲線	calibration curve
标定箱	標定箱	calibration tank
标度	標度	scale
标准层	標準層	standard level
标准差	標準差	standard deviation
标准大气	標準大氣	standard atmosphere
标准大气压	標準大氣壓	standard atmosphere pressure
标准单位	標準單位	standard unit
标准等压面	標準等壓面	standard isobaric surface
标准观测时间	標準觀測時間	standard time of observation
标准化,规一化	標準化,常態化	normalization
标准降水指数	標準降水指數	standard precipitation index
标准气候平均值	標準氣候平均值	climatological standard normal
标准气压表	標準氣壓計	normal barometer
标准时	標準時	standard time
标准[水层]深度	標準深度	standard depth
标准通风干湿表	標準通風乾濕計	standard aspirated psychrometer
标准温压	標準溫壓	standard temperature and pressure, STP
标准误差	標準誤差	standard error
标准雨量计	標準雨量計	standard raingauge
标准蒸发器	標準[蒸發]皿	standard pan
标准正交性	標準正交性	orthonormality
标准值(=正常值)		
标准重力	標準重力	standard gravity
飑	颮	squall
飑锋	颮鋒	squall front
飑线	颮線	squall line
飑线回波	颮線回波	squall line echo
飑线雷暴	颮線雷暴	squall line thunderstorm
飑[线]云	颮雲	squall cloud
表层流	表面流	surface current

大　陆　名	台　湾　名	英　文　名
表面风应力	表面風應力	surface wind stress
表面速度	表面速度	surface velocity
表面通量	地面通量	surface flux
表面重力波	表面重力波	surface gravity wave
表速(=指示空[气]速[度])		
滨海气候,海岸带气候	海岸氣候	coastal climate
冰	冰	ice
[冰]雹	[冰]雹	hail
冰雹生成区	冰雹生成區	hail generation zone
[冰]雹云	雹雲	hail cloud
冰暴	冰暴	ice storm
冰川	冰川	glacier
冰川边缘	冰緣	periglacial
冰川波动	冰川變動	glacial fluctuation
冰川风	冰川風	glacier breeze
冰川减退(=冰川消退)		
冰川流域(=冰川盆地)		
冰川盆地,冰川流域	冰川盆地	glacial basin
冰川气候学	冰川氣候學	glacioclimatology
冰川时代	冰期	glacial epoch
冰川消退,冰川减退	冰川消退	deglaciation
冰川学	冰川學	glaciology
冰川作用	冰川作用	glaciation
冰岛低压	冰島低壓	Icelandic low
冰点	冰點	ice point, freezing point
冰点温差	冰點溫差	freezing point depression
冰点线	冰點線	freezing point line
冰冻等时线	等凍時線	isopectrics
冰冻圈(=冰雪圈)		
冰冻学	冰凍學	cryology
冰盖(=[大]冻原)		
冰核	冰核	ice nucleus
冰后期	後冰期	post-glacial period
冰化[作用]	冰化	glaciation
冰间湖,冰隙	冰隙	polynya
冰间水道	冰間水道	lead
冰晶	冰晶	ice crystal

大 陆 名	台 湾 名	英 文 名
冰冷风	冰冷風	ice wind
冰粒	冰粒	ice particle
冰面饱和水汽压	純冰面飽和水氣壓	saturation vapor pressure with respect to ice
冰期	冰期	ice age
冰丘	冰丘	hummock
冰山块	冰山塊	bergy bit
冰蚀	冰蝕	glacial erosion
冰丸	冰珠	ice pellet
冰雾	冰霧,淞霧	rime fog, ice fog
冰隙(＝冰间湖)		
冰下消融	下溶	undermelting
冰消作用,消融	消冰	ablation
冰芯	冰芯	ice core
冰穴	冰穴	ice cave
冰雪气候	冰雪氣候,冰凍氣候	nival climate
冰雪圈,冰冻圈	冰圈	cryosphere
冰原反气旋	冰原反氣旋	glacial anticyclone
冰缘期	冰緣期	periglacial stage
冰缘气候	冰緣氣候	periglacial climate
冰云	冰[晶]雲	ice cloud
冰针	冰針	ice needle
冰柱	冰柱	ice pillar
冰锥	冰錐	aufeis
病理生物气象学	病理生物氣象學	pathological biometerology
波包	波包[絡]	wave packet
波槽	波槽	wave trough
波长	波長	wave length
波导	波導	wave guide
波动	波動	wave motion
波动方程	波[動]方程	wave equation
波动理论,波动说	波動說	wave theory
波动强迫[作用]	波強迫[作用]	wave forcing
波动说(＝波动理论)		
波动周期	波週期	wave period
波段	波段	wave range
波锋(＝波阵面)		
波幅	波幅	wave amplitude

大　陆　名	台　湾　名	英　文　名
波幅谱	波幅譜	amplitude spectrum
波幅增大	波增強	wave amplification
波高	波高	wave height
波活动性	波活動[性]	wave activity
波集	波集	wave ensemble
波脊	波脊	wave ridge
波廓线	波剖面	wave profile
波浪	波浪	wave
波列	波列	wave train
波模	波模	wave mode
波能密度	波能密度	wave energy density
波能通量	波能通量	wave energy flux
波谱	波譜	wave spectrum
[波]谱分析	[波]譜分析	spectral analysis
波射线	波射線	wave ray
波矢量	波向量	wave vector
波束	[波]束	beam
波束充塞系数	波束填塞係數	beam filling coefficient
波束充填[量]	束填塞	beam filling
波束展宽	波束展寬	beam broadening
波数	波數	wave number
波数空间	波數空間	wave number space
波瞬态	波瞬變	wave transience
波速	波速	wave speed
波系	波系	wave system
波形	波形	waveform
波形分析	波形分析	waveform analysis
波型扰动	波型擾動	wave type disturbance
波源	波源	wave source
波阵面,波锋	波前	wave front
波状层积云	波狀層積雲	stratocumulus undulatus, Sc un
波状层云	波狀層雲	stratus undulatus, St un
波状高层云	波狀高層雲	altostratus undulatus, As un
波状高积云	波狀高積雲	altocumulus undulatus, Ac un
波状卷层云	波狀卷層雲	cirrostratus undulatus, Cs un
波状卷积云	波狀卷積雲	cirrocumulus undulatus, Cc un
波状云	波狀雲	wave cloud
波阻	波阻	wave drag

大　陆　名	台　湾　名	英　文　名
波阻塞	波阻塞	wave blocking
波作用量	波作用	wave action
玻尔兹曼常数	波兹曼常數	Boltzmann's constant
玻氏晕环	包氏量	Bottlinger's rings
玻意耳定律	波以耳定律	Boyle law
剥蚀	剝蝕	denudation
播撒	種［雲］	seeding
播撒率	種雲率	seeding rate
播云	種雲	cloud seeding
播云剂	種雲劑	cloud seeding agent
伯格数	伯格數	Burger number
伯努利方程	白努利方程	Bernoulli's equation
泊松方程	包桑方程	Poisson equation
泊松公式	包桑公式	Poisson formula
箔丝播撒	金屬箔種雲	chaff seeding
箔丝测风法	箔條測風法	chaff wind technique
补偿流	補償流	compensation current
补偿式定标气压表	補償刻度氣壓計	compensated scale barometer
补偿式绝对日射表	補償日射強度計	compensating pyrheliometer
补偿式天空辐射表	補償式天空輻射計	compensated pyranometer
补充观测	輔助觀測	supplementary observation
补充［天气］预报	輔助［天氣］預報	supplementary ［weather］ forecast
捕获系数(=收集系数)		
不定转移系统,非可递系统	非傳遞系統	intransitive system
不冻地	不凍層	tabetisol
不对称因子	非對稱因子	asymmetry factor
不活跃锋	不活躍鋒	inactive front
不均匀性	不［均］勻性	heterogeneity
不可逆过程	不可逆過程	irreversible process
不可压缩流体	不可壓縮流體	incompressible fluid
不可预报性	不可預報性	unpredictability
不连续带	不連續帶	zone of discontinuity
不连续面	不連續面	surface of discontinuity
不连续［性］	不連續［性］	discontinuity
不模糊速度间隔	不模糊速度間距	unambiguous velocity interval
不齐性	不齊性	heterogeneity
不确定性	不確定性	uncertainty

大　陆　名	台　湾　名	英　文　名
不适指数	不舒適指數	discomfort index
不舒适区	不舒適區	discomfort zone
不透辐射热性	不透熱性	athermancy
不透明层(＝浑浊层)		
不稳定[度]	不穩度	instability
不稳定气团	不穩[定]氣團	unstable air mass
不稳定条件	不穩[定]條件	unstable condition
不稳定线	不穩度線	instability line
不稳定最优波长	不穩定最佳波長	unstable optimum wave length
布尔东管,巴塘管	巴塘管	Bourdon tube
布格定律	鮑桂定律	Bouguer's law
布格-朗伯定律	鮑-藍定律	Bouguer-Lambert law
布格晕	鮑桂暈	Bouguer's halo
布拉风	布拉風	bora
布拉格散射	布雷格散射	Bragg scattering
布朗扩散	布朗擴散	Brownian diffusion
布朗旋转	布朗旋轉	Brownian rotation
布朗运动	布朗運動	Brownian motion
布伦特-韦伊塞莱频率	布維頻率	Brunt-Väisälä frequency
布西内斯克方程	布氏方程	Boussinesq equation
布西内斯克近似	布氏近似	Boussinesq approximation
布辛格-戴尔关系式	布-戴關係	Businger-Dyer relationship
步长	步長	step size
部分干旱	部分乾旱	partial drought
部分同调	部分同調	partial coherence

C

大　陆　名	台　湾　名	英　文　名
采暖度日	加熱度日	heating degree-day
采样间隔	採樣間距	sampling interval
参数	參數	parameter
参数化	參數化	parameterization
参数模式	參數模式	parametric model
残差	剩餘[值]	residual
残留层	殘餘層	residual layer
操作	操作	operation
操作系统	作業系統	operating system

大 陆 名	台 湾 名	英 文 名
操作中心	作業中心	operation center
槽线	槽線	trough line
草温表	草溫計	grass thermometer
草原	草原	steppe
草原气候	草原氣候	prairie climate
侧边界条件	側邊界條件	lateral boundary condition
侧风	側風	lateral wind
侧风传感器	側風感應器	cross wind sensor
侧视雷达	側視雷達	side-looking radar, SLR
侧线云	側雲線	flanking line
侧向混合	側向混合	lateral mixing
测雹板	測雹板	hailpad
测风过程	測風過程	wind-finding
测风绘图板	測風繪圖板	pilot balloon plotting board
测风经纬仪	測風經緯儀	balloon theodolite, aerological theodolite
测风雷达	測風雷達	wind-finding radar
测风气球观测	測風氣球觀測	pilot balloon observation
测风塔	測風塔	anemometer tower
测高平均温度	壓高平均氣溫	barometric mean temperature
测量	測量	measure
测湿公式	濕度公式	psychrometric formula
测[水]深法	測深術	bathymetry
测温法	測溫術	thermometry
测雾仪	測霧儀	fog detector
测云镜	測雲鏡	cloud mirror
测云幕法	測雲幕術	ceilometry
测云器,测云仪	測雲器	nephoscope
测云仪(＝测云器)		
D 层	D 層	D-layer
F1 层	F1 層	F1 layer
F2 层	F2 層	F2 layer
层积云	層積雲	stratocumulus, Sc
层结	成層	stratification
层结大气	成層大氣	stratified atmosphere
层结流体	成層流體	stratified fluid
层结曲线	成層曲線	stratification curve
层流边界层	片流邊界層	laminar boundary layer
层云	層雲	stratus, St

大 陆 名	台 湾 名	英 文 名
层状层积云	層狀層積雲	stratocumulus stratiformis, Sc str
层状回波	層狀回波	layered echo
层状降水区	層狀降水區	stratiform precipitation area
层状卷积云	層狀卷積雲	cirrocumulus stratiformis, Cc str
层状云	層狀雲	stratiform cloud
叉状闪电	叉閃	forked lightning
查普曼机制	查普曼機制	Chapman mechanism
查普曼理论	查普曼理論	Chapman theory
查普曼循环	查普曼循環	Chapman cycle
差动平流	差異平流	differential advection
差分法	差分法	difference method
差分方程	差分方程	difference equation
差分分析(=微分分析)		
差分格式	差分格式	difference scheme
插值法,内插	內插法	interpolation
产量预报	產量預報	yield forecasting
长波槽	長波槽	long-wave trough
长波辐射	長波輻射	long-wave radiation
长波调整	長波調整	adjustment of long-wave
长浪	長浪	swell
长期平均,周期平均	長期平均	period average
长期[天气]预报	長期預報	long-range [weather] forecast
常波	常波	ordinary wave
常规	常規	routine
常规观测	傳統觀測	conventional observation
常规雷达	傳統雷達	conventional radar
常规[气象]资料	傳統資料	conventional [meteorological] data
常年	平年	ordinary year
常用对数	常用對數	common logarithm
场	場	field
场面气压	場面氣壓	airdrome pressure
超长波	超長波	ultra-long wave
超长期[天气]预报	超長期[天氣]預報	extra long-range [weather] forecast
超地转风	超地轉風	supergeostrophic wind
超反射	超反射	over reflection
超高频	超高頻	ultra-high frequency, UHF
超高频雷达	超高頻雷達	UHF radar
超级单体	超大胞	supercell

大　陆　名	台　湾　名	英　文　名
超级单体风暴	超大胞風暴	supercell storm
超渗雨量	滲餘雨量	rainfall excess
超声测风仪	超音波風速計	ultrasonic anemometer
超松弛	超鬆弛	overrelaxation
超梯度风	超梯度風	supergradient wind
超折射	超折射	superrefraction
潮差	潮差	tidal range
潮流	潮流	tidal current
潮日	潮日	tidal day
潮汐	潮［汐］	tide
潮汐波	潮浪	tidal wave
潮汐风	潮汐風	tidal wind，tidal breeze
潮汐力	潮汐力	tidal force
尘埃层顶	塵層頂	dust horizon
尘埃浓度,含尘量	含塵量	dust loading
尘壁	塵牆	dust wall
尘降,降尘	落塵	dustfall
尘卷风	塵捲風	dust devil
尘霾	塵霾	dust haze
尘幔(=［沙］尘幕)		
尘雾	塵霧	dust fog
尘旋	塵捲風	dust whirl
沉淀物(=沉积物)		
沉积速度	沈降速度	deposition velocity
沉积物,沉淀物	沈積物	sediment
沉降	沈降	sedimentation
沉降风	落塵風	fall wind
沉降流	沈降流	downwelling
沉降物	沈降	fallout
称雪器	秤雪計	weighting snow-gauge
成层高积云	層狀高積雲	altocumulus stratiformis，Ac str
成核阈值	成核低限	nucleation threshold
成核［作用］(=核化)		
城市化效应	都市化效應	urbanization effect
城市环境污染	都市環境污染	urban environmental pollution
城市气候	都市氣候	urban climate
城市气候学	都市氣候學	urban climatology
城市热岛效应	都市熱島效應	urban heat island effect

大　陆　名	台　湾　名	英　文　名
城市天气	都市天氣	urban weather
城市雾	城霧	town fog
城乡环流	城鄉環流	urban-rural circulation
程序	程式	routine
程序组	程式組	batch
持久性	持久性	durability
持续时间	延時	duration
持续性	持續性	persistence
持续性趋势	持續性趨勢	persistence tendency
持续性预报	持續性預報	persistence forecast
尺度	尺度	scale
尺度分析	尺度分析	scale analysis
尺度相互作用	尺度交互作用	scales interaction
赤潮	紅潮	red tide
赤道	赤道	equator
赤道变形半径	赤道變形半徑	equatorial radius of deformation
赤道低压	赤道低壓	equatorial low
赤道东风带	赤道東風〔帶〕	equatorial easterlies
赤道辐合带(= 热带辐合带)		
赤道海流	赤道海流	equatorial current
赤道缓冲带	赤道過渡帶	equatorial buffer zone
赤道逆流	赤道反流	equatorial countercurrent
赤道 β 平面	赤道 β 面	equatorial β-plane , equatorial beta plane
赤道气候	赤道氣候	equatorial climate
赤道气团	赤道氣團	equatorial air mass
赤道潜流	赤道潛流	equatorial undercurrent
赤道无风带	赤道無風帶	equatorial calms
赤道西风带	赤道西風〔帶〕	equatorial westerlies
赤道陷波	赤道陷波	equatorially-trapped wave
赤道涌升流	赤道湧升流	equatorial upwelling
赤道雨林	赤道雨林	equatorial rain forest
赤纬	赤緯	declination
冲	衝	opposition
冲击波	震波	shock wave
冲量	衝量	impulse
冲洗	雨洗	washout
重放,再现	重放	playback

大　陆　名	台　湾　名	英　文　名
重现期	回復期,重現期	return period
重现周期	重現週期	recurrence period
抽吸[性]涡旋	抽吸渦旋	suction vortex
臭氧	臭氧	ozone
臭氧层	臭氧層	ozonosphere
臭氧层顶	臭氧層頂	ozonopause
臭氧洞	臭氧洞	ozone hole
臭氧分布	臭氧分佈	ozone distribution
臭氧光化学	臭氧光化學	ozone photochemistry
臭氧耗竭潜势	臭氧耗竭潛勢	ozone depletion potential
臭氧计	臭氧計	ozonometer
臭氧收支	臭氧收支	ozone budget
臭氧探空仪	臭氧送	ozonesonde
臭氧图	臭氧圖	ozonogram
臭氧仪	臭氧儀	ozonograph
臭氧云	臭氧雲	ozone cloud
出口区	出區	exit region
初估值	初估[值]	first guess
初始条件	初始條件	initial condition
初霜	初霜	first frost
初值化	初始化	initialization
触发机制	激發機制	trigger mechanism
触发作用,激发作用	激發作用	trigger action
穿透对流	穿透對流	penetrative convection
传导	傳導	conduction
传导电流	傳導電流	conduction current
传递函数	傳送函數	transfer function
传真图	傳真圖	facsimile chart
船舶观测	船舶觀測	ship observation
船用气压表	船用氣壓計	ship barometer
串级,级联	串級	cascade
串级理论	串級理論	cascade theory
串级滤波	串級濾波	cascade filtering
[串]珠状闪电	珠狀閃電,球狀閃電	pearl-necklace lightning, pearl lightning, beaded lightning
吹雪	吹積雪	driven snow
垂直风速表	垂直風速計	vertical anemometer
垂直风速仪	垂直風速儀	vertical anemoscope

大　陆　名	台　湾　名	英　文　名
垂直环流	垂直環流	vertical circulation
垂直能见度	垂直能見度	vertical visibility
垂直平流	垂直平流	vertical advection
垂直剖面	垂直剖面	vertical cross-section
垂直气候带	垂直氣候帶	vertical climatic zone
垂直射束雷达	垂直光束雷達	vertical-beam radar
垂直时间剖面	垂直時間剖面	vertical time cross-section
垂直速度	垂直速度	vertical velocity
垂直涡度	垂直渦度	vertical vorticity
垂直运动	垂直運動	vertical motion
σ 垂直坐标	σ 垂直坐標	sigma vertical coordinate
春分	春分	Spring Equinox，Vernal Equinox
纯洁冰(=蓝冰)		
磁暴	磁暴	magnetic storm
磁层	磁層	magnetosphere
磁层顶	磁層頂	magnetopause
磁感转杯风速表	磁感轉杯風速計	cup-generator anemometer
磁偏角	磁偏角	declination
磁倾赤道	磁倾赤道	dip equator
磁扰	磁擾	magnetic disturbance
次地转风	次地轉風	subgeostrophic wind
次级环流(=二级环流)		
次季节时间尺度	次季節時間尺度	subseasonal time scale
次季节振荡	次季振盪	subseasonal oscillation
次生[飑]带	次雨帶	secondary bands
次生气旋	副氣旋	secondary cyclone
次生污染物	次生污染物	secondary pollutant
次声波	次聲波	infrasonic wave
次梯度风	次梯度風	subgradient wind
次天气尺度系统	次綜觀[尺度天氣]系统	subsynoptic scale [weather] system
次网格[尺度]参数化	次網格參數化	subgrid-scale parameterization
粗糙层	粗糙層	roughness layer
粗糙度	粗糙度	roughness
粗糙度参数	粗糙參數	roughness parameter
粗糙度长度	粗糙長度	roughness length
粗糙度系数	粗糙係數	roughness coefficient
粗粒子	粗質點,粗粒子	coarse particle

大　陆　名	台　湾　名	英　文　名
粗网格	粗網格	coarse mesh
催化	催化	catalysis
催化剂	催化劑	catalyst
存储	儲存	memory，storage

D

大　陆　名	台　湾　名	英　文　名
达因	達因	dyne
达因测风表(＝丹斯测风表)		
[大]冰原,冰盖	冰原	ice sheet
大尺度	大尺度	macroscale
大地测量学	大地測量學	geodesy
大地水平面	大地水準面	geoid
大风(＝8级风)		
大风警报	大風警報	gale warning
大旱	大旱	great drought
大旱年	大旱年	severe drought year
大核	大核	large nucleus
大洪水	大洪水	deluge
大离子	大離子	large ion
大陆度	陸性度	continentality
大陆度指数	大陸度指數	continentality index
大陆架	[大]陸棚	continental shelf
大陆漂移	大陸漂移	continental drift
大陆气团	大陸氣團	continental air mass
大陆斜坡	[大]陸坡	continental slope
大陆性气候	大陸性氣候	continental climate
大陆性气溶胶	大陸性氣[懸]膠	continental aerosol
大暖期	大暖期	megathermal period
大暖期气候	大暖期氣候	megathermal climate
大气	大氣	atmosphere
大气本底[值]	大氣背景[值]	atmospheric background
大气边界层	大氣邊界層	atmospheric boundary layer
[大气]标高	均匀大氣高度	[atmospheric] scale height
大气波导	大氣波導	atmospheric duct
大气波[动]	大氣波	atmospheric wave

大　陆　名	台　湾　名	英　文　名
大气不透明度	大氣不透明度	atmospheric opacity
[大气]不稳定度	大氣不穩度	[atmospheric] instability
大气层结	大氣成層	atmospheric stratification
大气长波	大氣長波	atmospheric long wave
大气潮	大氣潮	atmospheric tide
大气尘埃	大氣塵埃	atmospheric dust
[大气]尘粒	塵粒	lithometeor
大气成分	大氣成分	atmospheric composition
大气臭氧	大氣臭氧	atmospheric ozone
大气臭氧总量	大氣臭氧總量	atmospheric total ozone
大气传输模式	大氣透射模式	atmospheric transmission model
大气窗	大氣窗	atmospheric window
大气簇射	空氣射叢	air shower
大气电导率	空氣導電率	air conductivity
大气电强计,天电强度计	天電儀	atmoradiograph
大气电学	大氣電[學]	atmospheric electricity
大气动力学	大氣動力學	atmospheric dynamics
大气反演	大氣反演	atmospheric retrieval
大气放射性	大氣放射性	atmospheric radioactivity
大气浮游生物	大氣浮游生物	air plankton, aerial plankton
大气辐射	大氣輻射	atmospheric radiation
大气辐射收支	大氣輻射收支	atmospheric radiation budget
大气光化学	大氣光化學	atmospheric photochemistry
大气光解[作用]	大氣光解[作用]	atmospheric photolysis
大气光谱	大氣光譜	atmospheric optical spectrum
大气光学	大氣光學	atmospheric optics
大气光学现象	大氣光學現象	atmospheric optical phenomena
大气光学质量	大氣光學質量	atmospheric optical mass
大气痕量气体	大氣微量氣體	atmospheric trace gas
大气候	大氣候	macroclimate
大气候学	大氣候學	macroclimatology
大气化学	大氣化學	atmospheric chemistry
大气环境	大氣環境	atmospheric environment
大气环流	大氣環流	atmospheric circulation, general atmospheric circulation
大气环流模式	大氣環流模式	general circulation model, GCM
大气浑浊度	大氣濁度	atmospheric turbidity

大　陆　名	台　湾　名	英　文　名
大气结构	大氣結構	atmospheric structure
大气净化	大氣清除	atmospheric scavenging
大气科学	大氣科學	atmospheric science
大气可预报度	大氣可預報度	atmospheric predictability
大气可预报性	大氣可預報性	atmospheric predictability
大气扩散	大氣擴散	atmospheric diffusion
大气扩散方程	大氣擴散方程	atmospheric diffusion equation
大气离子	大氣離子	atmospheric ion
大气密度	大氣密度	atmospheric density
大气模式	大氣模式	atmospheric model
大气能量学	大氣能量學	atmospheric energetics
大气逆辐射	大氣反輻射	atmospheric counter radiation
大气偏振	大氣極化	atmospheric polarization
大气起源	大氣起源	origin of atmosphere
大气强迫	大氣強迫	atmospheric forcing
大气圈	[大]氣圈	atmosphere
大气扰动	大氣擾動	atmospheric disturbance
大气热机	大氣熱機	atmospheric engine
大气热力学	大氣熱力學	atmospheric thermodynamics
大气生物学	大氣生物學	aerobiology
大气声学	大氣聲學	atmospheric acoustics
大气湿度	大氣濕度	atmospheric humidity
大气衰减	大氣衰減	atmospheric attenuation
大气水分收支	大氣水收支	atmospheric water budget
大气探测	大氣探測	atmospheric probing
大气涛动(=大气振荡)		
[大气]透明度	大氣透明[度]	[atmospheric] transparency
[大气]透射率	大氣透射率	[atmospheric] transmissivity
大气湍流	大氣亂流	atmospheric turbulence
[大气]稳定度	大氣穩度	[atmospheric] stability
大气涡旋	大氣渦旋	atmospheric vortex
大气污染	大氣污染	atmospheric pollution
大气污染物	大氣污染物	atmospheric pollutant
[大气]污染源	[大氣]污染源	[atmospheric] pollution source
大气物理[学]	大氣物理學	atmospheric physics
大气吸收	大氣吸收	atmospheric absorption
[大气]吸收率	吸收率	[atmospheric] absorptivity
大气现象	大氣現象	atmospheric phenomena

大 陆 名	台 湾 名	英 文 名
大气消光	大氣消光	atmospheric extinction
大气效应	大氣效應	atmospheric effect
大气压	大氣壓	atmosphere
大气盐度	大氣鹽度	atmospheric salinity
大气氧化剂	大氣氧化劑	atmospheric oxidant
大气遥感	大氣遙測	atmospheric remote sensing
大气移除	大氣移除	atmospheric removal
大气杂质	大氣雜質	atmospheric impurity
大气噪声	大氣雜訊	atmospheric noise
大气折射	大氣折射	atmospheric refraction
大气振荡,大气涛动	大氣潮	atmospheric oscillation
大气质量	大氣質量	atmospheric mass
大水灾	大水災	flood catastrophe
大型蒸发器	蒸發槽	evaporation tank
大雪	大雪	Heavy Snow
大雨	大雨	heavy rain
大雨期	大雨期	great pluvial
大圆航线	大圓航線	great-circle course
代用气候记录	代用氣候記錄	proxy climate record
代用资料	代用資料	proxy data
带	帶	band
带模式	頻帶模式	band model
带通滤波器	帶通濾波器	band pass filter
带吸收	帶吸收	band absorption
带[状]光谱	帶狀譜	band spectrum
带状回波	帶狀回波	banded echo
带状闪电	帶狀閃電	ribbon lightning, band lightning
带状云系	帶狀雲系	banded cloud system
待定系数	未定係數	undetermined coefficient
丹斯测风表,达因测风表	達因風速計	Dines anemometer
单边平滑	單側勻滑	one sided smoothing
单侧差分	單側差分	one sided difference
单峰分布	單峰分佈	unimodal distribution
单峰谱	單峰譜	unimodal spectrum
单色辐射	單色輻射	monochromatic radiation
单体	胞	cell
单体风暴	單胞風暴	single-cell storm

大　陆　名	台　湾　名	英　文　名
单体回波	胞回波	cell echo
单通滤波器	單通濾波器	unitary filter
单相关	單相關	simple correlation
单向垂直风切变	單向垂直風切	unidirectional vertical wind shear
单站[天气]预报	單站預報	single station [weather] forecast
弹道风	彈道風	ballistic wind
弹道空气密度	彈道空氣密度	ballistic air density
弹道气象学	彈道氣象[學]	ballistic meteorology
弹道温度	彈道溫度	ballistic temperature
淡积云	淡積雲	cumulus humilis, Cu hum
氮循环	氮循環	nitrogen cycle
氘核	氘核	deuteron
导航测风	導航測風	navaid wind-finding
导热系数(=热导率)		
导闪,先导[流光]	導閃	leader streamer
导数	導數	derivative
倒槽	倒槽	inverted trough
等变高线	等變高線	isallohypse
等变温线	等變溫線	isallotherm
等变压风	等變壓風	isallobaric wind
等变压线	等變壓線	isallobar
等冰期线	等凍期線	isopag
等地温线	等地溫線	geoisotherms
等风速线	等風速線	isotach
等风向线	等風向線	isogon
等高面	等高面	constant height surface
等高平面位置显示器	等高面位置指示器	constant altitude plan position indicator, CAPPI
等高线	等高線	contour [line]
等高线图,等压面图	等高線圖	contour chart
等厚度线	等厚度線	constant thickness line
等回波线	等回波線	iso-echo contour
等级相关(=秩相关)		
等解冻线	等解凍線	isotac
等距平线	等距平線	isanomaly
等绝对涡度轨迹	等絕對渦度軌跡	constant absolute vorticity trajectory, CAVT
等离子体层	電漿層	plasmasphere

大　陆　名	台　湾　名	英　文　名
等离子体层顶	電漿層頂	plasmapause
等露点线	等露點線	isodrosotherm
等密度混合	等密度混合	isopycnal mixing
等年温较差线	等年溫差線	isoparallage
等气候线	等氣候線	isoclimatic line
等日照线	等日照線	isohel
等容气球	等容氣球	tetroon, constant volume balloon
等熵垂直坐标	等熵垂直坐標	isentropic vertical coordinate
等熵分析	等熵分析	isentropic analysis
等熵过程	等熵過程	isentropic process
等熵面图	等熵圖	isentropic chart
等熵凝结高度	等熵凝結高度	isentropic condensation level
等熵坐标系	等熵坐標系	constant entropy coordinates
等湿度线	等濕度線	isohume
等时线	等時線	isochrone
等势线	等位線	equipotential line
等位势面	等重力位面	constant geopotential surface
等温层	同溫層	isothermal layer
等温大气	等溫大氣	isothermal atmosphere
等温过程	等溫過程	isothermal process
等温线	等溫線	isotherm
等物候线	等物候線	isophane, isophenological line
等效反射[率]因子,相当反射[率]因子	相當反射率因數	equivalent reflectivity factor
等雪量线	等雪線	isochion
等压面	等壓面	isobaric surface
等压面环球探空	等壓面環球送	transosonde
等压面图(＝等高线图)		
等压线	等壓線	isobar
等压相当温度	等壓相當溫度	isobaric equivalent temperature
等盐度线	等鹽度線	isohaline
等雨量线	等雨量線	isohyet, isopluvial
等月变线	等月變線	isodiaphore
等值线	等值線	isoline
低层大气	低層大氣	lower atmosphere
低吹尘	低吹塵	drifting dust
低吹沙	低吹沙	drifting sand
低吹雪	低吹雪	drifting snow

大　陆　名	台　湾　名	英　文　名
低峰	平峰	platykurtosis
低估	低估	underestimate
低空风切变	低層風切	low-level wind shear, LLWS
低空急流	低層噴流	low-level jet [stream], LLJ
低空探空仪	低空雷送	low altitude radiosonde
低气压	低[氣]壓	low [pressure]
低通滤波器	低通濾波器	low-pass filter
低涡(＝涡[旋])		
低压槽	[低壓]槽	trough
低压加深	低壓加深	deepening of a depression
低压填塞	低壓填塞	filling of a depression
低云	低雲	low cloud
低指数	低指數	low index
滴谱	滴譜	droplet spectrum
笛卡儿坐标	笛卡兒坐標	Cartesian coordinate
底[层]流	底[層]流	bottom current
底层水	底水	bottom water
底图	底圖	base map
地表辐射平衡	地表輻射平衡	surface radiation balance
地表辐射收支	地表輻射收支	surface radiation budget
地表能量平衡	表面能量平衡	surface energy balance
地表水文学	地表水文學	surface water hydrology
地方标准时	地方標準時	local standard time, LST
地方时	地方時	local time
地方视时	地方視時	local apparent time
地方性风	局部風	local wind
地方性降水	局部降水	local precipitation
地方性天气	當地天氣	local weather
地理信息系统	地理資訊系統	geographic information system, GIS
地理学	地理學	geography
地貌学	地形學	geomorphology
地冕	地冕	geocorona
地面边界条件	地面邊界條件	surface boundary condition
地面粗糙度	地面粗糙度	surface roughness
地面反照率	地表反照率	surface albedo
地面分析	地面分析	surface analysis
地面锋	地面鋒	surface front
地面观测	地面觀測	surface observation

大　陆　名	台　湾　名	英　文　名
地面可蒸散	地許蒸散量	atmospheric demand
地面目标	地面目標	ground target
地面能见度	地面能見度	ground visibility, surface visibility
地面逆温	地面逆溫	ground inversion, surface inversion
地面气温	地面氣溫	surface air temperature
地面气压	地面氣壓	surface pressure
地面[天气]图	地面[天氣]圖	surface [weather] chart
地面拖曳	表面曳力	surface drag
地面雾	地面霧	ground fog
地面资料	地面資料	surface data
地平经圈	地平經圈	vertical circle
地平线	地平線	skyline
地球	地球	earth
[地球]反射太阳辐射	反射全天空輻射	reflected [global] solar radiation
地球反照率	地球反照率	albedo of the earth
地球辐射	地球輻射	terrestrial radiation
地球辐射平衡	地球輻射平衡	terrestrial radiation balance
地球辐射收支试验	地球輻射收支實驗	Earth Radiation Budget Experiment, ERBE
地球辐射收支卫星	地球輻射收支衛星	Earth Radiation Budget Satellite, ERBS
地球观测系统	地球觀測系統	earth observing system, EOS
[地球]轨道特征	軌道特徵	orbital characteristics
地球红外辐射	地球紅外線輻射	terrestrial infrared radiation
地球静止环境卫星	[地球]同步[作業環境]衛星	Geostationary Operational Environment Satellite, GOES
地球静止气象卫星	[地球]同步氣象衛星	Geostationary Meteorological Satellite, GMS
地球曲率订正	地球曲率訂正	earth curvature correction
地球物理学	地球物理學	geophysics
地球资源技术卫星	[地球]資源[技術]衛星	Earth Resources Technology Satellite, ERTS
地[球自]转偏向力	地球自轉偏向力	deflection force of earth rotation
地圈,陆界	陸圈,陸界	geosphere
地图	地圖	map
地图比例尺	地圖比尺	map scale
地图[放大]因子	地圖因數	map factor
地图集	地圖集	atlas
地图投影	地圖投影	map projection

大　陆　名	台　湾　名	英　文　名
地温	地[面]溫[度]	ground temperature
地温表	地溫計	geothermometer
地物回波	地面回波	ground echo
地下冰	地下冰	underground ice
地下水	地下水	underground water
地下水面	地下水面	water table
地形	地形	orography
地形波	地形波	orographic wave
地形低压	地形低壓	orographic depression
地形锢囚锋	地形囚錮鋒	orographic occluded front
地形急流	地形噴流	barrier jet
地形降水	地形降水	orographic precipitation
地形静止锋	地形滯留鋒	orographic stationary front
地形雷暴	地形雷雨	orographic thunderstorm
地形罗斯贝波	地形羅士比波	topographic Rossby wave
地形气候	地形氣候	topoclimate
地形气候学	地形氣候學	topoclimatology
地形强迫[效应]	地形強迫[作用]	topographic forcing [effect]
地形雾	地形霧	orographic fog
地形小气候	地形微氣候	contour microclimate
地形雪线	地形雪線	orographic snowline
地形雨	地形雨	orographic rain
地形雨量	地形雨量	orographic rainfall
地云放电,地云闪电	地雲放電	ground-to-cloud discharge
地云闪电(=地云放电)		
地质气候	地質氣候	geological climate
地中海季风	地中海季風	Etesians
地中海气候	地中海氣候	Mediterranean climate
地转风	地轉風	geostrophic wind
地转惯性不稳定	地轉慣性不穩度	geostrophic inertial instability
地转剪切形变	地轉切變變形	geostrophic shearing deformation
地转流	地轉[氣]流	geostrophic current
地转流函数	地轉流函數	geostrophic stream function
地转偏差	地轉偏差	geostrophic deviation
地转平流	地轉平流	geostrophic advection
地转切变	地轉切變	geostrophic shear
地转适应	地轉調整	geostrophic adjustment
地转涡度	地轉渦度	geostrophic vorticity

大　陆　名	台　湾　名	英　文　名
地转运动	地轉運動	geostrophic motion
递推公式,循环公式	遞推公式	recurrence formula
第二类条件[性]不稳定	第二類條件[性]不穩度	conditional instability of the second kind, CISK
第三纪气候	第三紀氣候	Tertiary climate
第四纪	第四紀	Quaternary Period
第四纪冰期	第四紀冰期	Quaternary Ice Age
第四纪气候	第四紀氣候	Quaternary climate
第四纪气候记录	第四紀氣候記錄	Quaternary climate record
点聚图	散佈圖	scatter diagram
点涡	點渦	point vortex
电测湿度计	電測濕度計	electrical hygrometer
电测温度计	電測溫度計	electrical thermometer
电磁辐射	電磁輻射	electromagnetic radiation
电导率	導電性	electrical conductivity
电导雨量计,水导[式]雨量计	導電雨量計	electrical conductivity raingauge
电化学探空仪	電化學送	electrochemical sonde
电接[式]风速表	電接風速計	contact anemometer
电接转杯风速表	電接轉杯風速計	cup-contact anemometer
电离层	電離層	ionosphere
电离层顶	電離層頂	ionopause
电离层[风]暴	電離層風暴	ionospheric storm
[电离层]连续波测高仪	連續波電離層送	continuous wave ionosonde
电离层突扰	電離層突擾	sudden ionospheric disturbance, SID
电离电势	電離位	ionization potential
电离图	電離圖解	ionogram
电离作用	電離[作用]	ionization
电码表	電碼表	code table
电码段	電碼段	code section
电码符号	電碼符號	code symbol
电码格式	電碼格式	code form
电码说明	電碼說明	code specification
[电容]放电式风速表	[電容]放電式風速計	condenser discharge anemometer
电容雨量计	電容雨量計	capacitance raingauge
电晕	電量	corona
电晕放电	電量放電	corona discharge

大　陆　名	台　湾　名	英　文　名
电子伏特	電子伏特	electron volt, eV
吊桶水温	吊桶溫度	bucket temperature
吊桶水温表	吊桶水溫計	bucket thermometer
迭代	疊代法	iteration
叠加	重疊	superposition
叠加场	疊加場	superimposed field
叠加原理	重疊原理	principle of superposition
顶峰	峰	peak
订正	訂正	reduction
订正因子	訂正因數	reduction factor
订正预报	預報修正	forecast amendment
定常波	駐波	stationary wave
定常流,恒定流	定常流,恆定流	steady flow
定常态	恆定態	stationary state
定常涡动	滯性渦流	stationary eddies
定常涡旋	恆定渦旋	steady vortex
定常系统	恆定系統	steady system, time invariant system
定高气球	等壓面氣球	constant level balloon
π 定理	π 定理	π-theorem
定量降水预报	定量降水預報	quantitative precipitation forecast, QPF
定量预报	定量預報	quantitative forecast
定年	定年	dating
定容比热	定容比熱	specific heat at constant volume
定态解	恆定解	steady state solution
定压比热	定壓比熱	specific heat at constant pressure
东北低压	華北低壓	Northeast China low
东北季风	東北季風	northeast monsoon
东风波	東風波	easterly wave
东风带	東風帶	easterly belt, easterly zone
东风急流	東風噴流	easterly jet
东南大风	東南大風	southeaster
东南季风	東南季風	southeast monsoon
东南信风	東南信風	southeast trade
东亚季风	東亞季風	East Asian monsoon
冬半年	冬半年	winter half year
冬半球	冬半球	winter hemisphere
冬干寒冷气候	冬乾寒冷氣候	cold climate with dry winter
冬干温和[气候]	冬乾溫和[氣候]	winter dry moderate

大 陆 名	台 湾 名	英 文 名
冬干温暖气候	冬乾溫暖氣候	warm climate with dry winter
冬[季]	冬[季]	winter
冬季风	冬季季風	winter monsoon
冬季严寒指数	冬季嚴寒指數	winter severity index
冬眠	冬眠	dormancy
冬湿寒冷气候	冬濕寒冷氣候	cold climate with moist winter
冬性指数	冬性指數	wintriness index
冬至	冬至	Winter Solstice
动力边界条件	動力邊界條件	dynamic boundary condition
动力播云	動力種雲	dynamic cloud seeding
动力不稳定[性]	動力不穩度	dynamic instability
动力槽	動力槽	dynamic trough
动力初值化	動力初始化	dynamic initialization
动力催化	動力種雲	dynamic seeding
动力对流	動力對流	dynamic convection
动力高度	動力高度	dynamic height
动力结构	動力結構	dynamical structure
动力可预报性	動力可預報度	dynamical predictability
动力米	動力米	dynamic meter
动力黏性系数	動力黏性係數	dynamic viscosity coefficient
动力气候学	動力氣候學	dynamic climatology
动力气象学	動力氣象學	dynamic meteorology
动力稳定[性]	動力穩度	dynamic stability
动力相似	動力相似	dynamic similarity
动力学	動力學	dynamics
动力预报	動力預報	dynamical forecasting
动力作用	動力效應	dynamic effect
动量方程	動量方程	momentum equation
动量交换	動量交換	momentum exchange
动量守恒	動量守恆	momentum conservation
动能	動能	kinetic energy
动态平均,滑动平均	移動平均	moving average, running mean
动压力	動力壓	dynamic pressure
冻害	凍害	freezing injury
冻季	凍季	freezing season
冻结	凍結	freezing, congelation
冻结核	凍結核	freezing nucleus
冻结温度	結冰溫度	freezing temperature

大 陆 名	台 湾 名	英 文 名
冻裂	凍裂	congelifraction
冻露	冰露	frozen dew
冻霾	霜凍霾	frost haze
冻土	凍土	frozen soil
冻土学	凍土學	cryopedology
冻雾	凍霧	freezing fog
冻雨	凍雨	freezing rain
冻原气候(=苔原气候)		
逗点云	逗點雲	comma cloud
独立性检验	獨立性檢驗	independence test
独立样本	獨立樣本	independent sample
度量	量度	measure
度日	度日	degree-day
22 度晕	22 度暈	22° halo
46 度晕	46 度暈	46° halo
短波辐射	短波輻射	short-wave radiation
短冷期	短冷期	snap
短期[天气]预报	短期[天氣]預報	short-range [weather] forecast
短夏	短夏	pointed summer
断虹	斷虹	broken rainbow
对比遥测亮度计	對比遙測光度計	contrast telephotometer
对称不稳定	對稱不穩度	symmetric instability
对空气象广播	航空氣象廣播	VOLMET broadcast
对流	對流	convection
对流边界层	對流邊界層	convective boundary layer, CBL
对流不稳定[性]	對流不穩度	convective instability
对流参数化	對流參數化	convective parameterization
对流层	對流層	troposphere
对流层臭氧	對流層臭氧	tropospheric ozone
对流层顶	對流層頂	tropopause
对流层顶折叠	對流層頂折疊	tropopause folding
对流层化学	對流層化學	tropospheric chemistry
对流层气溶胶	對流層氣膠	tropospheric aerosol
对流层上层	高對流層	upper troposphere
对流层折射	對流層折射	tropospheric refraction
对流层中层气旋	中層氣旋	midtropospheric cyclone
对流尺度	對流尺度	convective scale
对流单体	對流胞	convection cell

大　陆　名	台　湾　名	英　文　名
对流高度	對流高度	ceiling of convection
对流回波	對流回波	convective echo
对流加热	對流加熱	convective heating
对流冷却	對流冷卻	convective cooling
对流凝结高度	對流凝結高度,對流凝層	convective condensation level, CCL
对流区[域]	對流區[域]	convective region
对流调整	對流調整	convective adjustment
对流性降水	對流降水	convective precipitation
对流[性]稳定度	對流穩度	convective stability
对流雨	對流雨	convective rain
对流云	對流雲	convective cloud
对马海流	對馬海流	Tsushima Current
对数正态云尺度分布	對數常態雲尺度分佈	lognormal cloud-size distribution
对消比	對消比	cancellation ratio
对应分析	對應分析	correspondence analysis
对照区	對照區	control area
多波段图像	多波段影像	multi-spectral image, MSI
多布森单位,陶普生单位	杜柏生單位	Dobson unit, DU
多布森分光光度计,陶普生分光光度计	杜伯生分光光度計	Dobson spectrophotometer
多层模式	多層模式	multilevel model
多重回归	複回歸	multiple regression
多次散射	多次散射	multiple scattering
多次闪击	多次閃擊	multiple stroke
多级采样器	串級採塵器	cascade impactor
多季性陆地结冰	陳陸冰	taryn
多年冻土,永冻土	永凍層	pergelisol
多年冻土过程	永凍[作用]	pergelation
多平衡态	多平衡態[系統]	multi-equilibrium state
多普勒频移	都卜勒頻移	Doppler frequency shift
多普勒谱	都卜勒譜	Doppler spectrum
多普勒谱矩	都卜勒譜矩	Doppler spectral moment
多普勒谱宽度	都卜勒頻寬	Doppler spread
多普勒谱增宽	都卜勒譜增寬	Doppler spectral broadening
多普勒效应	都卜勒效應	Doppler effect
多普勒增宽	都卜勒加寬	Doppler broadening

大　陆　名	台　湾　名	英　文　名
多时间尺度	多重時間尺度	multiple time scale
多雨地区	多雨地區	pluvial region
多雨期	多雨期	pluvial period
多雨气候	多雨氣候	rainy climate
多元大气	多元大氣	polytropic atmosphere
多元分析	多元分析	multivariate analysis
多元过程	多元過程	polytropic process
多元时间序列	多元時間序列	multivariate time series
多元统计分析	多元統計分析	multivariate statistical analysis
多元最优插值	多元最佳內插法	multivariate optimum interpolation
多云	多雲	cloudy
多云天空	多雲天空	cloudy sky
惰性气体	惰性氣體	inert gas

E

大　陆　名	台　湾　名	英　文　名
厄尔尼诺	聖嬰,艾尼紐	El Niño
厄尔尼诺南方涛动,恩索	聖嬰南方振盪,艾尼紐南方振盪	El Niño Southern Oscillation, ENSO
恶劣天气(＝灾害性天气)		
恶劣天气警报(＝危险天气警报)		
鄂霍次克海高压	鄂霍次克高壓	Okhotsk high
恩索(＝厄尔尼诺南方涛动)		
二叉树	雙分樹	binary tree
二次回波	二程回波	second trip echo
二次型	二次形	quadratic form
二叠纪	二疊紀	Permian Period
二分点	分點	Equinoxes
二级环流,次级环流	次環流	secondary circulation
二级气候站	次級氣候站	second order climatological station
二进制[的]	二進位	binary
二流近似	雙流近似	two-stream approximation
二年冰	二年冰	biennial ice
二维分布,二元分布	二元分佈	bivariate distribution

大　陆　名	台　湾　名	英　文　名
二项分布	二項分佈	binomial distribution
二项式平滑	二項式平滑	binomial smoothing
二氧化氮	二氧化氮	nitrogen dioxide
二氧化硫	二氧化硫	sulfur dioxide
二氧化碳	二氧化碳	carbon dioxide
二氧化碳当量	二氧化碳當量	carbon dioxide equivalence
二氧化碳[谱]带	二氧化碳[吸收]帶	carbon dioxide band
二氧化碳施肥	二氧化碳施肥	carbon dioxide fertilization
二氧化碳温室反馈	二氧化碳–温室反饋	carbon dioxide greenhouse feedback
二元分布(=二维分布)		
二元时间序列	二元時間序列	bivariate time series
二至点	至點,夏至,冬至	solstices
二至圈	二至圈	solstitial colure

F

大　陆　名	台　湾　名	英　文　名
发射	發射	emission
翻斗[式]雨量计	傾斗雨量計	tilting bucket raingauge
翻转	翻轉	overturning
反季风	反季風	antimonsoon
反馈	反饋,回饋	feedback
反气旋	反氣旋	anticyclone
反气旋环流	反旋式環流	anticyclonic circulation
反气旋生成	反[氣]旋生[成]	anticyclogenesis
反[气]旋[式]涡旋	反旋式渦旋	anticyclonic vortex
反气旋消散	反[氣]旋消[滅]	anticyclolysis
反气旋[性]切变	反旋式風切	anticyclonic shear
反气旋[性]曲率	反旋式曲率	anticyclonic curvature
反气旋[性]涡度	反旋式渦度	anticyclonic vorticity
反日	反日	anthelion
反射	反射	reflection
反射比(=反射率)		
反射地球辐射	反射地球輻射	reflected terrestrial radiation
反射辐射	反射輻射	reflected radiation
反射率,反射比	反射率	reflectivity
反射率因子	反射率因子	reflectivity factor
反射能力	反射能力	reflecting power

大　陆　名	台　湾　名	英　文　名
反射系数	反射係數	reflection coefficient
反梯度风	反梯度風	countergradient wind
反梯度热通量	反梯度熱通量	countergradient heat flux
反相关,负相关	反相關	anticorrelation
反信风	反信風	anti-trade
反演	反演	inversion
反演法	逆方法	inverse method
反演算法	反演算則	inverse algorithm
反[演]问题	反演問題	inverse problem
反验证法	反驗證法	forecast-reversal test
反应速率	反應速率	reaction rate
反应速率常数	反應速率常數	rate constant
反照率	反照率	albedo
反照率表	反照計	albedometer
反照仪	反照儀	albedograph
泛大陆	盤古大陸	Pangaea
范艾伦辐射带	範艾倫輻射帶	Van Allen radiation belt
范德瓦耳斯方程	凡得瓦方程	van der Waals' equation
范拉诺旱期	凡拉諾乾期	verano
范数	範數	norm
范托夫定律	凡何夫定律	van't Hoff's law
方案	[方]法	scheme
方差	方差	variance
方差比	方差比	variance ratio
方差分析	方差分析	variance analysis
方差谱	方差譜	variance spectrum
方差缩减	方差遞減	variance reduction
ω方程	ω方程	ω-equation
方式	方式	mode
方位	方位	bearing
方位角	方位角	azimuth
方位角分辨率	方位角解析度	azimuth resolution
方位角角波数	方位波數	azimuthal wave number
防雹	抑雹	hail suppression
防雹火箭	防雹火箭	antihail rocket
防风带	防風帶	shelter belt
防洪	防洪	flood control
防洪水库	防洪水庫	flood control reservoir

大　陆　名	台　湾　名	英　文　名
防霜	防霜	frost prevention
放电	放電	discharge
放射性沉降	放射[性]落塵	radioactive fallout
放射性碳	放射性碳	radioactive carbon
放射性污染,活性污染	活性污染	active pollution
飞尘(=飞灰)		
飞灰,飞尘	飛塵	fly ash
飞机测温法	飛機測溫術	aircraft thermometry
飞机颠簸	飛機顛簸	aircraft bumpiness
飞机积冰	飛機積冰	aircraft icing
飞机气象探测	飛機氣象探測	airplane meteorological sounding
飞机探测	飛機探空	aircraft sounding
飞机天气侦察	飛機氣象偵察	aircraft weather reconnaissance
飞机尾迹	飛機凝結尾	aircraft trail
飞机尾流	飛機尾流	aircraft wake
飞机卫星数据中继	飛機衛星資料中繼	aircraft-to-satellite data relay
飞行天气实况	實際飛行天氣	actual flying weather
飞行员气象报告	飛行員氣象報告	pilot meteorological report
飞行侦察	飛行偵察	reconnaissance
非常规观测	非傳統觀測	non-conventional observation
非地转风	非地轉風	ageostrophic wind
非地转运动	非地轉運動	ageostrophic motion
非对流[性]降水	非對流降水	non-convective precipitation
非[规]定时	非定時	offtime
非绝热过程	非絕熱過程	diabatic process
非绝热加热	非絕熱加熱	diabatic heating
非均匀性	非均勻性	inhomogeneity
非均质层	不[均]勻層	heterosphere
非可递系统(=不定转移系统)		
非齐次性	非齊	inhomogeneity
非扰动太阳	無擾動太陽	undisturbed sun
非实时数据(=非实时资料)		
非实时资料,非实时数据	非即時資料	non-real-time data
非线性	非線性	nonlinear
非线性波	非線性波	nonlinear wave

大　陆　名	台　湾　名	英　文　名
非线性不稳定[性]	非線性不穩度	nonlinear instability
非相干回波	非相干回波	incoherent echo
非相干雷达	非相干雷達	incoherent radar
非周期变化	非週期變化	non-periodic variation
非周期流	非週期流	aperiodic flow
非周期信号	非週期信號	aperiodic signal
非周期振荡	非週期振盪	aperiodic oscillation
非洲急流	非洲噴流	African jet
[废气]凝结尾迹	[廢氣]凝結尾	[exhaust] contrail
沸点	沸點	boiling point
费雷尔环流	佛雷爾胞	Ferrel cell
费马原理	費馬原理	Fermat's principle
费用函数	成本函數	cost function
分贝	分貝	decibel, db
分辨率	解析[度]	resolution
分辨能力	解析能力	resolution power
分布	分佈	distribution
分布函数	分佈函數	distribution function
分岔	分歧	bifurcation
分光计,分光仪	分光計	spectrometer
分光仪(=分光计)		
分级预报(=分类预报)		
分解	分解	resolution
分类预报,分级预报	分類預報,分級預報	categorical forecast
分流	分流	diffluence
分配	分配	distribution
分歧理论	分歧理論	bifurcation theory
分区云图	分區雲圖	sectorized cloud picture
分水岭	分水嶺	watershed
D 分析	D 分析	D-analysis
分压[力]	分壓	partial pressure
[分]支点	分支點	branching point
分支函数	分支函數	branched function
分至年(=回归年)		
分子黏性	分子黏性	molecular viscosity
分子黏性系数,分子黏滞系数	分子黏性係數	molecular viscosity coefficient
分子黏滞系数(=分子		

大　陆　名	台　湾　名	英　文　名
黏性系数)		
分子散射	分子散射	molecular scattering
芬德森–贝热龙成核过程	芬白成核過程	Findeisen-Bergeron nucleation process
焚风	焚風	foehn
焚风波	焚風波	foehn wave
焚风气候学	焚風氣候學	foehn climatology
焚风墙	焚風牆	foehn wall
丰水年	豐水年	high flow year
风	風	wind
风暴潮	風暴潮	storm surge
风暴尺度气象业务和研究计划	風暴尺度氣象作業研究計畫	Storm-Scale Operational and Research Meteorology Program, STORM
风暴时段	風暴延時	storm duration
风暴涌	風暴湧	storm swell
风场	風場	wind field
风成雪波	風雪紋	wind ripple
风洞	風洞	wind tunnel
风害	風害	wind damage
风寒因子	風寒因數	wind-chill factor
风寒指数	風寒指數	wind-chill index
风化层	風化層	regolith
风化[作用]	風化	weathering
风级	風級	wind [force] scale
风浪等级	風浪等級	sea scale
风浪区	風浪區	fetch
风力	風力	wind force
风力工程	風力工程	wind engineering
风玫瑰图	風花圖	wind rose
风能	風能	wind energy
风能玫瑰图	風能玫瑰圖	wind energy rose
风能潜力	風能潛勢	wind energy potential
风能资源	風能資源	wind energy resources
风屏	風屏	wind shield
风谱	風譜	wind spectrum
风切变	風切	wind shear
风三角(=三角风羽)		
风生表面热交换	風誘表面熱交換	wind-induced surface heat exchange,

大　陆　名	台　湾　名	英　文　名
		WISHE
风生海流	風生海流	wind-generated current
风生海洋环流	風成[海洋]環流	wind-driven ocean circulation
风蚀[作用]	風蝕[作用]	eolation
风矢	風矢	wind arrow
风矢杆	風向桿	wind shaft
风矢量	風向量	wind vector
风矢站图	風徑圖	hodograph
风速	風速	wind speed
风速表	風速計	anemometer
风速测定法	測風術	anemometry
风速对数廓线	對數風速剖線	logarithmic velocity profile
风速计	風速儀	anemograph
风速廓线	風速剖線	wind speed profile
风速脉动	風速變動	wind velocity fluctuation
风速羽	風羽	barb
风向	風向	wind direction
风向标	風標	wind vane
风向袋	風袋	wind cone
风向逆转	風向反轉	wind reversal
风向切变	風向風切	directional shear
风效应	風效應	wind effect
风斜表	風傾儀	anemoclinometer
风压	風壓	wind pressure
风压系数	風壓係數	coefficient of wind pressure
风应力	風應力	wind stress
风应力旋度	風應力旋度	wind stress curl
封闭浮冰群	封閉浮冰群	close pack ice
锋	鋒	front
锋面	鋒面	frontal surface
锋面波动	鋒[面]波	frontal wave
锋面分析	鋒[面]分析	front analysis
锋面过境	鋒[面]過境	frontal passage
锋面降水	鋒[面]降水	frontal precipitation
锋面逆温	鋒[面]逆溫	frontal inversion
锋面天气	鋒[面]天氣	frontal weather
锋面雾	鋒[面]霧	frontal fog
锋区	鋒[面]帶	frontal zone

大　陆　名	台　湾　名	英　文　名
锋生	鋒生	frontogenesis
锋线	鋒線	frontal line
锋消	鋒消	frontolysis
冯·诺伊曼条件	馮紐條件	von Neumann condition
弗劳德数	夫如數	Froude number
浮冰带	浮冰帶	ice belt
浮冰块	浮冰塊	floe
浮尘	懸浮塵	suspended dust
浮力	浮力	buoyancy force
浮力波	浮力波	buoyancy wave
浮力波数	浮揚波數	buoyancy wave number
浮力速度	浮力速度	buoyancy velocity
浮力振荡	浮力振盪	buoyancy oscillation
浮升次区	浮揚次區	buoyant subrange
浮升对流	浮揚對流	buoyant convection
浮升烟羽	浮揚煙流	buoyant plume
福丁气压表	福丁氣壓計	Fortin barometer
辐辏状层积云	輻狀層積雲	stratocumulus radiatus, Sc ra
辐辏状高层云	輻狀高層雲	altostratus radiatus, As ra
辐辏状高积云	輻狀高積雲	altocumulus radiatus, Ac ra
辐辏状卷云	輻狀偽卷雲	cirrus radiatus, Ci ra
辐合	輻合	convergence
辐合槽	輻合槽	convergence trough
辐合线	輻合線	convergence line
辐散	輻散	divergence
辐散风	輻散風	divergent wind
辐散线	輻散線	divergence line
辐射	輻射	radiation
辐射传输	輻射傳送	radiation transfer
辐射–对流模式	輻射–對流模式	radiative-convective model
辐射发射率	輻射發射率	radiance emittance
辐射反馈	輻射回饋	radiation feedback
辐射加热	輻射加熱	radiation heating
辐射冷却	輻射冷卻	radiation cooling
辐射率	輻射率	radiance
辐射能	輻射能	radiance energy
辐射逆温	輻射逆溫	radiation inversion
辐射平衡	輻射平衡	radiation balance

大 陆 名	台 湾 名	英 文 名
辐射平衡表	輻射平衡計	radiation balance meter
辐射气候	輻射氣候	radiation climate
辐射热交换	輻射熱交換	radiative heat exchange
辐射收支	輻射收支	radiation budget
辐射探空仪	輻射探空儀,輻射送	radiation sonde
辐射图	輻射圖	radiation chart
辐射雾	輻射霧	radiation fog
辐射型	輻射型	radiation pattern
辐射转矩	輻射力矩	radiation torque
辐照度	輻照度	irradiance
辅助船舶观测	輔助船舶觀測	auxiliary ship observation, ASO
辅助天气观测	間綜觀觀測	intermediate synoptic observation
辅助天气观测时间	間標準時	intermediate standard time
腐蚀	腐蝕	corrosion
负变压线	降壓線	katallobar
负变压中心	降壓中心	katallobaric center
负反馈	負反饋	negative feedback
负离子	負離子	negative ion
负熵	負熵	negentropy
负相关(=反相关)		
附属云	附屬雲	accessory cloud
附着	黏合[作用]	agglutination
附着效率	附著效率	adhesion efficiency
复冰现象(=再冻[作用])		
复层积云	重疊層積雲	stratocumulus duplicatus, Sc du
复高层云	重疊高層雲	altostratus duplicatus, As du
复高积云	重疊高積雲	altocumulus duplicatus, Ac du
复合	複合	recombination
复卷云	重疊卷雲	cirrus duplicatus , Ci du
复相关	複相關	multiple correlation
复相关系数	複相關係數	multiple correlation coefficient
复杂[黑子]群	複雜[黑子]群	complex group
复折射率	複折射指數	complex index of refraction
副北极带	副北極帶	subarctic zone
副北极地气候	副北極氣候	subarctic climate
副极地	副極地[的]	subpolar
副极地冰川	副極地冰川	subpolar glacier

大 陆 名	台 湾 名	英 文 名
副极地低压	副極地低壓	subpolar low
副极地高压	副極地高壓	subpolar high
副冷锋	副[冷]鋒	secondary cold front
副南极锋	副南極鋒	subantarctic front
副南极区	副南極區	subantarctic zone
副热带	副熱帶	subtropical zone, subtropics
副热带东风带	副熱帶東風[帶]	subtropical easterlies
副热带反气旋	副熱帶反氣旋	subtropical anticyclone
副热带高压	副熱帶高壓	subtropical high
副热带急流	副熱帶噴流	subtropical jet
副热带季风区	副熱帶季風區	subtropical monsoon zone
副热带气候	副熱帶氣候	subtropical climate
副热带气旋	副熱帶氣旋	subtropical cyclone
副热带无风带	副熱帶無風帶	subtropical calms
副热带西风带	副熱帶西風[帶]	subtropical westerlies
傅里叶变换	傅立葉轉換	Fourier transform
傅里叶分析	傅立葉分析	Fourier analysis
傅里叶积分	傅立葉積分	Fourier integral
傅里叶级数	傅立葉級數	Fourier series
傅里叶逆变换	逆傅立葉轉換	inverse Fourier transform
覆盖	覆蓋,遮蔽	cover
覆盖逆温	冠蓋逆溫	capping inversion

G

大 陆 名	台 湾 名	英 文 名
伽马分布	伽瑪分佈	gamma distribution
伽马函数	伽瑪函數	gamma function
概率	機率,概率	probability
概率分布	機率分配	probability distribution
概率函数	機率函數	probability function
概率论	機率說	probability theory
概率模式	機率模式	probability model
概率评分	機率評分	probability score
概率预报	機率預報	probability forecast
概念模式	概念模式	conceptual model
干冰	乾冰	dry ice
干沉降	乾沈降	dry deposition

大　陆　名	台　湾　名	英　文　名
干对流	乾對流	dry convection
干对流调整	乾對流調整	dry convection adjustment
干旱	乾旱	drought
干旱带	乾旱帶	arid zone
干旱带水文学	乾帶水文學	arid-zone hydrology
干旱频率	乾旱頻率	drought frequency
干旱气候	乾燥氣候	arid climate
干旱指数	乾旱指數	drought index
干化	乾化	desiccation
干季	乾季	dry season
干洁气柱辐射率	晴空輻射率	clear column radiance
干静[力]能	乾靜能	dry static energy
干绝热过程	乾絕熱過程	dry adiabatic process
干绝热直减率	乾絕熱直減率	dry adiabatic lapse rate
干空气	乾空氣	dry air
干冷锋	乾冷鋒	dry cold front
干霾	乾霾	dry haze
干模式	乾模式	dry model
干期	乾期	dry spell
干球温度	乾球溫度	dry-bulb temperature
干球温度表	球溫度計	dry-bulb thermometer
干热期	乾熱期	xerothermal period
干热指数	乾熱指數	xerothermal index
干舌	乾舌	dry tongue
干湿表	乾濕計	psychrometer
干雾	乾霧	dry fog
干线	乾線	dry line
干雪崩	乾雪崩	dust avalanche
干燥	乾燥	arid
干燥度	乾度	aridity
干燥[度]指数	乾燥指數	aridity index
干燥率	乾燥率	drying power
干燥气候	乾燥氣候	dry climate
干燥区域	乾[燥]區[域]	aridity region
干燥因子	乾燥因子	aridity factor
感觉温度	感覺溫度	sensible temperature
感热	可感熱	sensible heat
感热通量	可感熱通量	sensible heat flux

大　陆　名	台　湾　名	英　文　名
感应理论	感應理論	influence theory
刚体边界条件	剛體邊界[條件]	rigid boundary condition
刚性系统	剛性系統	stiff system
高层大气	高層大氣	upper atmosphere
[高层]大气探测火箭	大氣探測火箭	atmospheric sounding projectile
高层云	高層雲	altostratus, As
高差表	高差計	cathetometer
高潮,满潮	滿潮,高潮	high tide
高吹尘	高吹塵	blowing dust
高吹沙	高吹沙	blowing sand
高吹雪	高吹雪	blowing snow
高地气候	高地氣候	highland climate
高度	高度	altitude
高度表	高度計	altimeter
高度表拨定[值]	高度表撥定值	altimeter setting
高度表测高方程	高度計方程	altimeter equation
高度方位距离位置显示器	高[度]方[位]距[離]位[置]指示器	height azimuth-range-position indicator, HARPI
高度计	高度儀	altigraph
高分辨[率]红外辐射探测器	高解紅外輻射探測儀	high resolution infrared radiation sounder, HRIRS
高分辨[率]图像传输	高解圖像傳遞	high resolution picture transmission, HRPT
高积云	高積雲	altocumulus, Ac
高阶闭合	高階閉合	higher-order closure
高空病	高空病	aeroembolism
高空槽	高空槽	upper-level trough
高空大气层	特高層大氣	aeronomosphere
高空大气学	高層大氣物理學	aeronomy
高空电位计	空中電場儀	alti-electrograph
高空分析	高空分析	upper-air analysis
高空风	高空風	upper-level wind
高空锋	高空鋒	upper front
高空锋区	高空鋒區	upper frontal zone
高空观测	高空觀測	upper-air observation
高空急流	高空噴流	upper-level jet stream
高空冷锋	高空冷鋒	upper cold front
高空霾	高空霾	haze aloft

大　陆　名	台　湾　名	英　文　名
高空气候学	高空氣候學	aeroclimatology
高空气象计	高空氣象儀	aerometeorograph, aerograph
高空气象学	高空氣象學	aerology
高空探测	高空探測	aerial exploration
高空[天气]图	高空圖	upper-air chart
高空图表	高空圖表	aerological diagram
高空信风	高空信風	overtrades
高空站	高空站	upper-air station
高空资料	高空資料	upper-air data
高频	高頻	high frequency, HF
高[气]压	高[氣]壓	high [pressure]
高山辉	高山輝	alpine glow
高山气候	高山氣候	alpine climate
高山气压表	高山氣壓計	mountain barometer
高霜	高霜	air hoar
高斯波包	高斯波包	Gaussian wave packet
高斯–赛德尔迭代	高斯–賽德疊代	Gauss-Seidel iteration
高斯网格	高斯網格	Gaussian grid
高斯纬度	高斯緯度	Gaussian latitude
高斯消元法	高斯消去法	Gauss elimination
高斯烟流模式	高斯煙流模式	Gaussian plume model
高通滤波器	高通濾波器	high-pass filter
高压脊	高壓脊	ridge
高原	高原	plateau
高原冰川	高原冰川	plateau glacier
高原季风	高原季風	plateau monsoon
高原气候	高原氣候	plateau climate
高原气象学	高原氣象學	plateau meteorology
高云	高雲	high cloud
高指数	高指數	high index
高状高积云	層狀高積雲	altocumulus stratiformis, Ac str
缟状云	帆狀雲	velum, vel
格林尼治平时	格林[威治]平時	Greenwich mean time, GMT
格林尼治子午线	格林子午線	Greenwich meridian
隔年冰	次年冰	second year ice
个例研究	個案研究	case study
各态历经系统	遍歷系統	ergodic system
各向同性	均向性	isotropy

大 陆 名	台 湾 名	英 文 名
各向同性湍流	均向亂流	isotropic turbulence
各向异性	各向異性	anisotropy
更新世冰期	更新世冰期	pleistocene ice age
耕作期	耕作期	ploughing season
工业气候	工業氣候	industrial climate
公转	公轉	revolution
功率	功率	power
功率谱	功率譜	power spectrum
功率谱法	功率譜法	power spectral method
功率谱密度	功率譜密度	power spectral density
共轭矩阵	共軛矩陣	conjugate matrix
共轭算子	共軛算子	conjugate operator
共面扫描	共面掃描	coplane scanning
共振	共振	resonance
共振槽	共振槽	resonance trough
钩卷云	鉤卷雲	cirrus uncinus, Ci unc
孤立波	孤立波	solitary wave
孤立单体	孤立胞	isolated cell
孤立系统	隔離系統	isolated system
孤立子	孤立子	soliton
古近纪	古第三紀	Paleogene Period
古气候	古氣候	paleoclimate
古气候重建	古氣候重建	paleoclimatic reconstruction
古气候序列	古氣候序列	paleoclimatic sequence
古气候学	古氣候[學]	paleoclimatology
古气候证据	古氣候證據	paleoclimate evidence
古生代	古生代	Paleozoic Era
古温度	古溫[度]	paleotemperature
古新世	古新世	Paleocene Epoch
谷风	谷風	valley breeze
谷风环流	谷風環流	valley wind circulation
谷雾	谷霧	valley fog
固定冰	岸冰	fast ice
固定船舶站	固定船舶站	fixed ship station
固有频率	自然頻率	natural frequency
固有振荡(=自然振荡)		
固有振动	固有振動	proper vibration
固有周期(=自然周期)		

大　陆　名	台　湾　名	英　文　名
锢囚	囚錮	occlusion
锢囚点	囚錮點	point of occlusion
锢囚锋	囚錮鋒	occluded front
锢囚气旋	囚錮氣旋	occluded cyclone
卦限	卦限	octant
Z-R 关系	*ZR* 關係	*Z-R* relationship
观测	觀測	observation
观测次数,观测频率	觀測頻率	observational frequency
观测频率(=观测次数)		
观测误差	觀測誤差	observational error
管制空域	管制空域	control area
惯性	慣性	inertia
惯性波	慣性波	inertial wave
惯性不稳定	慣性不穩度	inertial instability
惯性力	慣性力	inertial force
惯性稳定度	慣性穩度	inertial stability
惯性预报	慣性預報	inertial forecast
惯性圆	慣性圓	inertial circle
惯性运动	慣性運動	inertial motion
惯性振荡	慣性振盪	inertial oscillation
惯性重力波	慣性重力波	inertia gravity wave
光测高温表	光測高溫計	ardometer
光程	光程	optical path
光合有效辐射	光合有效輻射	photosynthetically active radiation，PAR
光合作用	光合作用	photosynthesis
光化层	光化層	chemosphere
光化层顶	光化層頂	chemopause
光化分解	光解作用	photochemical decomposition
光化射线	光化射線	actinic ray
光化通量	光化通量	actinic flux
光化吸收	光化吸收	actinic absorption
光化学	光化學	photochemistry
光化学反应	光化作用	photochemical reaction
光化[学]平衡	光化平衡	photochemical equilibrium
光化学污染	光化污染	photochemical pollution
光化学污染物	光化污染物	photochemical pollutant
光化学烟雾	光化煙霧	photochemical smog
光化氧化剂	光化氧化劑	photochemical oxidant

大　陆　名	台　湾　名	英　文　名
光解	光解	photodissociation
光解作用	光解[作用]	photolysis
光亮度	亮度	luminance
光谱湿度表	光譜測濕計	spectral hygrometer
光行差	光行差	aberration
光学成像探测器	光學成像探測器	optical imaging probe
光学厚度	光學厚度	optical depth
光学粒子探测器	光學粒子探測器	optical particle probe
光照长度	照明長度	illumination length
光照阶段	光照階段,盛光期	photophase
光照强度	光強度	light intensity
光照[射]量	光照量	light exposure
光致电离	光電離	photoionization
光周期	光週期	photoperiod
规一化(＝标准化)		
轨道	軌道	orbit
轨道面	軌道面	orbit plane
轨道偏心率	軌道偏心率	orbital eccentricity
轨道速度	軌道速度	orbital velocity
轨迹	軌跡[線]	trajectory
郭晓岚对流[参数化] 方案	郭氏對流法	Kuo's convective scheme
国际标准大气	國際標準大氣	International Standard Atmosphere, ISA
国际标准化组织	國際標準化組織	International Organization for Standardization, ISO
国际大地测量和地球物 理学联盟	國際大地測量地球物理 學聯會	International Union of Geodesy and Geophysics, IUGG
国际单位制	國際單位制	International System of Units, SI
国际地球物理年	國際地球物理年	International Geophysical Year, IGY
国际地圈生物圈计划	國際地圈生物圈計畫	International Geosphere-Biosphere Programme, IGBP
国际减灾十年计划	國際減災十年計畫	International Decade for Natural Disaster Reduction, IDNDR
国际科学联盟理事会	國際科學聯合總會	International Council of Scientific Unions, ICSU
国际民航组织	國際民航組織	International Civil Aviation Organization, ICAO
国际民航组织标准大气	國際民航組織標準大氣	ICAO [standard] atmosphere

大　陆　名	台　湾　名	英　文　名
国际气象电[传通]信网	國際氣象電傳通信網	International Meteorological Telecommunication Network
国际气象学和大气科学协会	國際氣象學和大氣科學協會	International Association of Meteorology and Atmospheric Sciences, IAMAS
国际日	國際日	universal day
国际日期变更线	國際換日線	International Date Line
国际天气电码	國際天氣電碼	international synoptic code
国际卫星测云气候学计划	國際衛星雲氣候計畫	International Satellite Cloud Climatology Project, ISCCP
国际云图	國際雲圖	international cloud atlas
国家标准气压表	國家標準氣壓計	national standard barometer
过饱和	過飽和	supersaturation
过饱和空气	過飽和空氣	super-saturated air
过渡季节	過渡季節	transition season
过渡期	過渡期	transition period
过冷却雾	過冷霧	supercooled fog
过冷云滴	過冷雲滴	supercooled cloud droplet
过去天气	過去天氣	past weather
过湿气候	過濕氣候	perhumid climate
过稳定性	超穩度	overstability

H

大　陆　名	台　湾　名	英　文　名
哈得来环流[圈]	哈德里胞	Hadley cell
哈得来域	哈德里型	Hadley regime
海岸带	海岸帶	coastal zone
海岸带气候(=滨海气候)		
海岸带气象[学]	濱岸氣象[學]	coastal meteorology
海岸带水色扫描仪	沿岸區海色掃描器	coastal zone color scanner, CZCS
[海]岸风	[海]岸風	shore wind
海岸拦截波	海岸陷波	coastally trapped wave
海岸效应	海岸效應	coastal effect
海岸涌升流	近岸湧升流	coastal upwelling
海拔	海拔	elevation
海滨气候	海岸氣候	littoral climate
海冰	海冰	sea ice

大　陆　名	台　湾　名	英　文　名
海风	海風	sea breeze
海流(=洋流)		
海陆对比	海陸對比	land sea contrast
海陆风	海陸風	land and sea breeze
海陆风环流	海陸風環流	sea and land breeze circulation
海绵边界条件	海綿邊界條件	spongy boundary condition
海面混合层	海洋混合層	oceanic surface mixed layer
海面温度	海面溫度	sea surface temperature, SST
海面蒸汽雾	海面蒸氣霧	sea smoke
海平面	海平面	sea level
海平面变化	海平面變化	sea-level change
海平面气压	海平面氣壓	sea-level pressure
[海平面]气压换算	氣壓海平面訂正	pressure reduction
海平面天气图	海平面氣壓圖	sea-level synoptic chart
海气边界过程	氣海邊界過程	air-sea boundary process
海气交换	海氣交換	air-sea exchange
海气界面	氣海介面	air-sea interface
海气耦合模式	氣海耦合模式	air-sea coupled model
海气热交换	氣海熱交換	ocean-atmosphere heat exchange
海气相互作用	氣海交互作用	air-sea interaction, ASI
海水淡化	海水淡化	seawater desalination
海水温度	海溫	ocean temperature
海水污染	海水污染	seawater pollution
海滩冰	海灘冰	beach ice
海雾	海霧	sea fog
海啸	海嘯	seismic sea wave
海洋(=洋)		
海洋赤道	海洋赤道	oceanographic equator
海洋大陆对比	海洋大陸對比	maritime continental contrast
海洋大气	海洋大氣	marine atmosphere
海洋度	海性度	oceanity
海洋环流	海洋環流	ocean circulation
海洋环流模式	海洋環流模式	oceanic general circulation model, OGCM
海洋空气	海洋空氣	marine air
海洋气候学	海洋氣候學	marine climatology
海洋气团	海洋氣團	ocean air mass
海洋气团雾	海洋氣團霧	marine air fog
海洋气象学	海洋氣象學	marine meteorology, oceanic meteorology

大　陆　名	台　湾　名	英　文　名
海洋气象站	海洋氣象站	ocean weather station
海洋热量输送	海洋熱傳［送］	ocean heat transport
海洋生态系统	海洋生態系	marine ecosystem
海洋生态学	海洋生態學	marine ecology
海洋生物学	海洋生物學	marine biology
海洋输送带	海洋輸送帶	ocean conveyor belt
海洋天气船	氣象船	ocean weather vessel
海洋卫星	海洋衛星	Sea Satellite, SEASAT
海洋物理［学］	海洋物理［學］	oceanophysics
海洋性气候	海洋氣候	marine climate, maritime climate
海洋性气溶胶	海洋氣［懸］膠	maritime aerosol
海洋学	海洋學	oceanography
海涌雾	海蝕霧	sea fret
亥姆霍兹波	亥姆霍兹波	Helmholtz wave
亥姆霍兹不稳定	亥姆霍兹不穩度	Helmholtz instability
含尘量(=尘埃浓度)		
含灰空气	含灰空氣	ash air
含水层	供水層	aquifer
寒潮	寒潮	cold wave
寒潮爆发	寒潮爆發	cold outburst
寒带	寒帶	frigid zone
寒害	寒害	cold damage
寒极	寒極	cold pole
寒冷气候适应	寒冷氣候適應	cold acclimatization
寒武纪	寒武紀	Cambrian Period
旱年,干年	乾年	dry year
行列式	行列式	determinant
航标	航標	beacon
航测［记录］	航測［記錄］	aircraft measurement
航空气候区划	航空氣候區劃	aeronautical climate regionalization
航空气候学	航空氣候［學］	aviation climatology
航空气候志	航空氣候誌	aeronautical climatography
航空气象保障	航空氣象保障	aviation meteorological support
航空气象电码	航空氣象電碼	aviation meteorological code
航空气象服务	航空氣象服務	aviation meteorological service
航空气象观测	航空氣象觀測	aviation meteorological observation
航空气象信息	航空氣象資訊	aviation weather information
航空气象学	航空氣象學	aeronautical meteorology

大　陆　名	台　湾　名	英　文　名
航空[天气]预报	航空[天氣]預報	aviation [weather] forecast
航空学	航空學	aeronautics
航天遥感	航太遙測	space remote sensing
航线风	航路風	track wind
航线天气预报	航線天氣預報	airways forecast
毫瓦分贝	毫瓦分貝	decibel milliwatt, dbm
耗散尺度	消散尺度	dissipation scale
耗散结构	消散結構	dissipation structure
耗散率	消散率	dissipation rate
耗散区	消散區	dissipation range
耗水比	耗水比	water use ratio
合	合	conjunction
合成波高度图	合成波高度圖	composite wave height chart
合成风	合成風	resultant wind
合成孔径雷达	合成孔徑雷達	synthetic aperture radar, SAR
合流(=汇流)		
和风(=4 级风)		
[河]冰解冻	[河]冰解凍	debacle
河流学	河流學	potamology
河网,水系	流域網	stream network
核冬天	核子冬天	nuclear winter
核函数	核函數	kernel function
核化,成核[作用]	成核[作用]	nucleation
核化阈	核化閾	threshold of nucleation
黑冰,透明[薄]冰[层]	黑冰	black ice
黑潮	黑潮	Kuroshio
黑潮逆流	黑潮反流	Kuroshio counter current
黑风	黑風	black wind
黑风暴	黑風暴	black storm
黑球温度表	黑球溫度計	black bulb thermometer
黑霜	黑霜	black frost
黑体	黑體	black body
黑体辐射	黑體輻射	black body radiation
黑雾	黑霧	black fog
黑雨	黑雨	black rain
黑子群	黑子群	sunspot group
黑子相对数	[太陽]黑子相對數	sunspot relative number
恒定波	恆定波	permanent wave

大　陆　名	台　湾　名	英　文　名
恒定极光	恆定極光	permanent aurora
恒定流(=定常流)		
恒定气体	永久氣體	permanent gas
恒星日	恆星日	sidereal day
横波	橫波	transversal wave
横槽	橫槽	transversal trough
横谷风	橫谷風	cross-valley wind
横坐标	橫坐標	abscissa
红外辐射	紅外輻射	infrared radiation
红外温度表	紅外溫度計	infrared thermometer
红外温度廓线辐射仪	紅外溫度剖線輻射計	infrared temperature profile radiometer, ITPR
红外云图	紅外雲圖	infrared cloud imagery
红雪	紅雪	red snow
红雨	紅雨	red rain
红噪声	紅噪	red noise
宏观黏滞度	粗黏度	macroviscosity
洪流,激流	急流	torrent
洪水	洪水	inundation
洪水概率	洪水機率	flood probability
洪水监测[报告]	洪水守視	flood watch
洪水警报	洪水警報	flood warning
虹	虹	rainbow
虹吸[式]雨量计	虹吸雨量儀	siphon rainfall recorder
后处理	後處理	post processing
后倾槽	後傾槽	backward-tilting trough
后曲锢囚	後曲囚錮	back-bent occlusion
后退波	後退波	retrograde wave
后向辐射	反輻射	back radiation
后向散射	反散射	backscattering
后向散射激光雷达	後向散射光達	backscattering lidar
后向散射截面	反散射截面	backscattering cross-section
后向散射系数	後向散射係數	backscattering coefficient
后向散射消光比	後向散射消光比	backscatter to extinction ratio
后向散射效率	後向散射效率	backscattering efficiency
后向散射紫外光谱仪	後散射紫外分光計	backscatter ultraviolet spectrometer, BUS
后验概率	後驗機率	posterior probability
厚度平流	厚度平流	thickness advection

大　陆　名	台　湾　名	英　文　名
厚度图	厚度圖	thickness chart
厚度型	厚度型	relative topography
候	候,五日	pentad
弧光放电	弧形放電	arc discharge
弧状云	弧狀雲	arc cloud
湖风	湖風	lake breeze
互谱(=交叉谱)		
互相关函数(=交叉相关函数)		
华	華	corona
华北锢囚锋	華北囚錮鋒	North China occluded front
华南准静止锋	華南準靜止鋒	South China quasi-stationary front
滑动平均(=动态平均)		
化石冰,埋藏冰	化石冰	fossil ice
化石燃料	化石燃料	fossil fuel
化学平衡	化學平衡	chemical equilibrium
化学日射表	化學日射計	chemical actinometer
化学湿度表	化學濕度計	chemical hygrometer
化学示踪物	化學追蹤劑	chemical tracer
化学势	化學位元勢	chemical potential
化学需氧量	化學需氧量	chemical oxygen demand, COD
化学烟雾	化學煙霧	chemical smoke
化学荧光	化學螢光	chemiluminescence
化学荧光臭氧分析仪	化學螢光臭氧分析儀	chemiluminescent ozone analyzer
化学荧光[臭氧]探空仪	化學螢光[臭氧]送	chemiluminescent [ozone] sonde
环境	環境	environment
环境大气	環境空氣	ambient atmosphere
[环境]大气质量监测	[環境]大氣品質監測	[environment] atmospheric quality monitoring
环境空气	環境空氣	ambient air
环境空气监测	環境空氣監測	ambient air monitoring
环境空气质量	環境空氣品質	ambient air quality
环境空气质量标准	環境空氣品質標準	ambient air quality standard
环境气候	環境氣候	environment climate
环境气象学	環境氣象學	environmental meteorology
环境容量	環境容量	environment capacity
环境探测卫星(=艾萨		

大　陆　名	台　湾　名	英　文　名
卫星)		
环境污染负荷	環境污染負荷	ambient pollution burden
环流	環流	circulation
环流定理	環流定理	circulation theorem
环流圈	環流胞	circulation cell
环流型	環流型	circulation pattern
环流指数	環流指數	circulation index
缓冲带	緩衝帶	buffer zone
缓冲作用	緩衝作用	buffering
幻日环	幻日環	parhelic circle
幻月环	幻月環	paraselenic circle
换算	換算	reduction
荒漠化	沙漠化	desertification
黄道	黃道	ecliptic，zodiac
黄经	黃經	celestial longitude
黄土	黃土	loess
黄[土]风	黃[土]風	yellow wind
黄纬	黃緯	celestial latitude
黄雾	沙霾	bai
黄雪	黃雪	yellow snow
黄雨	硫酸雨	sulfur rain
灰沉降	灰沈降	ash fall
灰卷	灰捲	ash devils
灰[色标]度	灰度	gray scale
灰体辐射	灰體輻射	grey body radiation
灰吸收体	灰吸收體	grey absorber
辉光放电	生輝放電	glow discharge
回波墙	回波牆	echo wall
回归	回歸	regression
回归潮	回歸潮	tropic tide
回归方程	回歸方程	regression equation
回归分析	回歸分析	regression analysis
回归估计	回歸估計	regression estimation
回归年,分至年	回歸年,分至年	tropical year
回归系数	回歸係數	coefficient of regression
回归线	回歸線	regression line
回归因子	回歸因數	regressor
回归预报方程	回歸預報方程	regression prediction equation

大　陆　名	台　湾　名	英　文　名
回闪击	回閃擊	return stroke
回声测深器	回聲測探器	echo sounding apparatus
回转(=旋转)		
汇	匯	sink
汇流,合流	合流	confluence
浑浊层,不透明层	渾濁層,不透明層	opaque layer
浑浊因子	濁度因數	turbidity factor
混沌	渾沌,混沌	chaos
混沌动力系统	混沌動力系統	chaotic dynamical system
混沌吸引子	渾沌吸子	chaotic attractor
混合比	混合比	mixing ratio
混合层	混合層	mixing layer
混合层顶	混合層頂	mixed-layer top
混合层覆盖逆温	混合層冠蓋逆溫	mixed-layer capping inversion
混合层高度	混合層高度	mixed-layer height
混合层厚度	混合層厚度	mixed-layer depth
混合长	混合長度	mixing length
混合凝结高度	混合凝結層	mixing condensation level，MCL
混合深度	混合[層]深度	mixing depth
混合雾	混合霧	mixing fog
混合效率	混合效率	mixing efficiency
混合坐标	混合坐標	hybrid coordinate
混淆误差	混淆誤差	aliasing error
活动层	活動層	active layer
活动积温	有效積溫	active accumulated temperature
活动下滑锋	活躍下滑鋒	active katafront
活动中心	活動中心	center of action
活化	活化	activation
活化能	活化能	activation energy
活性污染(=放射性污染)		
活跃极光	活躍極光	active aurora
活跃季风	活躍季風	active monsoon
活跃上滑锋	活躍上滑鋒	active anafront
火箭探测	火箭探空	rocket sounding
火箭状闪电	火箭狀閃電	rocket lightning
火山风	火山風	volcanic wind
火山风暴	火山風暴	volcanic storm

大　陆　名	台　湾　名	英　文　名
火山灰	火山灰,火山塵	volcanic dust, volcanic ash
火山活动	火山活動	volcanic activity
火山雷鸣	火山雷鳴	volcanic thunder
火山喷发	火山爆發	volcanic eruption
火山气溶胶	火山氣膠	volcano aerosol
火山气体	火山氣[體]	volcanic gas
火山砂	火山砂	volcanic sand
火山闪电	火山閃電	volcanic lightning
霍尔效应	哈爾效應	Hall effect
霍夫函数	霍夫函數	Hough function
霍普夫分岔	霍普夫分歧	Hopf bifurcation
霍普金生物气候定律	霍普金生物氣候律	Hopkin's bioclimatic law

J

大　陆　名	台　湾　名	英　文　名
机场特殊天气报告	機場特別天氣報告	aerodrome special weather report
机场[天气]预报	機場[天氣]預報	aerodrome forecast
机场危险天气警报	機場危險天氣警報	aerodrome hazardous weather warning
机场预报	機場預報	airport forecast
机场预约天气报告(=预约机场天气报告)		
机场最低气象条件	機場最低氣象條件	aerodrome meteorological minimum
机械湍流	機械亂流	mechanical turbulence
机载侧视雷达	機載側視雷達	side-looking airborne radar, SLAR
机载测量仪器	機載測量儀器	aircraft measurement
机载辐射温度表	機載輻射溫度計	airborne radiation thermometer, ART
机载光谱仪	機載光譜計	airborne spectrometer
机载激光雷达	機載雷射雷達	airborne laser radar
机载雷达	機載雷達	airborne radar
机载搜索雷达	機載搜索雷達	airborne search radar
机载天气雷达	機載天氣雷達	airborne weather radar
机载直接辐射表	機載日射計	aircraft actinometer
积冰	積冰	icing
积分变换	積分轉換	integral transform
积温	積溫	accumulated temperature
积温曲线	積溫曲線	accumulated temperature curve
积雪	覆雪	snow cover

大 陆 名	台 湾 名	英 文 名
积雪线	積雪線	snow cover line
积雨云	積雨雲	cumulonimbus, Cb
积云	積雲	cumulus, Cu
积云对流	積雲對流	cumulus convection
积云[对流]加热	積雲加熱	cumulus heating
积云性层积云	積雲性層積雲	stratocumulus cumulogenitus, Sc cug
积云性高积云	積雲性高積雲	altocumulus cumulogenitus, Ac cug
积状云	積狀雲	cumuliform cloud
基本气流	基本流	basic flow
基本天气观测	基本綜觀觀測	principal synoptic observation
基本天气观测时间	標準[天氣圖]時間	main standard time
基尔霍夫定律	克希何夫定律	Kirchoff's law
基准点	水準點	benchmark
基准气候站	基本氣候站	reference climatological station
畸变校正	畸變校正	distortion correction
激发作用(=触发作用)		
激光	雷射	laser
激光雷达	光達	lidar
激光云幂仪	雷射雲冪計	laser ceilometer
激流(=洪流)		
吉布斯函数	吉布士函數	Gibbs function
吉布斯现象	吉布士現象	Gibbs phenomenon
吉赫(=千兆赫[兹])		
级	級	scale
0 级风,静风	無風,静風	calm
1 级风,软风	軟風	light air
2 级风,轻风	輕風	light breeze
3 级风,微风	微風	gentle breeze
4 级风,和风	和風	moderate breeze
5 级风,清劲风	清風	fresh breeze
6 级风,强风	強風	strong breeze
7 级风,疾风	疾風	near gale
8 级风,大风	大風	gale
9 级风,烈风	烈風	strong gale
10 级风,狂风	風暴	storm
11 级风,暴风	暴風	violent storm
12 级风,飓风	颶風	hurricane
级联(=串级)		

大　陆　名	台　湾　名	英　文　名
级联过程	串級過程	cascade process
级数	級數	series
极	極	pole
极大值	極大值,最大值,最高值	maximum value
极地	極區	polar region
极地冰	極冰	polar ice
极地冰原	極地冰原	polar ice sheet
极地大陆空气	極地大陸空氣	polar continental air
极地大陆气团	極地大陸氣團	continental polar air mass
极地东风[带]	極地東風[帶]	polar easterlies
极地反气旋	極地反氣旋	polar anticyclone
极地高压	極地高壓	polar high
极地海洋气团	極地海洋氣團	maritime polar air mass, polar marine air mass
极地空气	極地空氣	polar air
极地气候	極地氣候	polar climate
极地气象学	極地氣象學	polar meteorology
极地气旋	極地氣旋	polar cyclone
极端气候	極端氣候	extreme climate
极端温度	極端溫度	extreme temperature
极锋	極鋒	polar front
极锋理论,极锋[学]说	極鋒說	polar front theory
极锋[学]说(=极锋理论)		
极光	極光	aurora
极光暴	極光暴	auroral storm
极光带	極光帶	auroral band
极光带电急流	極光帶電子噴流	auroral electrojet
极光弧	極光弧	auroral arc
极光帘,极光幔	極光幔	auroral draperies
极光卵,极光椭圆区	極光椭圓區	auroral oval
极光幔(=极光帘)		
极光冕	極光冕	auroral corona
极光射线	極光射線	auroral ray
极光椭圆区(=极光卵)		
极轨气象卫星	繞極氣象衛星	polar orbiting meteorological satellite
极轨卫星	繞極軌道衛星	polar orbiting satellite, POS
极化	極化	polarization

大　陆　名	台　湾　名	英　文　名
极化矩阵	極化矩陣	polarization matrix
极化率	極化度	polarizability
极距	極距	polar distance
[极区]云底亮度图	[極區]雲底亮度圖	sky map
极圈	極圈	polar circle
极涡	極地渦旋	polar vortex
极限	極限	limit
极性低压	極性低壓	polar low [pressure]
极夜	極夜	polar night
极夜急流	極夜噴流	polar night jet
极值	極[端]值	extreme value
极轴	極軸	polar axis
极昼	極晝	polar day
极坐标	極坐標	polar coordinate
急流	噴流	jet stream
急流核	噴流心	jet stream core
急流云[系]	噴流雲[系]	jet stream cloud [system]
急流轴	噴流軸	axis of jet stream
疾风(=7 级风)		
集成预报	集成預報	consensus forecast
集滴器	集滴器	droplet collector
集合离散[度]	系集離散[度]	ensemble spread
集合平均	系集平均	ensemble average
集合预报	系集預報	ensemble forecast
脊	脊	wedge
脊线	脊線	ridge line
脊状卷云	脊椎狀鉤卷雲	cirrus vertebratus, Ci ve
计尘器	計塵器	dust counter
计时表	時計	chronometer
计数风速表	計數風速計	counting anemometer
计算不稳定[性]	計算不穩度	computational instability
计算模[态]	計算模	computational mode
记时仪	記時儀	chronograph
纪	紀	period
技巧[评]分	技術得分	skill score
系留气球	繫留氣球	captive balloon
系留气球探测	繫留氣球探測	captive balloon sounding
系留探空	繫留探空	wiresonde

大 陆 名	台 湾 名	英 文 名
季风	季風	monsoon
季风爆发	季風爆發	monsoon burst
季风槽	季風槽	monsoon trough
季风潮	季風潮	monsoon surge
季风带	季風帶	monsoon zone
季风低压	季風低壓	monsoon depression
季风辐合带	季風輻合帶	monsoon convergence zone
季风海流	季風[海]流	monsoon current
季风环流	季風環流	monsoon circulation
季风季[节]	季風季	monsoon season
季风建立	季風肇始	monsoon onset
季风空气	季風空氣	monsoon air
季风气候	季風氣候	monsoon climate
季风气象学	季風氣象[學]	monsoon meteorology
季风区	季風區	monsoon region
季风试验	季風試驗	Monsoon Experiment，MONEX
季风雾	季風霧	monsoon fog
季风雨	季風雨	monsoon rain
季风雨量	季風雨量	monsoon rainfall
季风雨林气候	季風雨林氣候	monsoon rainforest climate
季风云团	季風雲族	monsoon cloud cluster
季风指数	季風指數	monsoon index
季风中断	季風中斷	monsoon break
季风转换	季風反轉	reversal of the monsoon
季节变化	季節變化	seasonal change
季[节]际变率	季際變率	interseasonal variability
季节调整	季節調整	seasonal adjustment
季节性	季節性	seasonality
季节性风	季節性風	seasonal wind
季节性滞后	季節性滯後	seasonal lag
季节预报	季節預報	seasonal forecast
加勒比海流	加勒比海流	Caribbean current
加利福尼亚[冷]海流	加利福尼亞[冷]海流	California current
加权，权重	加權，權重	weighting
加权平均	加權平均	weighted mean
加权余量法	加權剩餘法	weighted residual method
夹卷(＝卷入)		
夹卷率(＝卷入率)		

大　陆　名	台　湾　名	英　文　名
夹卷系数(= 卷入系数)		
伽辽金方法	蓋勒肯法	Galerkin's method
荚状层积云	莢狀層積雲	stratocumulus lenticularis, Sc lent
荚状高积云	莢狀高積雲	altocumulus lenticularis, Ac lent
荚状积云	莢狀積雲	cumulus lenticularis, Cu len
荚状卷积云	莢狀卷積雲	cirrocumulus lenticularis, Cc len
甲烷	甲烷	methane
假彩色	假色	false color
假绝热过程	假絕熱過程	pseudo-adiabatic process
假绝热图	假絕熱圖	pseudo-adiabatic diagram
假绝热直减率	假絕熱直減率	pseudo-adiabatic lapse rate
假冷锋	假冷鋒	pseudo-cold front
假谱方法	假譜法	pseudospectral method
假日	幻日	parhelion
假湿球位温	假濕球位溫	wet-bulb pseudo-potential temperature
假湿球温度	假濕球溫度	wet-bulb pseudo-temperature
假相当位温	假相當位溫	pseudo-equivalent potential temperature
假月	幻月	paraselene
间冰段	次冰期	interstadial period
间冰期	間冰期	interglacial period
间冰期状况	間冰期狀況	interglacial condition
兼容性	相容性	compatibility
监测	監測	monitoring
减稳作用	減穩作用	destabilization
检波	檢波	detection
检定,检验	檢定	verification
检验(= 检定)		
t 检验	t 檢定	t test
χ^2 检验	卡方檢驗, χ^2 檢驗	chi-square test
简单气候模式	簡單氣候模式	simple climate model
碱度	鹼度	alkalinity
碱性尘雾	鹼性煙霧	alkali fume
间接环流[圈]	間接環流	indirect circulation
间歇性雨	間歇性雨	intermittent rain
建筑气候	建築氣候	building climate
建筑气候区划	建築氣候區劃	building climate demarcation
建筑气候学	建築氣候[學]	building climatology
建筑气象学	建築氣象學	architectural meteorology

大　陆　名	台　湾　名	英　文　名
建筑日照	建築日照	building sunshine
渐近展开	漸近展開	asymptotic expansion
渐新世	漸新世	Oligocene Epoch
降尘(=尘降)		
降交点	降交點	descending node, DN
降水	降水	precipitation
降水持续时间,降水时段	降水延時	precipitation duration
降水大陆度	降水大陸度	hygrometric continentality
降水电流	降水電流	electricity of precipitation
降水化学	降水化學	precipitation chemistry
降水回波	降水回波	precipitation echo
降水机制	降水機制	precipitation mechanism
降水季节特征(=降水型)		
降水量	降水量	amount of precipitation
降水量图,雨量图	降水圖	precipitation chart
降水率	降水率	precipitation rate
降水逆减	降水[量]逆變	precipitation inversion
降水强度	降水強度	precipitation intensity
降水清除	降水清除	precipitation scavenging
降水区	降水區	precipitation area
降水日	降水日,雨日	precipitation day
降水时段(=降水持续时间)		
降水衰减	降水衰減	precipitation attenuation
降水酸度	降水酸度	precipitation acidity
降水物理学	降水物理學	precipitation physics
降水型,降水季节特征	降水型	precipitation regime
降水型概率	降水型機率	probability of precipitation type
降水蒸发比	降水蒸發比	precipitation evaporation ratio
降水指数	降水指數	precipitation index
降雨频率	降雨頻率	rainfall frequency
降雨强度	降雨強度	rainfall intensity
降雨侵蚀	雨蝕[作用]	rainfall erosion
降雨区	降雨區	rainfall area
降雨时数	降雨時數	rainfall hour
降雨因子	降雨因子	rain factor, rainfall factor

大　陆　名	台　湾　名	英　文　名
交叉谱,互谱	交叉譜	cross spectrum
交叉相关	交叉相關	cross-correlation
交叉相关函数,互相关函数	交叉相關函數	cross-correlation function
交错格式,跳点格式	交錯法	staggered scheme
交错网格,跳点网格	交錯網格	staggered grid
交换系数	交換係數	austausch coefficient
胶体	膠體	colloid
胶体不稳定性	膠體不穩度	colloidal instability
胶体分散,胶体弥散	膠體彌散	colloidal dispersion
胶体弥散(=胶体分散)		
角动量平衡	角動量平衡	angular momentum balance
角反射器	角反射器	corner reflector
角展宽	角展	angular spreading
校验统计	校驗統計	verification statistics
校验样本	校驗樣本	verification sample
校准	校正	adjustment
校准器	校準器	calibrator
校准曲线(=标定曲线)		
阶梯函数	階梯函數	step function
接收机[噪声]温度	接收機[噪音]溫度	receiver [noise] temperature
节点因子	交點因數	nodal factor
节气	節氣	solar terms
结构函数	結構函數	structure function
截断误差	截斷誤差	truncation error
截面	截面	cross-section
截止频率	截止頻率	cut-off frequency
解冻季节	解凍季節	thawing season
解冻指数	解凍指數	thawing index
解析解	解析解	analytic solution
介质	介質	medium
界面波	邊界波	boundary wave
界限(=边界)		
近赤道脊	近赤道脊	near-equatorial ridge
近地层	近地層	surface layer
近地潮	近地潮	perigean tide
近地点	近地點	perigee
近日点	近日點	perihelion

大 陆 名	台 湾 名	英 文 名
近似	近似	approximation
禁航天气	禁航天氣	weather below minimum
经典凝结理论	古典凝結理論	classical condensation theory
经纬仪	經緯儀	theodolite
经线,子午线	經線,子午線	meridian
经向环流	經向環流	meridional circulation
经向剖面	經向剖面	meridional cross-section
经向气流	經向氣流	meridional current
经验公式	經驗公式	empirical formula
经验预报	主觀預報	subjective forecast
经验正交函数	經驗正交函數	empirical orthogonal function, EOF
精度	精度	precision
景观气候学	景觀氣候學	landscape climatology
净辐射	淨輻射	net radiation
净辐射表	淨輻射計	net radiometer
径流	逕流	run off
径向速度	徑向速度	radial velocity
静风(=0级风)		
静力不稳定度参数	靜力不穩定度參數	static instability parameter
静力初值化	靜力初始化	static initialization
静力检查	靜力檢驗	hydrostatic check
静力能	乾靜能	static energy
静力平衡	靜力平衡	static equilibrium
静力适应过程	靜力調整過程	hydrostatic adjustment process
静力稳定度	靜力穩度	static stability
静态法	靜態法	static method
静压[力]	靜力壓	static pressure
静止锋	滯留鋒	stationary front
静止气旋	滯留氣旋	stationary cyclone
酒精温度表	酒精溫度計	alcohol in glass thermometer
局部导数	局部導數	local derivative
局地变化	局部變化	local variation
局地各向同性湍流	局部均向性亂流	local isotropic turbulence
局地环流	局部環流	local circulation
局地气候	局部氣候	local climate
局地气候学	局部氣候學	local climatology
局地强风暴	局部劇烈風暴	severe local storm
局地热力平衡	局部熱力平衡	local thermodynamic equilibrium

大　陆　名	台　湾　名	英　文　名
局地预报	當地預報	local forecast
局地作用	局部作用	local action
局地[坐标]轴	局地[坐標]軸	local axis
巨浪(风浪级)	巨浪	very rough sea
距离分辨率	測距解析[度]	range resolution
距离高度显示器	距高指示器	range-height indicator, RHI
距离混淆[现象]	距離混淆	range aliasing
距离衰减	距離衰減	range attenuation
距离速度显示	距速顯示	range velocity display, RVD
距离选通方位切变	距離選通方位切變	gate-to-gate azimuthal shear
距平,偏差	偏差	departure
距平相关	距平相關	anomaly correlation
飓风(=12级风)		
飓风核	颶風核	hurricane core
锯齿波	鋸齒波	sawtooth wave
聚合	聚合	aggregation
聚积模	積聚態	accumulation mode
聚类分析	群落分析	cluster analysis
卷层云	卷層雲	cirrostratus, Cs
卷出	逸出,捲出	detrainment
卷积云	卷積雲	cirrocumulus, Cc
卷入,夹卷	捲入,逸入	entrainment
卷入率,夹卷率	逸入率	entrainment rate
卷入系数,夹卷系数	捲入係數,逸入係數	entrainment coefficient
卷云	卷雲	cirrus, Ci
决策分析	決策分析	decision analysis
决策树[形图]	決策樹	decision tree
绝对变率	絕對變率	absolute variability
绝对标准气压表	絕對標準氣壓計	absolute standard barometer
绝对不稳定	絕對不穩度	absolute instability
绝对辐射标度	絕對輻射標尺	absolute radiation scale
绝对高度表	絕對高度計	absolute altimeter
绝对黑体	絕對黑體	absolute black boby
绝对极值	絕對極端值	absolute extreme
绝对角动量	絕對角動量	absolute angular momentum
绝对空腔辐射计	絕對腔體輻射計	absolute cavity radiometer
绝对频率	絕對頻率	absolute frequency
绝对湿度	絕對濕度	absolute humidity

大　陆　名	台　湾　名	英　文　名
绝对速度	絕對速度	absolute velocity
绝对温标	絕對溫標	absolute temperature scale
绝对温度	絕對溫度	absolute temperature
绝对温度极值	絕對溫度極值	absolute temperature extreme
绝对稳定	絕對穩度	absolute stability
绝对涡度	絕對渦度	absolute vorticity
绝对涡度守恒	絕對渦度守恆,絕對渦度保守	conservation of absolute vorticity
绝对误差	絕對誤差	absolute error
绝对月最低温度	絕對月最低溫	absolute monthly minimum temperature
绝对月最高温度	絕對月最高溫	absolute monthly maximum temperature
绝对折射率	絕對折射率	absolute index of refraction
绝对值	絕對值	absolute value
绝热变化	絕熱變化	adiabatic change
绝热大气	絕熱大氣	adiabatic atmosphere
绝热方程	絕熱方程	adiabatic equation
绝热干湿表	絕熱乾濕計	adiabatic psychrometer
绝热过程	絕熱過程	adiabatic process
绝热冷却	絕熱冷卻	adiabatic cooling
绝热模式	絕熱模式	adiabatic model
绝热凝结气压	絕熱凝結氣壓	adiabatic condensation pressure
绝热凝结温度	絕熱凝結溫度	adiabatic condensation temperature
绝热膨胀	絕熱膨脹	adiabatic expansion
绝热区	絕熱區	adiabatic region
绝热上升	絕熱上升	adiabatic ascending
绝热图	絕熱圖	adiabatic diagram
绝热尾迹	絕熱凝結尾	adiabatic trail
绝热下沉	絕熱下沈	adiabatic sinking
绝热相当温度	絕熱相當溫度	adiabatic equivalent temperature
绝热增温	絕熱增溫	adiabatic heating
绝热直减率	絕熱直減率	adiabatic lapse rate
军事气候志	軍事氣候誌	military climatography
军事气象保障	軍事氣象支援	military meteorological support
军事气象情报(=军事气象信息)		
军事气象信息,军事气象情报	軍事氣象情報	military meteorological information
军事气象学	軍事氣象學	military meteorology

大　陆　名	台　湾　名	英　文　名
均方根	均方根	root mean square, RMS
均方根误差	均方根誤差	root mean square error, RMSE
均方[误]差	均方差	mean square error, MSE, mean square deviation
均流	均匀流	uniform flow
均匀分布	均匀分佈	uniform distribution
均匀各向同性湍流	均匀均向亂流	homogeneous isotropic turbulence
均匀性	均質性	homogeneity
均质层	均匀層	homosphere
均质层顶	均匀層頂	homopause
均质大气	均匀大氣	homogeneous atmosphere

K

大　陆　名	台　湾　名	英　文　名
卡尔曼滤波	卡爾曼濾波	Kalman filtering
卡计(=热量计)		
卡[路里]	卡[路裏]	calorie
卡门常数	卡門常數	Karman constant
卡门湍流相似理论	卡門亂流相似理論	Karman turbulent similarity theory
卡门涡街	卡門渦列	Karman vortex street
卡诺定理	卡諾定理	Carnot theorem
卡诺循环	卡諾循環	Carnot cycle
卡值(=热[量]值)		
开尔文波	克耳文波	Kelvin wave
开尔文定理	克耳文定理	Kelvin theorem
开尔文–亥姆霍兹波	克赫波	Kelvin-Helmholtz wave
开尔文–亥姆霍兹不稳定	克赫不穩度	Kelvin-Helmholtz instability
开尔文环流定理	克耳文環流定理	Kelvin circulation theorem
开尔文温标	克氏溫標,絕對溫標	Kelvin temperature scale
开放系统	開放系統	open system
康普顿效应	康葡吞效應	Compton effect
柯本分类	柯本分類[法]	Köppen classification
柯本–盖格气候	柯蓋氣候	Köppen-Geiger climate
柯本气候分类法	柯本氣候分類[法]	Köppen climatic classification
柯本–苏潘等温线	柯蘇線	Köppen-Supan line
柯蒂斯–戈德森近似	柯高近似	Curtis-Godson approximation

大 陆 名	台 湾 名	英 文 名
柯朗–弗里德里希斯– 列维条件	CFL 條件	Courant-Friedrichs-Lewy condition
柯西中值定理	柯西均值定理	Cauchy mean value theorem
科尔莫戈罗夫相似假说	科莫相似假說	Kolmogorov similarity hypothesis
科里奥利参数,科氏参数	科氏參數	Coriolis parameter
科里奥利加速度,科氏加速度	科氏加速[度]	Coriolis acceleration
科里奥利力,科氏力	科氏力	Coriolis force
科纳风暴	可那風暴	Kona storm
科纳气旋	可那氣旋	Kona cyclone
科氏参数(=科里奥利参数)		
科氏加速度(=科里奥利加速度)		
科氏力(=科里奥利力)		
可递系统	傳遞系統	transitive system
可见光	可見光	visible light
可见光辐射	可見光輻射	visible radiation
可见光和红外辐射仪	可見光紅外輻射計	visible IR radiometer
可见光和红外自旋扫描辐射仪	可見光紅外旋描輻射計	visible and infrared spin scan radiometer, VISSR
可见光谱	可見光譜	visible spectrum
可见光消光计	可見光消光計	visual extinction meter
可见光云图	可見光雲圖	visible cloud imagery
可降水量	可降水量	precipitable water
可降水汽量	可降水氣量	precipitable water vapor
可靠性检验	可靠性檢驗	reliability test
可能误差	可能誤差	possible error
可能蒸散(=潜在蒸散)		
可能最大降水	最大可能降水量	probable maximum precipitation, PMP
可逆过程	可逆過程	reversible process
可逆性	可逆性	reversibility
可逆循环	可逆迴圈	reversible cycle
可压缩流体	可壓縮流體	compressible fluid
可移动细网格模式	可移動細網格模式	movable fine-mesh model, MFM
可用度	可用度	availability
可用库容(=有效库容)		

大　陆　名	台　湾　名	英　文　名
可用能量	可用能量	available energy
可用水[分](=有效水[分])		
可用太阳辐射(=有效太阳辐射)		
可用位能(=有效位能)		
可预报性	可预报度	predictability
[可]再生能源	再生能源	renewable energy
克拉珀龙图	克氏圖	Clapeyron diagram
克劳修斯–克拉珀龙方程	克勞克拉方程	Clausius-Clapeyron equation
克里金法	克氏插分法	Kriging
克努森数	紐生數	Knudsen number
刻度盘湿度表	刻度盤濕度計	dial hygrometer
刻度盘温度表	刻度盤溫度計	dial thermometer
客观分析	客觀分析	objective analysis
客观预报	客觀預報	objective forecast
氪	氪	krypton
空地传导电流	地空傳導電流	air-earth conduction current
空地电流	地空電流	air-earth current
空盒气压表	空盒氣壓計	aneroid barometer
空盒气压计	空盒氣壓儀	aneroid barograph
空间	空間	space
空间尺度	空間尺度	spatial scale
空间电荷	空間電荷	space charge
空间分辨率	空間解析度	spatial resolution
空间滤波	空間濾波	space filtering
空间平滑	空間勻滑	space smoothing
空间相干	空間相干	spatial coherence
空间研究委员会	太空研究委員會	Committee on Space Research
空间域	空間域	space domain
空气	空氣	air
[空气]颠簸	[空氣]颠簸	air bump
空气动力粗糙度长度	氣動力粗糙長度	aerodynamic roughness length
空气动力尾迹	[空]氣動力凝結尾	aerodynamic trail
空气动力学	[空]氣動力學	aerodynamics
[空]气光,悬浮物散射光	空中光	airlight

大　陆　名	台　湾　名	英　文　名
空气流泄	空氣洩流	air drainage
空气密度	空氣密度	air density
空气品质(=空气质量)		
空气品质标准(=空气质量标准)		
空气品质判据(=空气质量判据)		
空气质量,空气品质	空氣品質	air quality
空气质量标准,空气品质标准	空氣品質標準	air quality standard
空气质量判据,空气品质判据	空氣品質判據	air quality criteria
空气污染	空[氣]污[染]	air pollution
空气污染标准	空[氣]污[染]標準	air pollution standard
空气污染法规	空[氣]污[染]代碼	air pollution code
空气污染化学	空[氣]污[染]化學	air pollution chemistry
空气污染检测器	空污檢測器	cacaerometer
空气污染警报	空污預警	air pollution alert
空气污染模拟	空氣污染模擬	air pollution modeling
空气污染模式	空氣污染模式	air pollution model
空气污染气象学	空污氣象學	air pollution meteorology
空气污染物	空[氣]污[染]物	air pollutant
空气污染物排放标准	空氣污染物排放標準	air pollutant emission standard
空气污染指数	空[氣]污[染]指數	air pollution index
空气雾化器	空氣霧化器	air atomizer
空气样本	空氣樣本	air sample
空气资源	空氣資源	air resources
空腔辐射计	腔體輻射計	cavity radiometer
空腔作用	成腔作用	cavitation
空中放电	空中放電	air discharge
空中悬浮微粒	空中懸浮微粒	airborne particulate
控制方程	控制方程	governing equation
控制日	控制日	control day
寇乌气压表	寇烏式氣壓計	Kew barometer
快回应传感器	快反應感應器	fast-response sensor
快速傅里叶变换	快速傅立葉轉換	fast Fourier transform, FFT
快速扫描	快速掃描	rapid interval scan
宽带通量发射率	寬頻通量發射率	broadband flux emissivity

大 陆 名	台 湾 名	英 文 名
狂风(=10级风)		
狂涛(风浪级)	狂濤	very high sea
扩散	擴散	diffusion
扩散方程	擴散方程	diffusion equation
扩散率	擴散率	diffusivity
扩散湿度表	擴散濕度計	diffusion hygrometer
扩散云室	擴散雲室	diffusion chamber
廓线	剖線	profile
廓线仪	剖線儀	profiler

L

大 陆 名	台 湾 名	英 文 名
拉布拉多[冷]海流	拉布拉多海流	Labrador current
拉格朗日插值	拉格朗日內插	Lagrange interpolation
拉格朗日方程	拉格朗日方程	Lagrangian equation
拉格朗日平流格式	拉格朗日平流法	Lagrangian advective scheme
拉格朗日相关	拉格朗日相關	Lagrangian correlation
拉格朗日坐标	拉格朗日坐標	Lagrangian coordinate
拉克斯-温德罗夫差分 格式	拉文差分法	Lax-Wendroff differencing scheme
拉尼娜	反聖嬰	La Niña
拉普拉斯潮汐方程	拉卜拉士潮汐方程	Laplace tidal equation
拉普拉斯方程	拉卜拉士方程	Laplace equation
拉乌尔定律	拉午耳定律	Raoult's law
莱曼-α湿度表	來曼-α濕度計	Lyman-α hygrometer
兰金涡旋	阮肯渦旋	Rankine vortex
兰利(卡/厘米²)	朗勒	langley, Ly
兰姆波	蘭姆波	Lamb wave
蓝冰,纯洁冰	藍冰	blue ice
蓝冰带	藍冰區	blue-ice area
蓝[放电]急流	藍噴流	blue jet
蓝噪声	藍噪	blue noise
朗伯[余弦]定理	藍伯[餘弦]定律	Lambert's [cosine] law
朗之万离子	朗日凡離子	Langevin ion
浪潮相互作用	浪潮交互作用	surge-tide interaction
老冰	老冰	old ice
勒让德函数	勒壤得函數	Legendre function

大　陆　名	台　湾　名	英　文　名
雷	雷	thunder
雷暴	雷雨,雷暴	thunderstorm
雷暴单体	雷雨胞	thunderstorm cell
雷暴低压	雷暴低壓	thunderstorm depression
雷暴高压	雷暴高壓	thunderstorm high
雷暴回波	雷暴回波	thunderstorm echo
雷达	雷達	radar
雷达测风	雷達測風	radar wind sounding
雷达常数	雷達常數	radar constant
雷达反射率	雷達反射率	radar reflectivity
雷达反射率因子	雷達反射率因數	radar reflectivity factor
雷达分辨体积	雷達解析體積	radar resolution volume
雷达观测	雷達觀測	radar observation
雷达回波	雷達回波	radar echo
雷达回波相关跟踪法	雷達回波相關追蹤法	tracking radar echo by correlation, TREC
雷达气象观测	雷達[氣象]觀測	radar meteorological observation
雷达气象学	雷達氣象學	radar meteorology
雷达散射仪	雷達散射計	radar scatterometer
雷达视线水平	雷達地平	radar horizon
雷达探空	雷達探空	radar sounding
雷达天线罩	雷達天線罩	radar dome
雷达显示	雷達顯示	radar display
雷电仪	[無線電定向]天電儀	ceraunometer, ceraunograph
雷诺方法	雷諾法	Reynolds method
雷诺数	雷諾數	Reynolds number
雷诺应力	雷諾應力	Reynolds stress
雷雨表	雷雨計	brontometer
雷雨计	雷雨儀	brontograph
雷阵雨	雷陣雨	thunder shower
类比	類比	analog
类比法(=模拟法)		
累积带	累積帶	accumulation zone
累积冷却	累積冷卻	accumulated cooling
累计雨量器	積雨器	accumulative raingauge
冷槽	冷槽	cold trough
冷池	冷地	cold pool
冷带	冷帶	cold belt
冷岛	冷島	cold island

大　陆　名	台　湾　名	英　文　名
冷低压	冷低壓	cold low
冷度日	冷度日	cold degree day
冷锋	冷鋒	cold front
冷锋波[动]	冷鋒波	cold front wave
冷锋面	冷鋒面	cataphalanx
冷锋切变	冷鋒風切	cold front shear
冷锋云带	冷鋒雲帶	cold front cloud band
冷锋云系	冷鋒雲系	cold front cloud system
冷高压	冷高壓	cold high
冷冠	冷冠	cold cap
冷害	涼害	cool damage
冷季	冷季	cold season
冷空气	冷空氣	cold air
冷凝镜湿度表	冷鏡濕度計	chilled-mirror hygrometer
冷平流	冷平流	cold advection
冷气团	冷氣團	cold air mass
冷区	冷區	cold sector
冷却率温度表	冷卻率溫度計	catathermometer
冷舌	冷舌	cold tongue
冷式切变,冷性切变	冷式風切,冷性風切	cold type shear
冷输送带	冷輸送帶	cold conveyor belt
冷涡	冷渦	cold vortex
冷性反气旋	冷性反氣旋	cold anticyclone
冷性锢囚	冷囚錮	cold occlusion
冷性锢囚锋	冷囚錮鋒	cold occluded front
冷性气旋	冷[性]氣旋	cold cyclone
冷性切变(=冷式切变)		
冷[洋]流	冷流	cold current
冷源	冷源	cold source
冷云	冷雲	cold cloud
离岸风	離岸風	offshore wind
离岸流	激流	rip current
离散傅里叶变换	離散傅立葉轉換	discrete Fourier transform, DFT
离散纵标法	離散縱標法	discrete ordinate method
离线	離線	offline
离心力	離心力	centrifugal force
离子对	離子對	ion pair
离子活动性	離子活動性	ionic activity

大 陆 名	台 湾 名	英 文 名
离子计数器	離子計數器	ion counter
离子交换	離子交換	ion exchange
离子迁移率	離子遷移率	ion mobility
离子寿命	離子壽命	ion life
李雅普诺夫稳定性	李氏穩度	Liapunov stability
李雅普诺夫指数	李氏指數	Liapunov index
理查森数	理查遜數	Richardson number
理论气候学	理論氣候學	climatonomy
理论气象学	理論氣象[學]	theoretical meteorology
理想流体	理想流體	ideal fluid
理想气候	理想氣候	ideal climate
理想气体	理想氣體	ideal gas, perfect gas
理想预报,完全预报	理想預報	perfect prediction, perfect forecast
力	力	force
力管	力管	solenoid
力管环流	力管環流	solenoid circulation
历	歷	calendar
历年	歷年	calendar year
历史气候	歷史氣候	historical climate
历史气候记录	歷史氣候記錄	historical climatic record
历史气候资料	歷史氣候資料	historical climatic data
历史序列	歷史序列	historical sequence
粒雪	陳年雪,積冰區	neve
粒子(＝质点)		
连锁反应	連鎖反應	chain reaction
连续波雷达	連續波雷達	continuous wave radar, CW radar
连续方程	連續方程	continuity equation
连续函数	連續函數	continuous function
连续性	連續性	continuity
连续性降水	連續性降水	continuous precipitation
连续性雨	連續性雨	continuous rain
链式法则	鏈規則	chain rule
链状闪电	鏈狀閃電	chain lightning
凉季	涼季	cool season
量热法	測熱術	calorimetry
量雪尺	雪標	snow scale, snow depth scale
两年风振荡	兩年風振盪	biennial wind oscillation
两年振荡	兩年振盪	biennial oscillation

大　陆　名	台　湾　名	英　文　名
亮带	亮帶	bright band
亮度	亮度	brightness
亮度谱	亮度譜	spectral radiance
亮[度]温[度]	亮[度]溫[度]	brightness temperature
量	量,數量	quantity
量纲,因次	因次	dimension
量纲方程	因次方程	dimensional equation
量纲分析,因次分析	因次分析	dimensional analysis
量化	量化	quantization
疗养气候	療養氣候	convalescent climate
列联表	列聯表	contingency table
列线图	線規圖	nomogram
烈风(=9 级风)		
裂冰[作用]	裂冰[作用]	calving
林冠[层]	林冠[層]	canopy
林火	林火	forest fire
林火气象学	林火氣象學	forest-fire meteorology
林火[天气]预报	林火[天氣]預報	forest-fire [weather] forecast
临边变暗	臨邊減光	limb darkening
临边反演	臨邊反演	limb retrieval
临边扫描法	臨邊掃描法	limb scanning method
临边增亮	臨邊增亮	limb brightening
临界波长	臨界波長	critical wavelength
临界层	臨界層	critical layer
临界高度	臨界高度	critical height
临界光长,临界昼长	臨界晝長	critical day-length
临界雷诺数	臨界雷諾數	critical Reynolds number
临界理查森数	臨界理查遜數	critical Richardson number
临界流量	臨界流量	critical discharge
临界水滴半径	臨界水滴半徑	critical drop radius
临界速度	臨界速度	critical velocity
临界纬度	臨界緯度	critical latitude
临界温度	臨界溫度	critical termperature
临界液态含水量	臨界液態水含量	critical liquid water content
临界值	臨界值	critical value
临界昼长(=临界光长)		
临近预报,现时预报	即時預報	nowcast , nowcasting
临近预报系统	即時預報系統	weather integration and nowcasting sys-

大　陆　名	台　湾　名	英　文　名
		tem, WINS
灵敏度,敏感度	敏感度	sensitivity
灵敏度时间控制	敏感度時控	sensitivity time control, STC
菱形截断	菱形截斷	rhomboidal truncation
零层	零層	zero layer
零点	零點	zero point
零度等温线	零度等溫線	zero isotherm
零阶闭合	零階閉合	zero-order closure
零维	零維	zero dimension
零维模式	零維模式	zero-dimensional model
零温度层	零溫度層	zero temperature level
零重力	零重力	zero gravity
刘易斯数	路易士數	Lewis number
流	流	flow
流管	流管	stream tube
流光	流光	streamer
流函数	流函數	stream function
流量	流量	discharge
[流体]静力不稳定度	靜力不穩度	hydrostatic instability
流体静力方程	靜力方程	hydrostatic equation
[流体]静力近似	靜力近似	hydrostatic approximation
流线	流線	streamline
流线分析	流線分析	streamline analysis
流线图	流線圖	streamline chart
流泄风	下潰風	drainage wind
流涡	環流圈	gyre
流形	流形	manifold
流型	流型	flow pattern
流域出口	流域出口	basin outlet
硫尘	硫塵	sulfur dust
硫酸	硫酸	sulfuric acid
硫酸气溶胶	硫酸氣膠	sulfuric acid aerosol
硫酸轻雾	硫酸靄	sulfuric acid mist
硫酸盐气溶胶	硫酸鹽氣膠	sulfate aerosol
硫循环	硫循環	sulfur cycle
硫氧化物	硫氧化物	sulfur oxide
柳井波	Yanai 波,柳井波	Yanai wave
龙格-库塔法	容庫法	Runge-Kutta method

大　陆　名	台　湾　名	英　文　名
龙卷	龍捲	tornado, spout
龙卷回波	龍捲回波	tornado echo
龙卷气旋	龍捲氣旋	tornado cyclone
龙卷通道	龍捲通道	tornado alley
龙卷涡旋信号	龍捲渦旋標記	tornadic vortex signature, TVS
隆冬	隆冬	midwinter
漏斗云	漏斗雲	funnel cloud
漏隙层积云	漏光層積雲	stratocumulus perlucidus, Sc pe
漏隙高积云	漏光高積雲	altocumulus perlucidus, Ac pe
露	露	dew
露点	露點	dew-point
露点测定器	露點測定器	dew-point apparatus
露点锋	露點鋒	dew-point front
露点记录仪	露點記錄器	dew-point recorder
露点湿度表	露點濕度計	dew-point hygrometer
露点温度	露點溫度	dew-point temperature
露量表	露量計	drosometer
露水板	露水板	dew plate
陆地卫星	陸地衛星	Land Satellite, LANDSAT
陆风	陸風	land breeze
陆风锋	陸風鋒	land breeze front
陆界(=地圈)		
陆雾	陸霧	land fog
绿边	綠邊	green rim
绿雷暴	綠雷暴	green thunderstorm
绿洲	綠洲	oasis
绿洲效应	綠洲效應	oasis effect
氯度	氯度	chlorosity
氯氟甲烷	氟氯烷	chlorofluoromethane
氯[含]量	氯量	chlorinity
滤波	濾波	filtering
滤波模式	濾波模式	filtered model
滤纸	濾紙	filter paper
乱卷云	亂卷雲	cirrus intortus, Ci in
罗兰导航	羅倫導航	long-range navigation, LORAN
罗盘,指南针	羅盤,指南針	compass
罗斯贝变形半径	羅士比變形半徑	Rossby radius of deformation
罗斯贝波	羅士比波	Rossby wave

大 陆 名	台 湾 名	英 文 名
罗斯贝参数	羅士比參數	Rossby parameter
罗斯贝公式	羅士比公式	Rossby formula
罗斯贝数	羅士比數	Rossby number
罗斯贝图解	羅士比圖	Rossby diagram
罗斯贝型(＝罗斯贝域)		
罗斯贝域,罗斯贝型	羅士比型	Rossby regime
罗斯贝指数	羅士比指數	Rossby index
罗斯贝重力混合波	羅士比重力波	Rossby gravity wave
螺旋波	螺旋波	spiral wave
螺旋度	螺旋度	helicity
螺旋雨带回波	螺旋雨帶回波	spiral rain band echo
螺旋云带	螺旋雲帶	spiral [cloud] band
裸地	裸地	bare soil
洛伦兹力	勞侖茲力	Lorentz force
落潮	落潮	ebb tide
落后,滞后	落後	lag
落雷(＝霹雳)		
落叶阔叶林	落葉闊葉林	deciduous broadleaved forest
落叶雪林气候	落葉雪林氣候	deciduous snow forest climate

M

大 陆 名	台 湾 名	英 文 名
马尔可夫过程	馬可夫過程	Markov process
马尔可夫链	馬可夫鏈	Markov chain
马盖效应	馬開效應	Macky effect
马格努斯公式	馬氏公式	Magnus formula
马赫数	馬赫數	Mach number
马纬度	馬緯度	horse latitude
埋藏冰(＝化石冰)		
霾	霾	haze
麦克斯韦方程	馬克士威方程	Maxwell equation
脉冲	脈波,脈衝	pulse
脉冲长度	脈波長度	pulse length
脉冲重复频率	脈衝重現頻率	pulse recurrence frequency, PRF
脉冲雷达	脈波雷達	pulse radar
脉冲体积	脈衝體積	pulse volume
脉冲响应	脈衝反應	impulse response

大 陆 名	台 湾 名	英 文 名
脉动	脈動	pulsation
脉泽,微波激射器	邁射	microwave amplification by stimulated emission of radiation, MASER
满潮(=高潮)		
漫反射	漫反射	diffuse reflection
漫射	漫射	diffusion
漫[射]辐射	漫輻射	diffuse radiation
漫射太阳辐射(=太阳漫射)		
毛发湿度表	毛髮濕度計	hair hygrometer
毛发湿度计	毛髮濕度儀	hair hygrograph
毛卷层云	纖維狀卷層雲	cirrostratus filosus, Cs fil
毛卷云	纖維狀卷雲	cirrus fibratus, Ci fib
毛毛雨	毛毛雨	drizzle
毛细管持水量	毛細持水量	capillary moisture capacity
毛细管传导性	毛細管傳導性	capillary conductivity
毛细管位势	毛細位	capillary potential
毛细管作用(=毛细现象)		
毛细现象,毛细管作用	毛細現象	capillary phenomenon
锚冰	底冰	anchor ice
锚槽	滯槽	anchored trough
贸易风(=信风)		
梅雨	梅雨	Meiyu
梅雨锋	梅雨鋒	Meiyu front
梅雨期	梅雨期	Meiyu period
煤烟沉降	煤煙沈降	sootfall
美国国家大气研究中心	美國國家大氣研究中心	National Center for Atmospheric Research, USA, NCAR
美国国家海洋大气局,诺阿	美國國家海洋大氣總署	National Oceanic and Atmospheric Administration, NOAA
美国国家航空航天局	美國國家航空太空總署	National Aeronautics and Space Administration, USA, NASA
美国国家环境预报中心	美國國家環境預報中心	National Centers for Environmental Prediction, USA, NCEP
美国国家科学院	美國國家科學院	National Academy of Sciences, USA, NAS
美国国家气候中心	美國國家氣候中心	National Climatic Center, USA, NCC
美国国家气象局	美國國家氣象局	National Weather Service, USA, NWS

大　陆　名	台　湾　名	英　文　名
美国国家气象中心	美國國家氣象中心	National Meteorological Center, USA, NMC
美国气象学会	美國氣象學會	American Meteorological Society, AMS
闷热[度]	悶熱[度]	sultriness
闷热天气	悶熱天氣	muggy weather
蒙德极小期	蒙德極小期	Maunder Minimum
蒙特卡罗方法	蒙地卡羅法	Monte Carlo method
蒙特卡罗模式	蒙地卡羅模式	Monte Carlo model
米兰科维奇假说	米蘭科維奇假說	Milankovitch hypothesis
米兰科维奇理论	米蘭科維奇理論	Milankovitch theory
米兰科维奇太阳辐射曲线	米蘭科維奇太陽輻射曲線	Milankovitch solar radiation curve
米兰科维奇振荡	米蘭科維奇振盪	Milankovitch oscillation
米勒气候分类法	米勒氣候分類法	Miller's climatic classification
米每秒(=米/秒)		
米/秒,米每秒	每秒公尺	meters per second, mps
米氏散射	米氏散射	Mie scattering
米雪,雪粒	雪粒	snow grain
密度流	密度流	density current
密度跃层	斜密層	pycnocline
密卷云	密卷雲	cirrus spissatus, Ci spi
幂律	幂律	power law
面降水[量]	區域降水	areal precipitation
描述气候学	描述氣候學	descriptive climatology
描述气象学	描述氣象學	descriptive meteorology
民用日	民用日	civil day
民用时	民用時	civil time
敏感度(=灵敏度)		
敏感性试验	敏感性測試	sensitivity test
明语气象报告	明語氣象報告	plain language report
模糊函数	模糊函數	ambiguity function
模糊逻辑	模糊邏輯	fuzzy logic
模糊数学	模糊數學	fuzzy mathematics
模糊[性]理论	模糊理論	fuzzy theory
模块	組件	module
模拟	模擬	simulation, modeling
模拟法,类比法	類比法	analog method
模拟气候	模擬氣候	simulated climate

大　陆　名	台　湾　名	英　文　名
模拟试验	模擬測試	simulation test
模式输出统计	模式輸出統計	model output statistics, MOS
模数	模數	modulus
模态	[波]模	mode
摩擦层	摩擦層	friction layer
摩擦风	摩擦風,滯衡風	antitriptic wind
摩擦辐合	摩擦輻合	frictional convergence
摩擦辐散	摩擦輻散	frictional divergence
摩擦速度	摩擦速度	friction velocity
摩擦曳力	摩擦曳力	frictional drag
摩[尔]	莫[耳]	mole
莫宁–奥布霍夫长度	莫奥長度	Monin-Obukhov length
莫宁–奥布霍夫相似理论	莫奥相似理論	Monin-Obukhov similarity theory
[墨西哥]湾流	灣流	Gulf Stream
目标观测	目標觀測	targeted observation
目标函数	目標函數	objective function
目标区	目標區	target area
目标位置显示器,目标位置指示器	目標位置指示器	target position indicator, TPI
目标位置指示器(=目标位置显示器)		
目测	目測	visual observation
目视飞行天气	目視飛行天氣	contact weather

N

大　陆　名	台　湾　名	英　文　名
纳近[法],张弛递近[法]	納近[法]	nudging
纳维–斯托克斯方程	那微司托克士方程	Navier-Stokes equation
钠层	鈉層	sodium layer
南赤道海流	南赤道海流	south equatorial current
南赤道逆流	南赤道反流	South Equatorial Countercurrent
南赤道漂流	南赤道漂流	south equatorial drift current
南大西洋辐合带	南大西洋輻合帶	South Atlantic convergence zone
南大洋表层水	南極水	Antarctic Surface Water
南大洋底层水	南極底層水	Antarctic Bottom Water, ABW

大　陆　名	台　湾　名	英　文　名
南大洋中层水	南極中層水	Antarctic Intermediate Water
南方涛动	南方振盪	Southern Oscillation, SO
南方涛动指数	南方振盪指數	Southern Oscillation Index, SOI
南海低压	南海低壓	South China Sea depression
南寒带	南寒帶	south frigid zone
南寒风	南勃斯特風	southerly buster
南回归线	南回歸線	Tropic of Capricorn
南极冰盖	南極冰原層	Antarctic Ice Sheet
南极臭氧洞	南極臭氧洞	antarctic ozone hole
南极反气旋	南極反氣旋	antarctic anticyclone
南极锋	南極鋒	antarctic front
南极辐合	南極輻合	antarctic convergence
南极辐散	南極輻散	antarctic divergence
南极光	南極光	aurora australis
南极气候	南極氣候	antarctic climate
南极气团	南極氣團	antarctic air mass
南极绕极流,绕南极洋流	南極繞極流,繞[南]極流	antarctic circumpolar current, ACC
南极涡	南極渦	antarctic polar vortex
南太平洋辐合带	南太平洋輻合帶	southern Pacific convergence zone, SPCZ
南温带	南溫帶	south temperature zone
南亚高压	南亞高壓	South Asia high
南支急流	南支噴流	southern branch jet stream
内波	內波	internal wave
内插(=插值法)		
内积	內積,純量積	inner product
内陆湖	內陸湖	closed lake
内摩擦	內摩擦	internal friction
能级	能階	energy level
能见度	能見度	visibility
能见度表	能見度計	visibility meter, visiometer
能见度测定表,浊度计	濁度計	nephelometer
能见度目标[物]	能見度目標	visibility marker
能见度指数	能見度指數	visibility index
能[量]	能[量]	energy
能量串级	能量串級	energy cascade
能量方程	能量方程	energy equation
能量平衡	能量平衡	energy balance

大　陆　名	台　湾　名	英　文　名
能量平衡气候模式	能量平衡氣候模式	energy balance climate model, EBM
能量收支	能量收支	energy budget
能量守恒	能量守恆, 能量保守	energy conservation
能量图	能量圖	energy diagram
能量循环	能量循環	energy cycle
能谱	能譜	power spectrum
能源气象学	能源氣象學	energy source meteorology
泥流	泥流	mud flow
泥盆纪	泥盆紀	Devonian Period
泥石流	土石流	mud-rock flow
泥凇	泥凇	mud rime
霓	副虹,霓	secondary rainbow
逆风	逆風	head wind, opposing wind
逆辐射	反輻射	counter radiation
逆湿	濕度逆增	moisture inversion
逆梯度	反梯度	upgradient
逆梯度输送	反梯度傳送	upgradient transport
逆梯度通量	反梯度通量	upgradient flux
逆温	逆溫[層]	temperature inversion
逆温层	逆溫層	inversion layer
逆温层顶	逆溫層頂	inversion lid
逆转	逆變	inversion
逆转风	逆轉風	backing wind
年变化	年變	annual variation
年表(=年代学)		
年超过[警戒线]序列	年最大[流量]序列	annual exceedance series
年代学,年表	年代學,年表	chronology
年际变率	年際變率	interannual variability
年际气压差	年際氣壓差	year-to-year pressure difference
年际温差	年際溫差	year-to-year temperature difference
年较差	年較差	annual range
年径流[量]	年逕流[量]	annual runoff
年距平	年距平	annual anomaly
年轮	年輪	annual ring
年轮密度测定法	年輪測密術	ring densitometry
年轮学	年輪學	dendrochronology
年平均	年平均	annual mean
年平均温度	年平均溫度	mean annual temperature

大　陆　名	台　湾　名	英　文　名
年气候	年氣候	year climate
年蓄量	年蓄量	annual storage
年总量	年總量	annual amount
年最大洪水序列	年最大洪水序列	annual flood series
年最大[流量]序列	年最大[流量]序列	annual maximum series
年最小[流量]序列	年最小[流量]序列	annual minimum series
黏性流体	黏性流體	viscous fluid
黏性应力	黏滯應力	viscous stress
黏滞性	黏[滯]性,黏度	viscosity
凝固	固化[作用]	solidification
凝华	沈降	deposition
凝华核	升華核	deposition nucleus
凝结	凝結	condensation
凝结高度	凝結高度	condensation level
凝结过程	凝結過程	condensation process
凝结函数	凝結函數	condensation function
凝结核	凝結核	condensation nucleus
凝结核计数器	凝結核計數器	condensation nucleus counter
凝结加热	凝結加熱	condensation heating
凝结尾迹	凝結尾	contrail
凝结效率	凝結效率	condensation efficiency
牛顿冷却	牛頓冷卻	Newtonian cooling
牛顿应力公式	牛頓應力公式	Newton stress formula
扭转项	扭轉項	twisting term
农田小气候	田野微氣候	field microclimate
农学,农艺学	農藝學	agronomy
农业地形气候学	農業地形氣候學	agrotopoclimatology
农业气候	農業氣候	agroclimate
农业气候分类	農業氣候分類	agroclimatic classification
农业气候分析	農業氣候分析	agroclimatic analysis
农业气候评价	農業氣候評價	agroclimatic evaluation
农业气候区划	農業氣候區劃	agroclimatic demarcation
农业气候区域	農業氣候區	agroclimatic region
农业气候图集	農業氣候圖集	agroclimatic atlas
农业气候相似	農業氣候類比	agroclimatic analogy
农业气候学	農業氣候學	agricultural climatology, agroclimatology
农业气候指标	農業氣候指數	agroclimatic index
农业气候志	農業氣候誌	agroclimatography

大　陆　名	台　湾　名	英　文　名
农业气候资源	農業氣候資源	agroclimatic resources
农业气象产量预报	農業氣象產量預報	agrometeorological yield forecast
农业气象模式	農業氣象模式	agrometeorological model
农业气象信息	農業氣象資訊	agrometeorological information
农业气象学	農業氣象學	agricultural meteorology, agrometeorology
农业气象预报	農業氣象預報	agrometeorological forecast
农业气象灾害	農業氣象災害	agrometeorological hazard
农业气象站	農業氣象站	agricultural meteorological station
农业小气候	農業小氣候	agricultural microclimate
农艺学(＝农学)		
浓度	濃度	concentration
浓积云	濃積雲	cumulus congestus，Cu con
暖布劳风	暖布勞風	warm braw
暖池	暖池	warm pool
暖低压	暖低壓	warm low
暖锋	暖鋒	warm front
暖锋波	暖鋒波	warm front wave
暖锋型切变	暖鋒型風切	warm front type shear
暖锋云系	暖鋒雲系	warm front cloud system
暖高压	暖高壓	warm high
暖[海]流	暖流	warm current
暖脊	暖脊	warm ridge
暖季	暖季	warm season
暖浪	熱浪	warm wave
暖平流	暖平流	warm advection
暖气团	暖氣團	warm air mass
暖区	暖區	warm sector
暖舌	暖舌	warm tongue
暖水层	暖水層	warm water sphere
暖水团	暖水團	warm water mass
暖涡	暖渦	warm vortex
暖雾	暖霧	warm fog
暖心涡环	暖心環	warm-core ring
暖性反气旋	暖反氣旋	warm anticyclone
暖[性]锢囚	暖囚錮	warm occlusion
暖性锢囚锋	暖囚錮鋒	warm occluded front
暖性气旋	暖氣旋	warm cyclone
暖雨	暖雨	warm rain

大 陆 名	台 湾 名	英 文 名
暖云	暖雲	warm cloud
诺阿(＝美国国家海洋大气局)		
诺阿卫星	諾阿衛星	NOAA Satellite
诺伦贝格探测器	諾氏探測器	Knollenberg probe

O

大 陆 名	台 湾 名	英 文 名
欧拉方法	歐拉法	Euler method
欧拉后差格式	歐拉後差法	Euler backward scheme
欧拉–拉格朗日方程	歐拉拉格朗日方程	Euler-Lagrange equation
欧拉相关	歐拉相關	Eulerian correlation
欧拉坐标	歐拉坐標	Eulerian coordinate
欧洲季风	歐洲季風	European monsoon
欧洲太空署	歐洲太空署	European Space Agency, ESA
欧洲中期天气预报中心	歐洲中期天氣預報中心	European Centre for Medium-Range Weather Forecasts, ECMWF
偶极子	偶極	dipole
偶然误差	偶然誤差	accidental error
耦合	耦合	coupling
耦合模式	耦合模式	coupling model
耦合系统	耦合系統	coupled system

P

大 陆 名	台 湾 名	英 文 名
帕[斯卡]	帕[斯卡]	Pascal, Pa
帕斯奎尔稳定度分类	帕氏穩定度分類	Pasquill stability class
拍岸浪,碎浪	衝岸浪	surf
拍频模	拍頻模	beat mode
拍频振荡器	拍頻振盪器	beat frequency oscillator
排放	排放	emission
判别分析	差別分析	discriminant analysis
判据	判據,條件	criterion
庞加莱波	彭卡瑞波	Poincare wave
庞加莱公式	彭卡瑞公式	Poincare formula
庞加莱剖面	彭卡瑞剖面	Poincare cross-section

大　陆　名	台　湾　名	英　文　名
旁瓣	侧瓣,侧葉	side lobe
咆哮西风带	咆哮西風帶	brave west wind belt
跑道能见度,跑道视程 跑道视程(=跑道能见 度)	跑道視程	runway visual range, RVR
喷焰	噴焰	bright eruption
碰并	撞併	agglomeration
碰并过程	撞併過程	collision-coalescence process
碰撞	碰撞	collision
碰撞理论	碰撞理論	collision theory
碰撞增宽	碰撞增寬	collision broadening
霹雳,落雷	霹靂	thunderbolt
皮尔逊型分布	皮爾遜型分佈	Pearson type distribution
皮叶克尼斯环流定理	畢雅可尼環流定理	Bjerknes theorem of circulation
疲竭	疲竭	breakdown
片冰	片冰	sheet ice
片状闪电	片閃	sheet lightning
偏差	偏差	deviation
偏导数	偏導數	partial derivative
偏角	偏角	declination
偏微分方程	偏微分方程	partial differential equation
偏微分系数	偏微分係數	partial differential coefficient
偏相关	偏相關	partial correlation
偏相关系数	偏相關係數	coefficient of partial correlation
偏倚	偏倚	bias
偏倚评分,系统性误差 评分	偏倚評分	bias score
偏振	偏振	polarization
偏振度	極化度	degree of polarization
[漂]浮式蒸发皿	浮式蒸發皿	floating pan
漂流	漂流	drift current
漂移,摆动	游移	vacillation
频率	頻率	frequency
频率波数滤波	頻率波數濾波	frequency wave number filtering
频率方程	頻率方程	frequency equation
频率滤波	頻率濾波	frequency filtering
频率曲线	頻率曲線	frequency curve
频率时间分析	頻率時間分析	frequency time analysis

大　陆　名	台　湾　名	英　文　名
频率响应	頻率反應	frequency response
频谱	頻譜	frequency spectrum
频散关系,色散关系	頻散關係	dispersion relation
频数	次數	frequency
频域	頻率域	frequency domain
频域平均	頻域平均	frequency-domain averaging
平衡	平衡	equilibrium
平衡方程	平衡方程	balance equation
平衡理论	平衡理論	equilibrium theory
平滑	勻滑	smoothing
平滑算子	勻滑運算元	smoothing operator
平滑系数	勻滑係數	smoothing coefficient
平均	平均	average
平均表面温度	平均表面溫度	mean skin temperature
平均海平面	平均海平面	mean sea level, MSL
平均核	平均核	averaging kernel
平均环流	平均環流	mean circulation
平均经向环流	平均經向環流	mean meridional circulation
平均年降水[量]	年平均降水[量]	mean annual precipitation
平均年温度较差(= [月平均]温度年较 差)		
平均偏差	平均偏差	average departure
平均[气]流	平均流	mean flow
平均算子	平均運算元	averaging operator
平均纬向环流	平均緯向環流	mean zonal circulation
平均温度	平均溫度	mean temperature
平均误差	平均誤差	average error
平均值	平均值	mean value
平流	平流	advection
平流变化	平流變化	advective change
平流层	平流層	stratosphere
平流层爆发[性]增温	平流層驟暖	stratospheric sudden warming
平流层臭氧	平流層臭氧	stratospheric ozone
平流层顶	平流層頂	stratopause
平流层光化学	平流層光化學	stratospheric photochemistry
平流层化学	平流層化學	stratospheric chemistry
平流层硫酸盐层	平流層硫酸鹽層	stratospheric sulfate layer

大　陆　名	台　湾　名	英　文　名
平流层逆温	平流層逆溫	stratospheric inversion
平流层气溶胶	平流層氣膠	stratospheric aerosol
平流层气溶胶和气体试验	平流層氣膠氣體實驗	Stratospheric Aerosol and Gas Experiment, SAGE
平流层上层	高平流層	upper stratosphere
平流层污染	平流層污染	stratospheric pollution
平流层污染物	平流層污染物	stratospheric pollutant
平流层增温	平流層增溫	stratospheric warming
平流层振荡	平流層振盪	stratospheric oscillation
平流方程	平流方程	advection equation
平流辐射雾	平流輻射霧	advection-radiation fog
平流过程	平流過程	advection process
平流加速度	平流加速度	advective acceleration
平流逆温	平流逆溫	advection inversion
平流霜	平流霜	advection frost
平流雾	平流霧	advection fog
平流[性]雷暴	平流雷暴,平流雷雨	advective thunderstorm
平流重力流	平流重力流	advective-gravity flow
β平面	β平面,貝他平面	beta plane, β-plane
平面波	平面波	plane wave
β平面近似	β平面近似	β-plane approximation
平面切变显示器	平面切變指示器	plan shear indicator, PSI
平面位置显示器	平面位置指示器	plan position indicator, PPI
平太阳年	平太陽年	mean solar year
平太阳日	平太陽日	mean solar day
平太阳时	平太陽時	mean solar time
平稳过程	平穩過程	stationary process
平稳期	平穩期	stationary phase
平行	平行	parallel
平行光管	平行光管	collimator
S1评分	S1評分	S1 score
TS评分	T得分	threat score
评估,评价	評估	assessment
评价(=评估)		
坡度流	坡流	slope current
坡风	坡風	slope wind
坡风环流	坡風環流	slope wind circulation
坡印亭矢量	坡印廷向量	Poynting vector

大　陆　名	台　湾　名	英　文　名
剖面	剖面	cross-section
剖面图	剖面圖	cross-section diagram
蒲福风级	蒲福風級	Beaufort wind scale
普朗特混合长理论	卜然托混合長理論	Prandtl mixing length theory
普朗特数	卜然托數	Prandtl number
普适气体常数	通用氣體常數	universal gas constant
普通气象学	普通氣象學	general meteorology
谱	光譜	spectrum
谱变换法	譜轉換法	spectral transform method
谱参数	譜參數	spectrum parameter
谱带	譜帶	band
谱方法	波譜法	spectral method
谱分析	譜分析	spectrum analysis
谱间隔	譜距	spectral interval
谱[间]隙	譜隙	spectral gap
谱空间	譜空間	spectral space
谱扩散率	譜擴散率	spectral diffusivity
谱模式	譜模式	spectral model
谱数值分析	譜數值分析	spectral numerical analysis
谱相似[性]	譜相似性	spectral similarity

Q

大　陆　名	台　湾　名	英　文　名
期望值	期望值	expected value
奇怪吸引子	奇異吸子	strange attractor
奇异点	特異點	singular point
奇异性	特異性	singularity
歧点	[分]歧點	bifurcation point
旗云	旗雲	banner cloud
起飞[天气]预报	起飛預報	taking off [weather] forecast
起伏	變差	fluctuation
起转	起轉	spinup
起转过程	起轉過程	spinup process
起转时间	起轉時間	spinup time
气动曳力	氣動曳力	aerodynamic drag
气候	氣候	climate
气候摆动	氣候擺動	climatic vacillation

大　陆　名	台　湾　名	英　文　名
气候背景场	氣候背景場	climatological background field
气候变化	氣候變化	climatic change
气候变化检测	氣候變遷偵測	climate change detection
气候变率	氣候變異度	climatic variability
气候变迁	氣候變遷	climatic variation
气候病理学	氣候病理學	climatic pathology
气候不连续	氣候不連續	climatic discontinuity
气候不适应[症]	氣候不適應[症]	declimatization
气候不稳定性	氣候不穩度	climatic instability
气候策略	氣候策略	climatological strategy
气候持续性	氣候持續性	climatic persistence
气候重建	氣候重建	climate reconstruction
气候传递性	氣候傳遞性	climatic transitivity
气候带	氣候帶	climatic belt，climatic zone
气候地带性	氣候地帶性	climatic zonation
气候地貌学	氣候地貌學	climatic geomorphology
气候对比	氣候對比	climatic contrast
气候恶化	氣候惡化	climatic degeneration
气候反馈机制	氣候反饋機制	climatic feedback mechanism
气候反馈作用	氣候反饋作用	climatic feedback interaction
气候非传递性	氣候非傳遞性	climatic intransitivity
气候分界	氣候分界	climate divide
气候分类[法]	氣候分類[法]	climatic classification
气候分析	氣候分析	climatic analysis
气候风险	氣候風險	climatic risk
气候风险分析	氣候風險分析	climatic risk analysis
气候锋	氣候鋒	climatological front
气候改良	氣候改良	climatic amelioration
气候概率	氣候機率	climatic probability
气候概述	氣候概述	climatological summary
气候共存态	氣候共存態	climatic coexistance
气候观测	氣候觀測	climatological observation
[气候]海洋度	海性度	maritimity
气候环境	氣候環境	climatic environment
气候极值	氣候極[端]值	climatic extreme
气候极值检验	氣候極限檢驗	climatological limit check
气候记录	氣候記錄	climatic record
气候监测	氣候監測	climatic monitoring

大　陆　名	台　湾　名	英　文　名
气候景观	氣候景觀	climatic landscape
气候控制	氣候控制	climatic control
气候控制室,生物气候室	生物氣候室	biotron
气候疗法	氣候療法	climatic treatment
气候敏感性	氣候敏感度	climatic sensitivity
气候敏感性试验	氣候敏感性試驗	climate sensitivity experiment
气候模拟	氣候模擬	climate simulation
气候模式	氣候模式	climate model
气候年	氣候年	climatic year
气候平均值	氣候平均值	climatological normal
气候评估	氣候評估	climatic evaluation
气候潜势	氣候潛勢	climatic potential
气候情景	氣候情境	climatic scenario
气候区	氣候區	climatic region
气候区分	氣候區分	climatological division
气候区划	氣候區劃	climate regionalization
气候趋势	氣候趨勢	climatic trend
气候生产力	氣候生產力	climatic productivity
气候生产力指数	氣候生產指數	climatic productivity index
气候生产潜力	氣候生產潛力	climatic potential productivity
气候生理学	氣候生理學	climatic physiology
气候时间序列	氣候時間序列	climatic time series
气候适应	氣候適應	climatization
气候舒适[度]	氣候舒適[度]	climate comfort
气候数据库(=气候资料库)		
气候数值模拟	氣候數值模擬	climatic numerical modeling
气候条件	氣候條件	climatic condition
气候统计	氣候統計	climatic statistics
气候统计学	氣候統計學	climatological statistics
气候突变	氣候巨變	climate catastrophe
气候图	氣候圖	climatic map
气候图集	氣候圖集	climatic atlas
气候系统	氣候系統	climate system
气候现象	氣候現象	climatic phenomenon
气候相似	氣候類比	climate analog
气候效应	氣候效應	climatic effect

大　陆　名	台　湾　名	英　文　名
气候心理学	氣候心理學	climatic psychology
气候信号	氣候訊號	climatic signal
气候形成	氣候生成	climatogenesis
气候形成分类法	氣候形成分類法	genetic classification of climate
气候型	氣候型	climatological pattern
气候学	氣候學	climatology
气候学[方法]预报	氣候學預報[法]	climatological forecast
气候学家	氣候學家	climatologist
气候雪线	氣候雪線	climate snow line
气候驯化	氣候馴化	climatic domestication
气候循环	氣候循環	climatic cycle
气候遥相关	氣候遙相關	climatic teleconnection
气候要素	氣候要素	climatic element
气候异常	氣候異常	climatic anomaly, climate abnormality
气候因子	氣候因數	climatic factor
气候应力荷载	氣候應力負荷	climatic stress load
气候影响评估	氣候衝擊評估	climate impact assessment
气候预报	氣候預報	climatic forecast
气候预测	氣候預報	climatic prediction
气候预估	氣候推估	climate projection
气候约束	氣候約束	climatic constraint
气候韵律	氣候韻律	climatic rhythm
气候灾害	氣候災害	climate damage
气候栽培界限	氣候栽培界限	climatic cultivation limit
气候噪声	氣候雜訊	climatic noise
气候展望	氣候展望	climatic outlook
气候站	氣候站	climatological station
气候站网	氣候站網	climatological network
气候障碍	氣候障礙	climatic barrier
气候诊断	氣候診斷	climatic diagnosis
气候振荡	氣候振盪	climatic oscillation
气候振动	氣候波動	climatic fluctuation
气候振幅	氣候振幅	climatic amplitude
气候值	氣候值	climatic value
气候植物群系	氣候植物群系	climatic plant formation
气候指标	氣候指標	climatic indicator
气候指数	氣候指數	climatic index
气候志	氣候誌	climatography

大　陆　名	台　湾　名	英　文　名
气候治疗	氣候治療	climatotherapy
气候周期性	氣候週期性	climate periodicity
气候转换	氣候轉換	climatic transition
气候状态	氣候狀態	climate state
气候状态矢量	氣候狀態向量	climate state vector
气候资料	氣候資料	climatic data
气候资料库,气候数据库	氣候資料庫	climatological data bank
气候资源	氣候資源	climate resources
气候总体	氣候總體	climatic ensemble
气候最宜期	最適氣候[期]	Climatic Optimum
气辉	氣輝	airglow
气界(＝气圈)		
气阱	氣阱	air trap
气块	氣塊	air parcel
气流	氣流	air current
气流表	氣流計	air meter
气凝胶	氣凝膠	aerogel
气泡	氣泡	air bubble
气泡对流	氣泡對流	bubble convection
气球	氣球	balloon
气球测风	氣球測風,派保	pibal
气球观测	氣球觀測	balloon observation
气球气象仪	氣球氣象儀	aerostat meteorograph
气球探空	氣球探空,氣球送	balloon sonde
气圈,气界	氣圈,氣界	aerosphere
气泉	氣泉	air fountain
气溶胶	氣膠	aerosol
气溶胶层	氣膠層	aerosol layer
气溶胶成分	氣膠成分	aerosol composition
气溶胶电[学]	氣膠電[學]	aerosol electricity
气溶胶分析仪	氣膠分析儀	aerosol analyzer
气溶胶检测仪	氣膠偵測儀	aerosol detector
气溶胶径谱	氣膠徑譜	aerosol size distribution
气溶胶粒子	氣膠粒子	aerosol particle
气溶胶气候效应	氣膠氣候效應	aerosol climate effect
气溶胶气候[学]	氣膠氣候[學]	aerosol climatology
气溶胶探空仪	氣膠送	aerosol sonde

大　陆　名	台　湾　名	英　文　名
气溶胶仪	氣膠儀	aerosoloscope
气体常数	氣體常數	gas constant
气体动力粗糙度	[空]氣動力粗糙度	aerodynamic roughness
气体化学	氣體化學	aerochemistry
气体温度表	氣體溫度計	gas thermometer
气体污染	氣體污染	gaseous pollution
气团	氣團	air mass
气团变性	氣團變性	air-mass transformation
气团辨认	氣團辨認	air-mass identification
气团分类	氣團分類	air-mass classification
气团分析	氣團分析	air-mass analysis
气团气候学	氣團氣候學	air-mass climatology
气团属性	氣團屬性	air-mass property
气团雾	氣團霧	air-mass fog
气团[性]降水	氣團降水	air-mass precipitation
气团源地	氣團源地	air-mass source
气温	氣溫	air temperature
气温直减率	溫度直减率	temperature lapse rate
气雾	氣霧	aerial fog
气相动力学	氣相動力學	gas-phase kinetics
气相色谱仪	氣體色譜儀	gas chromagraph
气象报告	氣象報告	meteorological report
气象病	氣象病	meteoropathy, meteorotropic disease
气象潮	氣象潮	meteorological tide
气象赤道	氣象赤道	meteorological equator
气象导航	氣象導航	meteorological navigation
气象电码	氣象電碼	meteorological code
气象飞机	氣象飛機	meteorological air plane
气象风洞	氣象風洞	meteorological wind tunnel
气象观测	氣象觀測	meteorological observation
气象观测平台	氣象觀測平台	meteorological platform
[气象]观测员	觀測員	observer
气象光[学视]程	氣象光程	meteorological optical range, MOR
气象航线	氣象觀測路線	meteorological shipping route
气象火箭	氣象火箭	meteorological rocket
气象雷达	氣象雷達	meteorological radar
气象损失	氣象損失	meteorological loss
气象台	氣象台,測候所	meteorological observatory

大 陆 名	台 湾 名	英 文 名
气象卫星	氣象衛星	meteorological satellite
气象卫星地面站	氣象衛星地面站	meteorological satellite ground station
气象学	氣象學	meteorology
气象谚语	氣象諺語	meteorological proverb
气象要素	氣象要素	meteorological element
气象仪器	氣象儀器	meteorological instrument
气象因子	氣象因子	meteorological factor
气象灾害	氣象災害	meteorological disaster
气象噪声	氣象雜訊	meteorological noise
气象站网	測站網	reseau
气旋	氣旋	cyclone
气旋波	氣旋波	cyclone wave
气旋生成	旋生	cyclogenesis
气旋消散	旋消	cyclolysis
气旋性环流	氣旋式環流	cyclonic circulation
气旋性切变	氣旋式切變	cyclonic shear
气旋性曲率	氣旋式曲率	cyclonic curvature
气旋性涡度	氣旋式渦度	cyclonic vorticity
气旋周环	氣旋週環	pericyclonic ring
气旋族	氣旋群	cyclone family
气压	[大]氣壓[力]	atmospheric pressure
气压鼻	氣壓鼻	pressure nose
气压表	氣壓計	barometer
气压波	氣壓波	pressure wave
气压测高表	氣壓高度計	pressure altimeter
气压层	氣壓層	barosphere
气压场	氣壓場	pressure field
气压订正	氣壓訂正	barometric correction
气压计	氣壓儀	barograph
气压开关	氣壓開關	baroswitch
气压倾向	氣壓趨勢	pressure tendency
气压丘	氣壓丘	pressure dome
气压水深器	氣壓水深器	air-line sounding
气压梯度	氣壓梯度	pressure gradient
气压梯度力	氣壓[梯度]力	pressure gradient force
[气]压温[度]计	壓溫儀	barothermograph
气压系统	氣壓系	pressure system
气压型	氣壓型	baric topography

大　陆　名	台　湾　名	英　文　名
气压涌[升]线	氣壓驟升線	pressure surge line
气压月际变化	氣壓月際變化	inter-monthly pressure variation
气压自记曲线	氣壓自記曲線	barogram
气压自记仪	氣壓自記儀	barometrograph
气压最低值	氣壓最低值	barometric minimum
气压最高值	氣壓最高值	barometric maximum
气压坐标系	氣壓坐標系	pressure coordinate system
气柱	氣柱	air column
千岛海流	千島海流,視潮	Kurile current
千年(=旱年)		
千兆赫[兹],吉赫	吉赫,十億赫	gigahertz, GHz
前处理(=预处理)		
前寒武纪	前寒武紀	Precambrian
前进波	前進波	progressing wave
前向散射	前散射	forward scattering
前向散射滴谱仪探头	前向散射徑譜計探測器	forward scattering spectrometer probe, FSSP
前向散射能见度仪	前向散射能見度計	forward scattering visibility meter
潜流	潛流	underflow
潜热	潛熱	latent heat
潜在不稳定	潛在不穩度	latent instability
潜在蒸发	蒸發位	potential evaporation
潜在蒸散,可能蒸散	位蒸散	potential evapotranspiration
浅对流	淺對流	shallow convection
浅水波	淺水波	shallow water wave
浅水近似	淺水近似	shallow water approximation
浅水模式	淺水模式	shallow water model
腔体直接辐射表	腔體直接日射計	cavity pyrheliometer
强布拉风	強布拉風	boraccia
强度	強度	intensity
强风(=6级风)		
强化影像	強化影像	enhanced image
强[环境]风暴和中尺度试验	劇烈風暴中尺度實驗	Severe Environmental Storms and Meso-scale Experiment, SESAME
强陆风	強陸風	raggiatura
强迫波	強迫波	forced wave
强迫对流	強迫對流	forced convection
强迫振荡	強迫振盪	forced oscillation

大　陆　名	台　湾　名	英　文　名
强线近似	強線近似	strong-line approximation
跷跷板结构	蹺蹺板結構	seesaw structure
乔唐日照计	約旦日照計	Jordan sunshine recorder
切比雪夫多项式	切比雪夫多項式	Chebyshev polynomial
切变	切變, 風切	shear
切变波	風切波, 切變波	shear wave
切变不稳定	風切不穩度, 切變不穩度	shearing instability
切变层	風切層	shear layer
切变能生	風切能生	shear energy production
切变涡度	風切渦度, 切變渦度	shear vorticity
切变线	風切線, 切變線	shear line
切变项	風切項	shear term
切变重力波	風切重力波	shear-gravity wave
切断低压	割離低壓	cut-off low
切断高压	割離高壓	cut-off high
切线性方程	切線性方程	tangent linear equation
切线性近似	切線性近似	tangent linear approximation
切线性模式	切線性模式	tangent linear model
切向加速度	切線加速度	tangential acceleration
切应力	切應力	shearing stress
侵蚀[作用]	侵蝕[作用]	erosion
亲潮	親潮	Oyashio [current]
青藏低槽	青藏低壓	Qinghai-Xizang trough
青藏高压	青藏高壓	Qinghai-Xizang Plateau high
青藏高原季风	青藏高原季風	Qinghai-Xizang Plateau monsoon
轻风(=2 级风)		
轻浪	小浪	slight sea
轻离子	輕離子	light ion
轻雾	輕霧	mist, thin fog
倾向方程	趨勢方程	tendency equation
倾斜能见度	斜能見度	slant visibility
倾斜项	傾斜項	tilting term
清除	清除	scavenging
清劲风(=5 级风)		
晴	碧[空], 晴	clear
晴空回波	晴空回波	clear air echo
晴空降雪	晴空降雪	cloud free snowfall

大　陆　名	台　湾　名	英　文　名
晴空湍流	晴空亂流	clear air turbulence, CAT
晴空雨	晴空雨	serein
晴天电场	晴空電場	fair-weather electric field
秋分潮	秋分潮	autumnal equinox tide
秋老虎(=印第安夏)		
球面波	球面波	spherical wave
球面反照率	球面反照率	spherical albedo
球面函数	球面函數	spherical function
球面调和分析	球面調和分析	spherical harmonic analysis
球面调和函数,球谐函数	球面調和函數	spherical harmonics
球面网格	球面網格	spherical grid
球面谐波	球面諧波	spherical harmonic wave
球面坐标	球面坐標	spherical coordinate
球谐函数(=球面调和函数)		
球形天空辐射表	球狀全天空輻射計	ball pyranometer
球载反射器	球載反射器	balloon borne reflector
球载激光雷达	球載雷射雷達	balloon borne laser radar
球状闪电	球狀閃電	ball lightning
D 区域	D 域	D-region
E 区域	E 域	E-region
F 区域	F 域	F-region
区域标准气压表	區域標準氣壓計	regional standard barometer
区域-高程曲线	區高曲線	area-elevation curve
区域模式	區域模式	regional model
区域平均雨量	面積平均雨量	area mean rainfall
区域气候	區域氣候	regional climate
区域污染	區域污染	regional pollution
区域预报	區域預報	regional forecast
曲管温度表	曲管溫度計	angle thermometer
曲率	曲率,曲度	curvature
曲率涡度	曲率渦度	curvature vorticity
曲率项	曲率項	curvature term
曲率效应	曲率效應	curvature effect
曲线坐标	曲線坐標	curvilinear coordinate
趋势	趨勢	tendency
趋势分析	趨勢分析	trend analysis

大　陆　名	台　湾　名	英　文　名
趋势图	趨勢圖	tendency chart
取样器	取樣器	sampler
取样站	取樣站	sampling station
去混淆	去混淆	dealiasing
去季节性	去季節性	deseasonalizing
全方位能见度	全方位能見度	all round visibility
全分辨率	全解析度	full resolution
全辐射	全輻射	total radiation
全球大气研究计划	全球大氣研究計畫	Global Atmospheric Research Program, GARP
全球电路	全球電路	global circuit
全球电信系统(=全球[气象]通信系统)		
全球定位系统	全球定位系統	global positioning system, GPS
全球分析	全球分析	global analysis
全球能量水循环试验	全球能量水迴圈實驗	Global Energy and Water-cycle Experiment, GEWEX
全球气候	全球氣候	global climate
全球气候系统	全球氣候系統	global climate system
全球[气象]通信系统, 全球电信系统	全球[氣象]通信系統	Global Telecommunication System, GTS
全球水平探测技术	全球水準探測技術	Global Horizontal Sounding Technique, GHOST
全球增温潜势	全球增溫潛勢	global warming potential
全天光度计	全天光度計	all sky photometer
全天候	全天候	weatherproof
全天候飞行	全天候飛行	all weather flight
权重(=加权)		
权[重]函数	加權函數	weighting function
权[重]因子	加權因數	weighting factor
确定性模式	確定性模式	deterministic model
确定性预报	確定預報	deterministic forecast
群速[度]	群速	group velocity
群体	群體	population

R

大 陆 名	台 湾 名	英 文 名
燃烧尘	燃燒塵	combustion dust
燃烧核	燃燒核	combustion nucleus
扰动	擾動	disturbance
扰动方程	擾動方程	perturbation equation
扰动高层大气	擾動高層大氣	disturbed upper atmosphere
绕极环流	繞極環流	circumpolar circulation
绕极气旋	繞極氣旋	circumpolar cyclone
绕极涡旋	繞極渦旋	circumpolar vortex
绕极西风带	繞極西風[帶]	circumpolar westerlies
绕南极洋流(＝南极绕极流)		
绕转	繞轉	revolution
热	熱	heat
热爆[发]	熱爆[發]	heat burst
热层	增溫層,熱氣層	thermosphere
热成风	熱力風	thermal wind
热成风方程	熱力風方程	thermal wind equation
热成风引导	熱力風駛引	thermal wind steering
热赤道	熱赤道	heat equator
热带	熱帶	Torrid Zone
热带草原气候	熱帶草原氣候	tropical savanna climate
热带大陆气团	熱帶大陸氣團	continental tropical air mass
热带低压	熱帶低壓	tropical depression
热带东风带	熱帶東風[帶]	tropical easterlies
热带东风急流	熱帶東風噴流	tropical easterlies jet
热带对流层上层冷涡	熱帶高對流層冷渦	tropical upper-tropospheric cold vortex
热带多雨气候	熱帶多雨氣候	tropical rainy climate
热带风暴	熱帶風暴	tropical storm
热带辐合带,赤道辐合带	間熱帶輻合帶	intertropical convergence zone, ITCZ
热带海洋空气	熱帶海洋空氣	tropical marine air
热带海洋气团	熱帶海洋氣團	maritime tropical air mass
热带海洋全球大气计划	熱帶海洋全球大氣計畫	Tropical Oceans Global Atmosphere Pro-

大　陆　名	台　湾　名	英　文　名
		gram，TOGA
热带季风气候	熱帶季風氣候	tropical monsoon climate
热带气候	熱帶氣候	tropical climate
热带气候学	熱帶氣候學	tropical climatology
热带气团	熱帶氣團	tropical air mass
热带气象学	熱帶氣象[學]	tropical meteorology
热带气旋	熱帶氣旋	tropical cyclone
热带扰动	熱帶擾動	tropical disturbance
热带天气学	熱帶天氣學	tropical synoptic meteorology
热带无风带	熱帶無風帶	tropical calm zone
[热带]稀树草原	熱帶草原	savanna
热带稀树草原气候,萨瓦纳气候	熱帶草原氣候	savanna climate
热带雨林	熱帶雨林	hylea
热带雨林气候	熱帶雨林氣候	tropical rainforest climate
热带云区	間熱帶雲區	intertropical cloud zone
热带云团	熱帶雲簇	tropical cloud cluster
热导率,导热系数	導熱係數	thermal conductivity，coefficient of thermal conductivity
热岛效应	熱島效應	heat island effect
热低压	熱低壓	thermal low
热对比	熱對比	thermal contrast
热对流	熱對流	thermal convection
热风	熱風	hot wind
热辐射	熱輻射	thermal radiation
热辐射计	分光測熱儀	bolograph
热辐射仪	熱輻射計	bolometer
热辐射仪自记曲线	熱輻射圖	bologram
热高压	熱高壓	thermal high
热功当量	熱功當量	mechanical equivalent of heat
热含量	熱含量	heat content
热焓	熱焓	thermal enthalpy
热汇	熱匯	heat sink
热季	熱季	hot season
热浪	熱浪	heat wave
热雷暴	熱雷雨,熱雷暴	heat thunderstorm
热雷雨	熱雷雨	thermal thunderstorm rain
热力层结	溫度成層	thermal stratification

大　陆　名	台　湾　名	英　文　名
热[力]粗糙度	熱力粗糙度	thermal roughness
热力函数	熱力函數	thermodynamical function
热力罗斯贝数	熱力羅士比數	thermal Rossby number
热[力]泡	熱泡	thermal
热力湍流	熱亂流	thermal turbulence
热力涡度平流	熱力渦度平流	thermal vorticity advection
热力学	熱力學	thermodynamics
热力学第二定律	熱力學第二定律	second law of thermodynamics
热力学方程	熱力方程	thermodynamic equation
热力学模式	熱力學模式	thermodynamic model
热力学图	熱力圖	thermodynamic diagram
热力学温标	溫度熱力標	thermodynamic scale of temperature
热量传送(=热量输送)		
热量计,卡计	熱量計,卡計	calorimeter
热量平衡	熱平衡	heat balance
热量收支	熱收支	heat budget
热量输送,热量传送	熱傳	heat transfer
热[量]值,卡值	卡值	calorific value
热流	熱流	thermal current
热敏电阻	熱阻器	thermistor
热敏电阻风速表	熱阻風速計	thermistor anemometer
热敏电阻温度表	熱阻溫度計	thermistor thermometer
热能	熱能	thermal energy
热闪	熱閃	heat lightning
热塔	熱塔	hot tower
热通量	熱通量	heat flux
热通量矢量	熱通量向量	heat flux vector
热污染	熱污染	calefaction
热线风速表	熱線風速計	hot-wire anemometer
热效应	熱效應	thermal effect
热旋生	熱旋生	thermocyclogenesis
热源	熱源	heat source
热滞后	熱滯後[現象]	thermal hysteresis
人工冰核	人造冰核	artificial ice nucleus
人工成核作用	人造核化[作用]	artificial nucleation
人工回灌	人工回灌	artificial recharge
人工降水	人造降水	artificial precipitation
人工雷电抑制	閃電抑制	lightning suppression

大　陆　名	台　湾　名	英　文　名
人工气候,人造气候	人造氣候	artificial climate
人工气候室	人工氣候室	phytotrone，climatic chamber
人工小气候	人造微氣候	artificial microclimate
人工影响气候	氣候改造	climate modification
人工影响天气	天氣改造	weather modification
人机结合	人機結合	man-machine mix
人机结合天气预报	人機結合天氣預報	man-machine weather forecast
人类气候	人類氣候	human climate
人类生态学	人類生態學	anthropecology
人类生物气候学	人類生物氣候學	human bioclimatology
人类生物气象学	人類生物氣象學	human biometeorology
人造放射性	人造放射性	artificial radioactivity
人造核	人造核	artificial nucleus
人造环境,微环境	人造環境,微環境	microenvironment
人造气候(=人工气候)		
人造卫星	人造衛星	artificial satellite
人造雨	人造雨	artificial rain
人造云	人造雲	artificial cloud
人造［站］数据(=虚拟 ［数据］)		
人造资料,虚拟资料	虛擬資料	bogus data
日,周日	日［的］	diurnal
日斑(=［太阳］黑子)		
日本［暖］海流	日本海流,黑潮	Japan current
日变风	日變風	diurnal wind
日变化	日［夜］變化	diurnal variation
日出	日出	sunrise
日地关系	日地關係	solar-terrestrial relationships
日［地］距	日［地］距	solar distance
日地物理学	日地物理學	solar-terrestrial physics
日度	度日	day degree
日珥	日珥	solar prominence
日风(=昼风)		
日晷	日晷	sundial
日华	日華	solar corona
日较差	日較差	daily range
日界线	換日線	date line
日没	日沒	sunset

大　陆　名	台　湾　名	英　文　名
日冕	日冕	solar crown
日冕洞	日冕洞	corona hole
日暮霞	日暮霞	twilight color
日平均	日平均	daily mean
日射(＝太阳辐射)		
日射[测定]表	日射計	actinometer
日射测定法	日射測定法	actinometry
日射仪	日射儀	actinograph
日射自记曲线	日射自記圖	actinogram
日射总量表	[總]日射計	solarimeter
日食	日蝕	solar eclipse
日太阳潮	日太陽潮	diurnal solar tide
日耀极光	日照極光	sunlit aurora
日晕	日暈	solar halo
日照	日照	sunshine
日照百分率	日照百分率	percentage of sunshine
日照时数	日照時數	sunshine duration
日振幅	日振幅	diurnal amplitude
日柱	日柱	sunpillar
荣格谱	榮格譜	Junge size distribution
荣格[气溶胶]层	榮格[氣膠]層	Junge layer
容积(＝体积)		
容量订正	容量訂正	capacity correction
容许容量	容許容量	acceptance capacity
容许误差	容許誤差	admissible error
溶解度	溶解度	solubility
溶[解]跃面	溶解層	lysocline
融[化]点	融[解]點	melting point
融解	融解	melting
融区	不凍層	talik
入口区	入區	entrance region
入梅	入梅	onset of Meiyu
入射辐射	入輻射	incoming radiation
入渗	入滲	infiltration
入渗量	入滲容量	infiltration capacity
软雹	霰	snow pellet
软风(＝1级风)		
软件	軟體	software

大　陆　名	台　湾　名	英　文　名
瑞利定理	瑞立定理	Rayleigh theorem
瑞利光厚度	瑞立光厚度	Rayleigh optical thickness
瑞利-金斯辐射定理	瑞金辐射定律	Rayleigh-Jeans radiation law
瑞利摩擦	瑞立摩擦	Rayleigh friction
瑞利散射	瑞立散射	Rayleigh scattering
瑞利数	瑞立數	Rayleigh number
弱回波穹窿	弱回波拱腔	weak echo vault
弱回波区	弱回波區	weak echo region
弱阻尼系统	次阻尼系統	underdamped system

S

大　陆　名	台　湾　名	英　文　名
撒哈拉尘	撒哈拉塵	Saharan dust
萨瓦纳气候(＝热带稀树草原气候)		
赛德尔迭代法	謝德疊代法	Seidel iteration method
赛福尔-辛普森飓风等级	賽辛颶風等級	Saffir-Simpson hurricane scale
三叠纪	三疊紀	Triassic Period
三级气候站	三級氣候站	third order climatological station
三角风羽,风三角	三角風羽	pennant
三角截断	三角形截斷	triangular truncation
三圈环流	三胞環流	three cell circulation
三维变分分析	三維變分分析	three-dimensional variational analysis
三相点	三相點	triple point
散度	散度	divergence
散度方程	散度方程	divergence equation
散见 E 层	散塊 E 層	sporadic E
散射	散射	scattering
散射辐射	散射輻射	scattered radiation
散射截面	散射截面	scattering cross-section
散射系数	散射係數	scattering coefficient
桑思韦特气候分类	桑士偉氣候分類	Thornthwaite climatic classification
桑思韦特湿度指数	桑士偉濕度指數	Thornthwaite moisture index
扫描半径	掃描半徑	scan radius
扫描辐射仪	掃描輻射計	scanning radiometer, SR
扫描线	掃描線	scan line

大　陆　名	台　湾　名	英　文　名
色谱法	層析法	chromatography
色谱仪	層析儀	chromatograph
色散关系(=频散关系)		
色温	色溫	color temperature
森林界限温度	林限溫度	forest limit temperature
森林气候	森林氣候	forest climate
森林气象学	森林氣象學	forest meteorology
森林小气候	森林微氣候	forest microclimate
沙霭	沙靄	sand mist
[沙]尘暴	沙暴,塵暴	sandstorm
[沙]尘幕,尘幔	塵幔	dust veil
沙卷风	沙捲風	sand devil
沙霾	沙霾	sand haze
沙漠草原	沙漠草原	desert steppe
沙漠气候	沙漠氣候	desert climate
沙旋	沙旋	sand whirl
山地冰川	高山冰川	mountain glacier
山地观测	高山觀測	mountain observation
山地气候	山地氣候	mountain climate
山地气候学	山地氣候學	mountain climatology
山地气象学	高山氣象[學]	mountain meteorology
山地学	山嶽學	orography
山谷风	山谷風	mountain-valley breeze
山帽云	山帽雲	cap cloud
山雾	山霧	mountain fog
闪电	閃[電]	lightning
闪电电流	閃電流	lightning current
闪电回波	閃[電]回波	lightning echo
闪电探测网	閃電探測網	lightning detection network
闪电通道	閃[電]路	lightning channel
熵	熵	entropy
上珥	上珥	upper-arcs
上风向	上風	upwind
上风效应	上風效應	upwind effect
上滑锋	上滑鋒	anafront, anabatic front
上滑冷锋	上滑冷鋒	overrunning cold front
上坡风	上坡風	anabatic wind
上升	上升	ascent

大　陆　名	台　湾　名	英　文　名
上升气流	上升氣流	upward flow
上升气流薄层	上衝簾	updraft curtains
上升曲线	上升曲線	ascent curve
上升时间	上升時間	rise time
上升运动	上升運動	ascending motion
上新世	上新世	Pliocene Epoch
上曳气流	上衝流	updraught
上游效应	上游效應	upstream effect
少云	少雲	partly cloudy
舍入误差	舍入誤差	rounding error, round-off error
设计暴雨	設計豪雨	design torrential rain
设计洪水	計畫洪水	design flood
射程风	射程風	range wind
摄动	攝動	perturbation
摄氏度(=百分度)		
摄氏温标	攝氏溫標	Celsius temperature scale
摄氏温度表	攝氏溫度計	Celsius thermometer
伸展轴	伸展軸	dilatation axis
深冻	深凍	deep freeze
深对流	深對流	deep convection
深海环境	深海環境	bathyal environment
深水波	深水波	deep-water wave
深水温度仪(=温深仪)		
甚低频	特低頻	very low frequency, VLF
甚短期[天气]预报	極短期[天氣]預報	very short-range [weather] forecast
甚高分辨率辐射仪	特高解輻射計	very high resolution radiometer, VHRR
甚高频	特高頻	very high frequency, VHF
甚高频雷达	特高頻雷達	VHF radar
渗出(=渗流)		
渗流,渗出	滲流	seepage
渗透作用	滲透作用	percolation
蜃景	蜃景	mirage
升度	升度,負梯度	ascendent
升华	升華	sublimation
升交点	升交點	ascending node, AN
生成胞	生成胞	generating cell
生化作用	生化作用	biochemical action
生理干旱	生理乾旱	physiological drought

大　陆　名	台　湾　名	英　文　名
生理气候［学］	生理氣候［學］	physiological climatology
［生理］气象效应	［生理］氣象效應	meteorotropic effect
生态气候学	生態氣候學	ecoclimatology，ecological climatology
生态圈	生態圈	ecosphere
生态系统	生態系	ecosystem
生态学	生態學	ecology
生物冰核	生物冰核	biogenic ice nucleus
生物地理学	生物地理學	biogeography
生物地球化学	生［物］地［球］化學	biogeochemistry
生物地球化学循环	生地化循環	biogeochemical cycle
生物多样性	生物多樣性	biodiversity
生物反馈	生物回饋	biofeedback
生物工程［学］	生物工程［學］	bioengineering
生物痕量气体	生物微量氣體	biogenic trace gas
生物活力温度界限	生物活力溫度界限	biokinetic temperature limit
生物量	生物量	biomass
生物气候	生物氣候	bioclimate
生物气候分区	生物氣候分區	bioclimate zonation
生物气候律	生物氣候律	bioclimate law
生物气候室（＝气候控制室）		
生物气候图	生物氣候圖	bioclimatograph
生物气候学	生物氣候學	bioclimatology
生物气象学	生物氣象學	biometeorology
生物去污染	生物去污染	biological depollution
生物圈	生物圈	biosphere，vivosphere
生物圈保护区	生物圈保護區	biosphere reserves
生物圈反照率反馈	生物圈反照率回饋	biosphere-albedo feedback
生物群	生物群	biota
生物群落	生物群落	biome
生物生态学	生物生態學	bioecology
生物适应性	生物適應性	biocompatibility
生物温度	生物溫度	biotemperature
生物雾	生物霧	biofog
生物学定年法	生物學定年法	biological dating method
生物学零度	生物致死溫度	biological zero point
生物学最低温度	生物最低溫度	biological minimum temperature
生物循环	生物迴圈	biocycle

大　陆　名	台　湾　名	英　文　名
生物质燃烧	生物質燃燒	biomass burning
生长季	生長季	vegetation season
生长期	生長期	duration of growing period
声波	聲波	acoustic wave, sound wave
声层析成像法	聲層析成像法	acoustic tomography
声功率级	聲能級	sound power level
声共振	聲共振	acoustic resonance
声[雷]达	聲達	sodar
声能通量	聲能通量	sound energy flux
声频散	聲頻散	acoustic dispersion
声闪烁	聲閃爍	acoustical scintillation
声学	聲學	acoustics
声[学]海流计	聲海流計	acoustic ocean current meter
声学探测	聲測	acoustic sounding
声学温度表	聲測溫度計	acoustic thermometer
声学雨量计	聲學雨量計	acoustic raingauge
声重力波	聲重力波	acoustic gravity wave
声重力惯性波	聲重力慣性波	sound inertia-gravity wave
盛夏	盛夏	midsummer
盛行风	盛行風	prevailing wind
剩余大气	剩餘大氣	residual atmosphere
剩余环流	剩餘環流	residual circulation
施密特数	史米特數	Schmidt number
施瓦茨恰尔德方程	席氏方程	Schwarzchild equation
湿沉降	濕沈降	wet deposition
湿度	濕度	humidity
湿度表	濕度計	hygrometer
湿度计	濕度儀	hygrograph
湿度廓线	濕度剖線	moisture profile
湿对流	濕對流	moist convection
湿害	濕害	wet damage
湿季	濕季	wet season
湿静力能	濕靜能	wet static energy
湿绝热过程	濕絕熱過程	moist adiabatic process
湿绝热线	濕絕熱線	moist adiabat
湿绝热直减率	濕絕熱直減率	moist adiabatic lapse rate
湿空气	濕空氣	moist air
湿霾	濕霾	damp haze

大　陆　名	台　湾　名	英　文　名
湿模式	濕模式	moist model
湿期	濕期	wet spell
湿气溶胶	濕氣[懸]膠	aqueous aerosol
湿球位温	濕球位溫	wet-bulb potential temperature
湿球温度	濕球溫度	wet-bulb temperature
湿球温度表	濕球溫度計	wet-bulb thermometer
湿热气候	濕熱氣候	warm-wet climate
湿润度	水分指數	moisture index
湿润气候	潮濕氣候	moist climate
湿润温和气候	濕潤溫帶氣候	humid temperate climate
湿舌	濕舌	moist tongue
湿生长	濕成長	wet growth
湿雾	濕霧	wet fog
湿斜压不稳定	濕斜壓不穩度	moist baroclinic instability
湿指数	濕指數	wet index
十亿分率	十億分率	parts per billion, ppb
十亿分体积比	十億體積分率	parts per billion by volume, ppbv
时变系统	時變系統	time varying system
时差	時差	equation of time
时间变动	時間變動	temporal fluctuation
时间标准化	時間標準化	time normalization
时间参数	時間參數	time parameter
时间常数	時間常數	time constant
时间尺度	時間尺度	time scale
时间导数	時間導數	time derivative
时间分辨率	時間解析[度]	time resolution
时间分离积分	時間分離積分	time splitting integral
时间高度剖面	時高剖面	time-height cross-section
时间高度显示器	時高指示器	time-height indicator
时间积分	時間積分	time integration
时间间隔	時距	time interval
时间经度剖面图	賀氏圖	Hovmüller diagram
时间滤波	時間濾波	time filtering
时间平滑	時間勻滑	time smoothing
时间平均	時間平均	time average
时间平均模式	時間平均模式	time average model
时间平均[气]流	時間平均流	time mean flow
时间剖面图	時間剖面圖	time cross-section

大 陆 名	台 湾 名	英 文 名
时间推移	時移	time lapse
时间相干	時間相干	temporal coherence
时间相关	時間相關	time correlation
时间相关函数	時間相關函數	temporal correlation function
时间响应	時間反應	time response
时间序列分析	時間序列分析	time series analysis
时间域	時間域	time domain
时间滞后	時間落後	time lag
时间中央差	時間中差	centered time difference
时空变动度	時空變動度	spatial temporal variability
时空尺度	時空尺度	time and space scale
时空关联	時空相關	spacetime correlation
时空转换	時空轉換	time space transformation
时区	時區	time zone
时–域平均	時域平均	time-domain averaging
时滞	時滯	time delay
实际大气	實際大氣	real atmosphere
实际观测时间	實際觀測時間	actual time of observation
实际蒸发	實際蒸發	actual evaporation
实时	即時	real time
食(日,月)	蝕,食	eclipse
史前期	史前期	prehistoric period
矢量	向量	vector
矢量场	向量場	vector field
矢量乘积	向量積,外積	vector product
矢量方程	向量方程	vector equation
矢量分析	向量分析	vector analysis
矢量风标	向量風標	vector vane
矢量函数	向量函數	vector function
矢量势	向量位	vector potential
矢量图	向量圖	vector-diagram
始新世	始新世	Eocene Epoch
世	世	Epoch
世界标准时(=协调世界时)		
世界气候	世界氣候	world climate
世界气候研究计划	世界氣候研究計畫	World Climate Research Programme, WCRP

大　陆　名	台　湾　名	英　文　名
世界气象组织	世界氣象組織	World Meteorological Organization, WMO
世界时	世界時	universal time, UT
世界天气监测网	世界氣象守視	World Weather Watch, WWW
示意图	示意圖	schematic diagram
示踪[物]分析	追蹤劑分析	tracer analysis
示踪云	示蹤雲	cloud tracer
事件	事件	episode
势函数	位函數	potential function
视场	視野,視場	field of view, FOV
视程表	視程計	videometer
视程公式	視程公式	visual range formula
视程计	視程儀	videograph
视程仪	視程儀	transmissometer
视风	視風	apparent wind
视频	視頻	video frequency
视热源	視熱源	apparent heat source
视示力	視示力	apparent force
视速度	視速度	apparent velocity
视像扫描仪	視像掃描器	video scanner
室内气候	室內氣候	indoor climate
室内气候学	室內氣候學	cryptoclimatology
室内温度	室內溫度	indoor temperature
室内小气候	室內微氣候	cryptoclimate
适旱植物,喜旱植物	適旱植物,喜旱植物	xerophilous plant
适航天气	適航天氣	weather above minimum
适应过程	適應過程,調整過程	adjustment process, adaptation process
适应性	調適度	adaptability
适应性策略	調適策略	adaptation strategy
收集器	收集器	collector
收集效率,捕获系数	收集效率	collection efficiency
手持风速表	手提風速計	hand anemometer
手摇干湿表	手搖乾濕計	sling psychrometer
手摇温度表	手搖溫度計	sling thermometer
守恒,保守	保守,守恆	conservation
守恒方程	守恆方程	conservation equation
守恒格式	保守法	conservation scheme
受灾面积	受災面積	damage area
舒适度图	舒適圖	comfort chart

大　陆　名	台　湾　名	英　文　名
舒适气流	舒適氣流	comfort current
舒适温度	舒適溫度	comfort temperature
舒适指数	舒適指數	comfort index
输出	輸出	output
输出信号	輸出信號	output signal
输入	輸入	input
曙暮光	曙暮光	twilight
曙暮光弧	曙暮光弧	arch twilight
数据	數據	data
数据处理	資料處理	data processing
数据库	資料庫	data base, data bank
数理气候	數理氣候	mathematical climate
数理统计[学]	數理統計[學]	mathematical statistics
数量级	數量級	order of magnitude
数码	數碼	code figure
数学模拟	數學模擬	mathematical simulation
数值积分	數值積分	numerical integration
数值解	數值解	numerical solution
数值模拟	數值模擬	numerical modeling, numerical simulation
数值试验	數值實驗	numerical experiment
数值天气预报	數值天氣預報	numerical weather prediction, NWP
数字化云图	數據雲圖	digitized cloud map
数字雷达	數據雷達	digital radar
[树木]年轮气候学	年輪氣候學	dendroclimatology, tree ring climatology
[树木]年轮气候志	年輪氣候誌	dendroclimatography
[树木]年轮生态学	年輪生態學	dendroecology
衰变	蛻變	decay
衰减	衰減	attenuation
衰减常数	衰減常數	attenuation constant
衰减截面	衰減截面	attenuation cross-section
衰减系数	衰減係數	attenuation coefficient
双波长多普勒雷达	雙波長都卜勒雷達	dual wavelength Doppler radar
双波长雷达	雙波長雷達	dual wavelength radar
双程衰减	雙程衰減	two way attenuation
双峰分布	雙峰分佈	bimodal distribution
双峰谱	雙峰譜	bimodal spectrum
双基地激光雷达(=双站激光雷达)		

大　陆　名	台　湾　名	英　文　名
双极型(闪电)	雙極型	bipolar pattern
双阶谱	雙階譜	bispectrum
双阶谱分析	雙階譜分析	bispectrum analysis
双金属片温度计	雙金屬溫度儀	bimetallic thermograph
双经纬仪观测	雙經緯儀觀測	double-theodolite observation
双偏振雷达	雙偏極化雷達	polarization-diversity radar
双频雷达	雙頻雷達	dual-frequency radar
双台风	雙颱風	binary typhoons
双线性内插法	雙線性內插法	bilinear interpolation
双向反射函数	雙向反射函數	bidirectional reflection function, BDRF
双向反射率	雙向反射率	bidirectional reflectance
双雨季[的]	雙雨季[的]	birainy
双站激光雷达,双基地 激光雷达	雙站光達	bistatic lidar
霜	霜	frost
霜点	霜點	frost point
霜降	霜降	First Frost
霜日	霜日	frost day
霜淞	高霜	air hoar
霜线	永凍線	frost line
水半球	水半球	oceanic hemisphere
水槽理论	水槽理論	canal theory
水滴	水滴	waterdrop
水滴破碎理论	水滴破碎理論	breaking drop theory
水分	水分	moisture
水分平衡	水文平衡	water balance
水分收支	水文收支	water budget
水[分]循环	水[文]迴圈	water cycle
水[分]循环系数	水文迴圈係數	water circulation coefficient
水流扩展	水流擴展	water spreading
水龙卷	水龍捲	water spout
水面饱和水汽压	純水面飽和水氣壓	saturation vapor pressure with respect to water
水面蒸发	水面蒸發	water surface evaporation
[水内]声速计	聲速計	acoustic velocimeter
水平范围	水準範圍	horizontal extent
水平风切变	水準風切	horizontal wind shear
水平风矢量	水準風向量	horizontal wind vector

大　陆　名	台　湾　名	英　文　名
水平滚轴对流卷涡	水平滚軸對流	horizontal convective roll
水平混合	水準混合	horizontal mixing
水平卷涡	水平捲渦	horizontal roll vortices
水平面(=水位)		
水平能见度	水準能見度	horizontal visibility
水平散度	水準輻散	horizontal divergence
水汽(=水蒸气)		
水汽反演	水氣反演	water vapor retrieval
水汽含量	水氣含量	moisture content
水汽廓线	水氣廓線	water vapor profile
水汽密度	水汽密度	vapor density
水汽圈	水汽大氣	water atmosphere
水汽收支	水氣收支	water vapor budget
水汽[守恒]方程	水氣方程	moisture [conservation] equation
水汽通量	水汽通量	vapor flux
水汽–温室效应	水氣溫室效應	water vapor-greenhouse effect
水汽学	水氣學	atmology
水汽压	水氣壓	water vapor pressure
水汽压温度表	水氣壓溫度計	vapor pressure thermometer
水侵蚀	水侵蝕	water erosion
水圈	水圈	hydrosphere
水溶胶	水懸膠	hydrosol
水势	水勢	water potential
水土保持	水土保持	water and soil conservation
水团	水團	water mass
水团变性	水團變性	water mass transformation
水位,水平面	水位,水準面	water level
水温	水溫	water temperature
水温表	水溫計	water thermometer
水文地理学	水理學	hydrography
水文年	水文年	water year
水文气象学	水文氣象學	hydrometeorology
水文气象预报	水文氣象預報	hydrometeorological forecast
水文学	水文學	hydrology
水污染	水污染	water pollution
水系(=河网)		
水型	水型	water type
水循环	水循環	hydrological cycle

大　陆　名	台　湾　名	英　文　名
水银温度表	水銀溫度計	mercury thermometer
水银柱唧动	水銀柱唧動	pumping
水映空	水映空	water sky
水域	流域	watershed
水跃	水躍	hydraulic jump
水云	水雲	water cloud
水蒸气,水汽	水氣	water vapor
水准仪	水準儀	level
水资源	水資源	water resources
顺风	順風,尾風	tail wind
顺转	順轉	veering
顺转风	順轉風	veering wind
瞬变	瞬變	transient variation
瞬变波	瞬變波	transient wave
瞬变气候响应	瞬變氣候反應	transient climate response
瞬变涡动能量	瞬變渦流能量	transient eddy energy
瞬变涡旋	瞬變渦旋	transient vortex
瞬时视场	瞬間視場	instantaneous field of view, IFOV
朔望	朔望	syzygy
朔望月	朔望月	synodic month
斯特藩–玻尔兹曼常数	史特凡波茲曼常數	Stefan-Boltzmann constant
斯特鲁哈尔数	司徒哈數	Strouhal number
斯托克斯波	司托克士波	Stokes wave
斯托克斯定理	司托克士定理	Stokes theorem
斯托克斯公式	司托克士公式	Stokes formula
斯托克斯流函数	司托克士流函數	Stokes stream function
斯托克斯漂移	司托克士漂移	Stokes drift
斯托克斯漂移速度	司托克士漂速	Stokes drift velocity
斯托克斯数	司托克士數	Stokes number
死水	死水	unfree water
四维变分同化	四維變分同化	four-dimensional variational assimilation
四维资料同化	四維資料同化	four-dimensional data assimilation
松野格式	松野法	Matsuno scheme
淞冰	淞冰	rime ice
速度方位显示	速度方位顯示	velocity azimuth display, VAD
速度脉动	速度變動	velocity fluctuation
速度模糊	速度模糊	velocity ambiguity
速度谱	速度譜	velocity spectrum

大　陆　名	台　湾　名	英　文　名
速度势	速度位	velocity potential
速率系数	速率係數	rate coefficient
酸雹	酸雹	acid hail
酸沉降	酸沈降	acid deposition
酸度	酸度	acidity
酸化	酸化	acidification
酸露	酸露	acid dew
酸霾	酸霾	acid haze
酸霜	酸霜	acid frost
酸污染	酸污染	acid pollution
酸雾	酸霧	acid fog
酸性降水	酸性降水	acid precipitation
酸雪	酸雪	acid snow
酸烟[雾]	酸煙	acid fume
酸雨	酸雨	acid rain
算法	算則	algorithm
算术平均	算術平均	arithmetic mean
D 算子	D 算子	D-operator
随机	隨機	random
随机存储器	隨機存取記憶體	random access memory，RAM
随机动力模式	隨機動力模式	stochastic dynamical model
随机动力预报	隨機動力預報	stochastic dynamic prediction
随机过程	隨機過程	stochastic process
随机合并方程	隨機合併方程	stochastic coalescence equation
随机模式	隨機模式	random model
随机强迫	隨機強迫[作用]	random forcing
随机取样	隨機取樣	stochastic sampling
随机扰动	隨機擾動	stochastic perturbation
随机数	亂數	random number
随机误差	隨機誤差	random error
随机响应	隨機響應	stochastic response
随机样本	隨機樣本	random sample
随机噪声	隨機噪音	random noise
碎波	碎波	breaker
碎层云	碎層雲	stratus fractus，St fra
碎积云	碎積雲	cumulus fractus，Cu fra
碎浪(=拍岸浪)		
碎雨云	碎雨雲	fracto-nimbus，Fn

大　陆　名	台　湾　名	英　文　名
损失函数	損失函數	loss function
索马里急流	索馬利噴流	Somali jet

T

大　陆　名	台　湾　名	英　文　名
台风	颱風	typhoon
台风变性	颱風變性	typhoon transformation
台风打转	颱風打轉	typhoon looping
台风风暴潮	颱風暴潮	typhoon storm surge
台风警报	颱風警報	typhoon warning
台风路径	颱風路徑	typhoon track
台风眼	颱風眼	typhoon eye
台风引导气流	颱風駛流	typhoon steering flow
台风再生	颱風再生	typhoon regeneration
台风转向	颱風轉向	typhoon recurvature
抬升凝结高度	舉升凝結高度,舉升凝結層	lifting condensation level, LCL
抬升指数	舉升指數	lifting index, LI
苔原气候,冻原气候	苔原氣候	tundra climate
太空	太空	space
太平洋高压	太平洋高壓	Pacific high
太阳常数	太陽常數	solar constant
太阳潮	太陽潮	solar tide
太阳大气	太陽大氣	solar atmosphere
太阳大气潮	太陽大氣潮	solar atmosphere tide
太阳风	太陽風	solar wind
太阳辐射,日射	日射	solar radiation
太阳[辐射]加热率	太陽[輻射]加熱率	solar heating rate
太阳辐射衰减	太陽輻射衰減	attenuation of solar radiation
太阳高度	太陽高度	solar altitude
太阳光度计	日照儀	heliograph
太阳光谱	太陽光譜	solar spectrum
太阳黑子,日斑	[太陽]黑子	sunspot
太阳黑子极大期	[太陽]黑子極大期	sunspot maximum, solar maximum
太阳黑子极小期	[太陽]黑子極小期	sunspot minimum, solar minimum
太阳黑子双周期	[太陽]黑子雙週期	double sunspot cycle
太阳黑子周期	[太陽]黑子週期	sunspot cycle

大 陆 名	台 湾 名	英 文 名
太阳黑子周期性	[太陽]黑子週期性	sunspot periodicity
太阳活动	太陽活動	solar activity
太阳活动低潮	太陽活動低潮	solar ebb
太阳活动区	太陽活動區	active solar region
太阳[活动]周期	太陽[活動]週期	solar cycle
太阳漫射,漫射太阳辐射	太陽漫射	diffuse solar radiation
太阳能	太陽能	solar energy
太阳年	太陽年	solar year
太阳气候	太陽氣候	solar climate
太阳扰动	太陽擾動	solar disturbance
太阳日	太陽日	solar day
太阳时	太陽時	solar time
太阳–天气相关	太陽天氣相關	sun-weather correlation
太阳微粒发射	太陽微粒輻射	solar corpuscular emission
太阳温度	日射溫度	solar temperature
太阳信号	太陽信號	solar signal
太阳耀斑	日焰	solar flare
太阳耀斑活动	日焰活動	solar flare activity
太阳耀斑扰动	日焰擾動	solar flare disturbance
太阳质子监测仪	太陽質子監測器	solar proton monitor
太阳周边辐射	太陽周邊輻射	circumsolar radiation
太阴潮	太陰潮	lunar tide
太阴大气潮	太陰大氣潮	lunar atmospheric tide
太阴年	太陰年	lunar year
太阴月	太陰月	lunation
泰加林气候	寒林氣候	Taiga climate
泰勒定理	泰勒定理	Taylor's theorem
泰勒[流体]柱	泰勒柱	Taylor column
泰勒–普劳德曼定理	泰卜定理	Taylor-Proudman theorem
泰勒数	泰勒數	Taylor number
泰罗斯卫星	泰羅斯衛星	TIROS
泰罗斯–N卫星	泰羅斯N衛星	TIROS-N
探测(=探空)		
探测器	探測器	probe
探空,探测	探測	sounding
探空测风仪观测	雷文送觀測,探空觀測	rawinsonde observation
探空观测	探空觀測	radiosonde observation

大　陆　名	台　湾　名	英　文　名
探空火箭	探空火箭	sounding rocket
探空气球	探空氣球	sounding balloon
探空仪	探測, 送	sonde
探空站	雷送站	radiosonde station
探空站记录器	雷送站記錄器	radiosonde station recorder
碳池, 碳库	碳庫	carbon pool
碳定年法	碳定年法	carbon dating
碳黑催化	炭黑種雲	carbon-black seeding
碳库(=碳池)		
碳同化	碳同化	carbon assimilation
碳同位素	碳同位素	carbon isotope
碳循环	碳迴圈	carbon cycle
涛动(=振荡)		
陶普生单位(=多布森单位)		
陶普生分光光度计(=多布森分光光度计)		
套网格	嵌套網格	nested grid
套网格模式	嵌套網格模式	nested grid model, NGM
特殊函数	特殊函數	special function
特性层	特性層	significant level
特征长度	特徵長度	characteristic length
特征尺度	特徵尺度	characteristic scale
特征方程	特徵方程	characteristic equation
特征高度	特徵高度	characteristic height
特征根	特徵根	characteristic root
特征函数	特徵函數	characteristic function
特征量	特徵量	characteristic quantity
特征曲线	特性曲線	characteristic curve
特征时间尺度	特徵時間尺度	characteristic time scale
特征矢量	特徵向量	characteristic vector
特征值, 本征值	特徵值	eigenvalue
藤原效应	藤原效應	Fujiwara effect
梯度	梯度	gradient
梯度风	梯度風	gradient wind
梯度风方程	梯度風方程	gradient wind equation
提示预报	警示預報	advisory forecast
体积, 容积	體積, 容積	volume

大　陆　名	台　湾　名	英　文　名
体积平均	體積平均	volume average
体散射函数	體散射函數	volume scattering function
体系	體係	regime
天电	天電	atmospherics
天电干扰	天電干擾	atmospheric noise
天电强度计(＝大气电强计)		
天顶	天頂	zenith
天顶角	天頂角	zenith angle
天顶距	天頂距	zenith distance
天顶雨	天頂雨	zenith rain
天极	天[球]極	celestial pole
天空辐射	天空輻射	sky radiation
天空覆盖	天空覆蓋	canopy
天空蓝度	天空藍度	blue of the sky
天空蓝度[测定]仪	天空藍度計	cyanometer
天空漫射[辐射]	天空漫射	diffuse sky radiation
天空状况	天空狀況	sky condition
天气	天氣	weather
天气报告	天氣報告	weather report
天气尺度	綜觀尺度	synoptic scale
天气尺度系统	綜觀尺度天氣系統	synoptic scale weather system
天气电码	綜觀電碼	synoptic code
天气分析	綜觀分析	synoptic analysis
天气符号	天氣符號	weather symbol
天气观测时间	綜觀時間	synoptic hour
天气过程	綜觀過程	synoptic process
天气回波	天氣回波	weather echo
天气控制	天氣控制	weather control
天气雷达	氣象雷達	weather radar
天气历史顺序	天氣序列	sequence of weather
天气气候学	綜觀氣候學	synoptic climatology
天气实况演变图	氣象記錄圖	meteorogram
天气适应能力	天氣適應能力	weather resistance
天气图	天氣圖,綜觀圖	synoptic chart
天气图传真	天氣傳真	weather facsimile, WEFAX
天气图预报	綜觀預報	synoptic forecast
天气系统	天氣系統,綜觀系統	weather system

大　陆　名	台　湾　名	英　文　名
天气现象	天氣現象	weather phenomena
天气形势	綜觀形勢	synoptic situation
天气学	天氣學	synoptic meteorology
天气谚语	天氣諺語	weather proverb
天气预报	天氣預報	weather forecast
天气展望	天氣展望	weather outlook
天气侦察飞行	氣象偵察飛行	weather reconnaissance flight
天气转劣报告	天氣轉劣報告	deterioration report
天气资料	綜觀資料	synoptic data
天球	天球	celestial sphere
天[球]赤道	天球赤道	celestial equator
天体	天體	celestial body
天体图	天體圖	celestial chart
天体坐标	天體坐標	celestial coordinate
天文气候指标	天文氣候指數	astro-climatic index
天文气象学	天文氣象學	astrometeorology
天文曙暮光	天文曙暮光	astronomical twilight
天线极限	天線極限	antenna limit
填图	填圖	chart plotting
填图符号	填圖符號	plotting symbol
填图格式	填圖格式	station model
条件[性]不稳定	條件不穩度	conditional instability
条件性对称不稳定	條件性對稱不穩度	conditional symmetric instability
条状闪电,枝状闪电	條狀閃電	streak lightning
调槽气压表	調槽氣壓計	adjustable cistern barometer
调和分析(=谐波分析)		
调和函数	調和函數	harmonic function
调和级数	調和級數	harmonic series
调和预测	調和預測	harmonic prediction
调节系数	調節係數	accommodation coefficient
调整	調整	adjustment
调整时间	調整時間	adjustment time
跳点格式(=交错格式)		
跳点网格(=交错网格)		
贴地层	貼地層	ground layer
通道急流	管道噴流	channel jet
通风电容仪	通風電容儀	aspirated electrical capacitor
通风干湿表	通風乾濕計	aspirated psychrometer

大　陆　名	台　湾　名	英　文　名
通风气象计	通風氣象儀	aspiration meteorograph
通风温度表	通風溫度計	aspirated thermometer
通风系数	通風係數	ventilation coefficient
通量	通量	flux
E–P 通量	EP 通量	Eliassen-Palm flux
通量理查森数	通量理查遜數	flux Richardson number
通用常数	通用常數	universal constant
通用滤波器	通用濾波器	universal filter
同步气象卫星	同步氣象衛星	synchronous meteorological satellite, SMS
同步遥相关	同步遙相關	synchronous teleconnection
同调	同調	coherence
同化［作用］	同化	assimilation
同时相关	同時相關	simulation correlation
同位素	同位素	isotope
同位素分析	同位素分析	isotopic analysis
同位素示踪物	同位素追蹤劑	isotopic tracer
同心眼壁,同心眼墙	同心眼牆	concentric eyewall
同心眼墙(=同心眼壁)		
同质性	同質性	homogeneity
统计	統計	statistics
统计插值法	統計內插法	statistical interpolation method
统计带模式	統計帶模式	statistical band model
统计动力模式	統計動力模式	statistical dynamic model, SDM
统计动力预报	統計動力預報	statistical dynamic prediction
统计方法	統計法	statistical method
统计关联	統計相依	statistical dependence
统计量	統計量	statistic
统计气候学	統計氣候學	statistical climatology
统计显著性检验	統計顯著性檢驗	statistical significance test
统计学	統計學	statistics
统计预报	統計預報	statistical forecast
投弃式温深仪,消耗性温深仪	可拋式溫深儀	expendable bathythermograph, XBT
透光层积云	透光層積雲	stratocumulus translucidus, Sc tra
透光层云	透光層雲	stratus translucidus, St tr
透光高层云	透光高層雲	altostratus translucidus, As tra
透光高积云	透光高積雲	altocumulus translucidus, Ac tra
透明［薄］冰［层］(=黑		

大　陆　名	台　湾　名	英　文　名
冰)		
透射比	透射率	transmittance
透射函数	透射函數	transmission function
透射率	透射率	transmissivity
透射系数	透射係數	transmission coefficient
秃积雨云	秃積雨雲	cumulonimbus calvus, Cb calv
突变	巨變	catastrophe
突变论	巨變理論	catastrophe theory
突变阵风	突變陣風	sharp edged gust
图示气候学	圖示氣候學	cartographical climatology
图像处理	影像處理	image processing
图像分辨率	影像解析度	image resolution
图像压缩	影像壓縮	image compression
图形识别	圖形辨識	pattern recognition
土壤不透水层	土壤不透水層	watertight stratum
土壤干旱	土壤乾旱	soil drought
土壤含水量	土壤水含量	soil water content
土壤流失,土蚀	土蝕	soil erosion
土壤气候学	土壤氣候學	soil climatology
土壤圈	土圈	pedosphere
土壤热通量	土壤熱通量	soil heat flux
土壤湿度	土壤水分	soil moisture
土壤水分毛细[管]上升	土壤水分毛細上升	capillary rise of soil moisture
土壤水分平衡	土壤水平衡	soil water balance
土壤水势	土壤水潛勢	soil water potential
土壤酸度	土壤酸度	soil acidity
土壤温度	土壤溫度	soil temperature
土壤温度表	土壤溫度計	soil thermometer
土壤相对湿度	土壤相對水分	relative soil moisture
土壤蒸发表,土壤蒸发器	土壤蒸發計	soil evaporimeter
土壤蒸发器(＝土壤蒸发表)		
土壤整体密度	土壤整體密度	bulk density of soil
土壤–植物–大气系统	土壤–植物–大氣系統	soil-plant-atmosphere continuum
土蚀(＝土壤流失)		
湍流	亂流	turbulence
湍流半经验理论	攪動半經驗理論	semi-empirical theory of turbulence

大　陆　名	台　湾　名	英　文　名
湍流边界层	亂流邊界層	turbulent boundary layer
湍流层	渦動層	turbosphere
湍流层顶	渦動層頂	turbopause
湍流尺度应力	亂流尺度應力	turbulent scale stress
湍流惯性次区	亂流慣性次區	turbulent inertial subrange
湍流交换	亂流交換	turbulent exchange
湍流结构	亂流結構	turbulent structure
湍流扩散	亂流擴散	turbulent diffusion
湍流 K 理论	亂流 K 理論	K-theory of turbulence
湍流脉动	亂流變動	turbulent fluctuation
湍流能量	亂流能量	turbulence energy
湍流逆温	亂流逆溫	turbulence inversion
湍流凝结高度	亂流凝結高度	turbulence condensation level
湍流谱	亂流譜	turbulence spectrum
湍流强度	亂流強度	turbulence intensity
湍流热通量	亂流熱通量	turbulent heat flux
湍流通量	亂流通量	turbulent flux
湍流统计理论	亂流統計理論	turbulent statistical theory
湍流相似理论	亂流相似論	turbulent similarity theory
湍流云	亂流雲	turbulence cloud
退偏振比	退極化比	depolarization ratio
退水曲线	退水曲線	recession curve
拖曳波	拖曳波	trailing wave
拖曳系数	曳力係數	drag coefficient

W

大　陆　名	台　湾　名	英　文　名
瓦劳特日光温度表	瓦勞特日光溫度計	Vallot heliothermometer
外波	外波	external wave
外插,外推	外延法	extrapolation
外力	外力	external force
外推(=外插)		
外[逸]层	外氣層	exosphere
湾冰	灣冰	bay ice
完全守恒格式	完全守恆格式	complete conservation scheme
完全预报(=理想预报)		
晚冰期气候	晚冰期氣候	late glacial stage climate

大　陆　名	台　湾　名	英　文　名
晚霜	晚霜	late frost
万亿分率	兆分率	parts per trillion, ppt
万亿分体积比	兆體積分率	parts per trillion by volume, pptv
万有引力常数	萬有引力常數	universal gravitational constant
万有引力定律	萬有引力定律	universal gravitational law
网格	網格	grid
[网]格点	[網]格點	grid point
网状层积云	網狀層積雲	stratocumulus lacunosus, Sc la
网状高积云	網狀高積雲	altocumulus lacunosus, Ac la
网状卷积云	網狀卷積雲	cirrocumulus lacunosus, Cc la
危险半圆	危險半圓	dangerous semicircle
危险天气警报,恶劣天气警报	劇烈天氣警報	severe weather warning
危险天气通报	危險天氣通報	hazardous weather message
微巴	微巴	barye
微变数表	微變數計	variometer
微变数计	微變數儀	variograph
微波辐射仪	微波輻射計	microwave radiometer
微波激射器(=脉泽)		
微波雷达	微波雷達	microwave radar
微尺度天气系统,小尺度天气系统	微尺度[天氣]系統	microscale weather system
微分	微分	differential
微分反射率	差異反射率	differential reflectivity
微分方程	微分方程	differential equation
微分分析,差分分析	差值分析	differential analysis
微分散射截面	差異散射截面	differential scattering cross-section
微分吸收激光雷达	差異吸收光達	differential absorption lidar, DIAL
微风(=3 级风)		
微环境(=人造环境)		
微粒辐射	微粒輻射	corpuscular radiation
微粒含量	微粒含量	particulate loading
微气象学	微氣象[學]	micrometeorology
微下击暴流	微爆流	microburst
微型计算机	微電腦	microcomputer
微压计	微壓儀	microbarograph
维恩单波分配定律	汾因分佈[定]律	Wien's distribution law
维恩辐射定律	汾因輻射[定]律	Wien's law of radiation

大 陆 名	台 湾 名	英 文 名
维恩位移定律	汾因位移[定]律	Wien's displacement law
维[数]	维	dimension
伪卷云	偽卷雲	cirrus nothus, Ci not
尾低压	尾流低壓	wake low
尾迹	尾跡	trail
尾流	尾流	wake[flow]
尾流捕捉	尾流捕捉	wake capture
尾流低压	尾流低壓	wake depression
尾流区	尾流區	wake stream region
尾流湍流	機尾亂流	wake turbulence
尾云	尾雲	tail cloud
纬向波数	緯向波數	zonal wave number
纬向[度]指数	緯流指數	zonal index
纬向对称模式	緯向對稱模式	zonally symmetric model
纬向风	緯向風	zonal wind
纬向风速廓线	緯向風剖線	zonal wind profile
纬向环流	緯向環流	zonal circulation
纬向环流指数	緯向環流指數	zonal circulation index
纬向平均	緯向平均	zonal mean
纬向剖面	緯向剖面	zonal cross-section
萎蔫点	枯萎點	wilting point
萎蔫系数	枯萎係數	wilting coefficient
卫生气象学	衛生氣象學	hygiene meteorology
卫星	衛星	satellite
卫星大地测量学	衛星大地測量學	satellite geodesy
卫星海洋学	衛星海洋學	satellite oceanography
卫星红外分光仪	衛星紅外分光儀	satellite infrared spectrometer
卫星气候学	衛星氣候學	satellite climatology
卫星气象学	衛星氣象學	satellite meteorology
卫星闪电探测器	衛星閃電探測器	satellite lightning sensor
卫星探测	衛星探空	satellite sounding
[卫星]星下点	[衛星]星下點	sub-satellite point, SSP
卫星云迹风	衛星[雲導]風	satellite derived wind
卫星云图	衛星雲圖	satellite cloud picture
位,比特	位元	bit
位能	位能	potential energy
位[势]	位[勢]	potential
位势不稳定	潛在不穩度	potential instability

大　陆　名	台　湾　名	英　文　名
位势高度	重力位高度	geopotential height
位势米	重力位公尺	geopotential meter
位势涡度,位涡	位涡	potential vorticity
位温	位溫	potential temperature
位温坐标	位溫坐標	θ-coordinate
位涡(＝位势涡度)		
位涡方程	位渦方程	potential vorticity equation
位涡守恒	位渦守恆,位渦保守	conservation of potential vorticity
位相差	位相差	phase difference
位相谱	相位譜	phase spectrum
位移	位移	migration
位移长度	位移長度	displacement length
位/英寸	位元/寸,每寸位元	bits per inch, bpi
位置矢量	位置向量	position vector
温标	溫標	temperature scale
温冰川	融期冰川	temperate glacier
温带	溫帶	temperate zone
温带冬雨气候	溫帶冬雨氣候	temperate climate with winter rain
温带多雨气候	溫帶多雨氣候	temperate rainy climate
温带气候	溫帶氣候	temperate climate
温带气旋	溫帶氣旋	extratropical cyclone
温带西风带	溫帶西風［帶］	temperate westerlies
温带夏雨气候	溫帶夏雨氣候	temperate climate with summer rain
温带雨林	溫帶雨林	temperate rainforest
温度	溫度	temperature
温度表	溫度計	thermometer
温度场	溫度場	temperature field
温度垂直廓线辐射仪	垂直溫度剖線輻射計	vertical temperature profile radiometer, VTPR
［温度］递减率	直減率	lapse rate
温度对比	溫度對比	temperature contrast
温度反演	溫度反演	temperature retrieval
温度极值	溫度極端值,溫度極值	temperature extreme
温度计	溫度儀	thermograph
温度较差	溫度較差	temperature range
温度廓线	溫度剖線	temperature profile
［温度］露点差	溫度露點差	depression of the dew point
温度平流	溫度平流	temperature advection

大　陆　名	台　湾　名	英　文　名
温度日较差	溫度日較差	daily range of temperature
温度梯度	溫度梯度	temperature gradient
温度型气候	溫度型氣候	thermal climate
温度月际变化	溫度月際變化	inter-monthly temperature variation
温度自记曲线	溫度自記曲線	thermogram
温和期	溫和期	miothermic period
温和气候	溫和氣候	mild climate
温熵图	溫熵圖	tephigram
温深仪,深水温度仪	溫深儀	bathythermograph
温湿计	溫濕儀	hygrothermograph
温湿仪	溫濕器	hygrothermoscope
温湿指数	溫濕指數	temperature-humidity index
温室气候	溫室氣候	greenhouse climate
温室气体	溫室氣體	greenhouse gas
温室效应	溫室效應	greenhouse effect
温压场	溫壓場	temperature pressure field
温盐环流	溫鹽環流	thermohaline circulation
温盐曲线	溫鹽曲線	temperature salinity curve
温跃层,斜温[性]	斜溫層,斜溫[性]	thermocline
温周期[性]	溫[度]週[期]感應性	thermoperiodism
稳定边界层	穩定邊界層	stable boundary layer, SBL
稳定波	穩定波	stable wave
稳定度指数	穩度指數	index of stability
稳定风压	恆定風壓	steady wind pressure
稳定气团	穩定氣團	stable air mass
稳定性	穩度	stability
稳定性理论	穩定理論	stability theory
涡动,涡旋,涡流	渦流	eddy
涡动传导率	渦流傳導率	eddy conductivity
涡[动]动量通量	渦流動量通量	eddy momentum flux
涡动动能	渦流動能	eddy kinetic energy
涡[动]交换系数	渦流交換係數	eddy exchange coefficient
涡动扩散	渦流擴散	eddy diffusion
涡动扩散率	渦流擴散率	eddy diffusivity
涡动拟能	渦度擬能	enstrophy
涡动黏滞率	渦流黏性	eddy viscosity
涡动切应力	渦流切應力	eddy shearing stress
涡[动]热通量	渦流熱通量	eddy heat flux

大　陆　名	台　湾　名	英　文　名
涡动通量	渦流通量	eddy flux
涡[动]应力	渦流應力	eddy stress
涡度	渦度	vorticity
涡度传输理论	渦度傳送理論	vorticity transport theory
涡度方程	渦度方程	vorticity equation
涡度平流	渦度平流	vorticity advection
涡度通量	渦度通量	vorticity flux
涡管	渦管	vortex tube
涡环	渦環	vortex ring
涡街	渦街	vortex street
涡列	渦列	vortex trail
涡流(=涡动)		
涡流累积[法](=涡旋 累积[法])		
涡线	渦線	vortex line
涡旋(=涡动)		
涡[旋],低涡	渦[旋]	vortex
涡旋累积[法],涡流累 积[法]	渦流累積	eddy accumulation
涡旋特征	渦旋標記	vortex signature
涡旋云街	渦旋雲街	vortex cloud street
涡旋云系	渦旋雲系	vortex cloud system
涡旋状回波	渦旋狀回波	whirling echo
涡源	渦源	vorticity source
沃尔夫数	沃爾夫[黑子]數	Wolf number
沃克环流	沃克環流	Walker circulation
乌拉尔山阻塞高压	烏拉爾山阻塞高壓	Ural blocking high
污染	污染	contamination
污染物	污染物	contaminant
污染物排放	污染物排放	pollutant emission
污染物输送	污染物傳送	pollutant transport
污染物指数	污染物指數	pollutant index
无尘大气	無塵大氣	dust free atmosphere
无定向海流	無定向海流	baffin current
无定形霜	無定形霜	amorphous frost
无风逆温污染	無風逆溫污染	calm inversion pollution
无辐散层	非輻散層,非輻散高度	non-divergence level
无量纲变数	無因次變數	dimensionless variable

大　陆　名	台　湾　名	英　文　名
无量纲参数	無因次參數	non-dimensional parameter
无量纲方程	無因次方程	non-dimensional equation
无量纲数	無因次數	dimensionless number
无黏性流体	无黏性流體	inviscid fluid
无偏估计	無偏估計	unbiased estimate
无霜带	無霜帶	frostless zone, verdant zone
无霜期	無霜期	duration of frost-free period
无线电测风	無線電測風	radio wind finding
无线电测风观测	無線電測風觀測	radio wind observation
无线电地平[线]	無線電地平	radio horizon
无线电幻波	無線電幻波	radio mirage
无线电经纬仪	無線電經緯儀	radio theodolite
无线电气候学	無線電氣候學	radio climatology
无线电气象学	無線電氣象學	radio meteorology
[无线]电声探测系统	電聲探測系統	radio-acoustic sounding system, RASS
无线电探空	無線電探空	radio sounding
无线电探空测风仪	雷文送	rawinsnode
无线电探空仪	雷送,[無線電]探空儀	radiosonde
无旋运动	非旋轉運動,無旋運動	irrotational motion
无阻尼振荡	無阻尼振盪	undamped oscillation
物候关系	物候關係	phenological relation
物候观测	物候觀測	phenological observation
物候季	物候季	phenological season
物候历	物候歷	phenological calendar
物候模拟	物候模擬	phenological simulation
物候谱	物候譜	phenological spectrum
物候期	物候期	phenological phase, phenophase
物候日	物候日期	phenodate
物候图	物候圖	phenogram, phenological chart
物候学	物候學	phenology
物理模[态]	物理模	physical mode
物理气候	物理氣候	physical climate
物理气候学	物理氣候學	physical climatology
物理气象学	物理氣象[學]	physical meteorology
物理统计预报	物理統計預報	physical statistic prediction
误差	誤差	error
误差函数	誤差函數	error function, erf
雾	霧	fog, brume

大　陆　名	台　湾　名	英　文　名
雾堤	霧堤	fog bank
雾滴	霧滴	fog-drop
雾室	霧室	fog chamber
雾凇	霧凇	rime, soft rime
雾状高层云	霧狀高層雲	altostratus nebulosus, As neb

X

大　陆　名	台　湾　名	英　文　名
西伯利亚高压	西伯利亞高壓	Siberian high
西风波	西風波	westerly wave
西风槽	西風槽	westerly trough
西风带	西風帶	westerlies, westerly belt
西风急流	西風噴流	westerly jet
西南[低]涡	西南渦	Southwest China vortex
西南风带	西南風[帶]	southwesterlies
西南季风	西南季風	southwest monsoon
吸附剂	吸附劑	adsorbent
吸附作用	吸附[作用]	adsorption
吸湿[性]核	吸水核	hygroscopic nucleus
吸收	吸收	assimilation
吸收比	吸收比	absorptance
吸收度	吸收度	absorbance
吸收[光]谱	吸收譜	absorption spectrum
吸收[光谱]带	吸收帶	absorption band
吸收光谱仪	吸收光譜計	absorption spectrometer
吸收函数	吸收函數	absorption function
吸收截面	吸收截面	absorption cross-section
吸收率	吸收率	absorptivity
吸收[谱]线	吸收線	absorption line
吸收湿度表	吸收濕度計	absorption hygrometer
吸[引]子,引子	吸子	attractor
喜旱植物(=适旱植物)		
D系	D系	D-system
系统误差	系統誤差	systematic error
系统性误差评分(=偏倚评分)		
细胞对流	胞狀對流	cellular convection

大　陆　名	台　湾　名	英　文　名
细胞环流	胞狀環流	cellular circulation
[细]胞状云	胞狀雲	cell cloud
[细]胞状云型	胞狀雲型	cellular cloud pattern
峡谷风	峽谷風	gorge wind
狭道风	狹道風	gap wind
狭管效应	狹管效應	canalization
下沉	下沈	subsidence
下沉逆温	下沈逆溫	subsidence inversion
下沉气流(=下曳气流)		
下垫面	下墊面	underlying earth surface
下滑锋	下滑鋒	katabatic front
下击暴流	下爆流	downburst
下降风	下坡風	katabatic wind
下投式探空仪	投落送	dropsonde
下现蜃景	下蜃景	lower mirage
下曳气流,下沉气流	下衝流	downdraught
下一代天气雷达	下一代氣象雷達	next generation weather radar, NEXRAD
下游效应	下游效應	downstream effect
夏半年	夏半年	summer half year
夏半球	夏半球	summer hemisphere
夏干区	夏乾區	summer dry region
夏干温暖气候	夏乾溫暖氣候	warm climate with dry summer
夏[季]	夏[季]	summer
夏季风	夏季季風	summer monsoon
夏眠,夏蛰	夏眠,夏蟄	aestivation
夏雾	夏霧	summer fog
夏蛰(=夏眠)		
夏至	夏至	Summer Solstice
先导流	道閃流	pilot streamer
先导[流光](=导闪)		
先进大气探测成像辐射仪	先進大氣探測成像輻射計	advanced atmospheric sounding and imaging radiometer, AASIR
先进甚高分辨率辐射仪	先進特高解輻射計	advanced very high resolution radiometer, AVHRR
先进泰罗斯–N 卫星	先進泰洛斯 N 衛星	advanced TIROS-N
先进微波探测装置	先進微波探測裝置	advanced microwave sounding unit, AMSU
先进云风系统	先進雲風系統	advanced cloud wind system

大　陆　名	台　湾　名	英　文　名
先验概率	先驗機率	prior probability
显格式	顯式法	explicit scheme
显生宙	顯生宙	Phanerozoic Eon
显式差分格式	顯式差分法	explicit difference scheme
显著性	顯著度	significance
显著性检验	顯著性測驗	significance test
现场观测	現場觀測	*in situ* observation
现代气候	近代氣候	present climate
现时预报(=临近预报)		
现在天气	現在天氣	present weather
线对流	線狀對流	line convection
线性变换	線性轉換	linear transformation
线性波	線性波	linear wave
线性插值	線性內插	linear interpolation
线性反演	線性反演	linear inversion
线性相关	線性相關	linear correlation
限度	限度	limit
陷波	陷波	trapped wave
霰	霰,軟雹	graupel
相当反射[率]因子(= 　等效反射[率]因子)		
相当位温	相當位溫	equivalent potential temperature
相当温度	相當溫度	equivalent temperature
相当正压模式	相當正壓模式	equivalent barotropic model
相对角动量	相對角動量	relative angular momentum
相对日照	相對日照	relative sunshine
相对湿度	相對濕度	relative humidity, RH
相对涡度	相對渦度	relative vorticity
相干存储滤波器	相干存儲濾波器	coherent memory filter, CMF
相干辐射	相干輻射	coherent radiation
相干回波	同調回波	coherent echo
相干结构	同調結構	coherent structure
相干雷达	相干雷達	coherent radar
相干目标	同調目標	coherent target
相干谱	相干譜	coherence spectrum
相干性	相干性	coherence
相关	相關	correlation
相关分析	相關分析	correlation analysis

大　陆　名	台　湾　名	英　文　名
相关函数	相關函數	correlation function
相关系数	相關係數	correlation coefficient
相关因子	相關因數	correlation factor
相互作用	交互作用	interaction
相似理论	相似理論	similarity theory
相似性	相似性	similarity
相消干涉	相消干涉	destructive interference
箱模式	箱形模式	box model
响应函数	反應函數	response function
响应时间	反應時間	response time
向岸风	向岸風	onshore wind
向风雨量器	向風雨量計	vector gauge, vectopluviometer
向后差分	後差	backward difference
向前差分	前差	forward difference
向上大气辐射	向上大氣輻射	upward atmospheric radiation
向上地球辐射	向上地球輻射	upward terrestrial radiation
向上[全]辐射	向上[全]輻射	upward [total] radiation
向上热[量]输送	向上熱傳送	upward heat transport
向外长波辐射	出長波輻射	outgoing long-wave radiation, OLR
向下大气辐射	向下大氣輻射	downward atmospherical radiation
向下辐射	向下輻射	downward radiation
向心加速度	向心加速度	centripetal acceleration
向心力	向心力	centripetal force
相	相,態	phase
相变	相變	phase change
相常数	相常數	phase constant
相函数	相函數	phase function
相角	相角	phase angle
相空间	相空間	phase space
相平面	相平面	phase plane
相速[度]	相速[度]	phase velocity
相图	相圖	phase diagram
相位同调	相位同調	phase coherence
相位相关函数	相位相關函數	phase correlation function
相位滞后	相位落後	phase lag
相延迟	相滯	phase delay
像差	像差	aberration
像素,像元	像元	pixel

大　陆　名	台　湾　名	英　文　名
像元(=像素)		
消光	消光	extinction
消光系数	消光係數	extinction coefficient
消耗性温深仪(=投弃式温深仪)		
消融(=冰消作用)		
消雾	霧消	fog dissipation
消云	消雲	cloud dissipation
消转	消旋	spindown
消转时间	消旋時間	spindown time
消转效应	消旋效應	spindown effect
硝化作用	硝化作用	nitrification
硝酸	硝酸	nitric acid
硝酸盐	硝酸鹽	nitrate
小冰块	分裂冰	calf
小冰期	小冰[河]期	Little Ice Age
小波	小波	wavelet
小波分析	小波分析	wavelet analysis
小潮	小潮	neap tide
小尺度天气系统(=微尺度天气系统)		
小瀑布	水跌	cascade
小气候	微氣候	microclimate
小气候测量	微氣候測量	microclimatic measurement
小气候观测	微氣候觀測	microclimatic observation
小气候热岛	微氣候熱島	microclimatic heat island
小气候学	微氣候學	microclimatology
小气候因子	微氣候因子	microclimatic factor
小气候最宜期	小最適氣候期	Little Climatic Optimum
小扰动	小擾動	small perturbation
小扰动法	微擾法,擾動法	perturbation method
小型计算机	小型電腦	minicomputer
[小型]蒸发皿	蒸發皿	evaporation pan
小雨	小雨	light rain
β效应	β效應,貝他效應	beta effect, β-effect
协方差	協方差	covariance
协谱	協譜	cospectrum
协调世界时,世界标准	世界標準時	coordinated universal time, UTC

大　陆　名	台　湾　名	英　文　名
时		
协同学	協同學	synergetics
斜槽	斜槽	tilted trough
斜温[性](＝温跃层)		
斜压波	斜壓波	baroclinic wave
斜压不稳定	斜壓不穩度	baroclinic instability
斜压大气	斜壓大氣	baroclinic atmosphere
斜压过程	斜壓過程	baroclinic process
斜压模式	斜壓模式	baroclinic model
斜压模[态]	斜壓模	baroclinic mode
斜压扰动	斜壓擾動	baroclinic disturbance
斜压性	斜壓度	baroclinity
斜压转矩矢量	斜壓力矩向量	baroclinic torque vector
谐波	諧波	harmonics
谐波分析,调和分析	調和分析	harmonic analysis
谐量	諧量	harmonics
泄水区	泄水區	discharge area
新冰	新冰	young ice
新冰期	新冰川作用	neoglaciation
新近纪	第三紀	Neogene Period
新生代	新生代	Cenozoic Era
新石器时代	新石器時代	Neolithic Age
新仙女木事件	新仙女事件	Younger Dryas event
新元古代	新元古代	Neoproterozoic Era
信标	信標	beacon
信风,贸易风	信風	trade winds
信风赤道槽	信風赤道槽	trade-wind equatorial trough
信风锋	信風鋒[面]	trade-wind front
信风环流	信風環流	trade-wind circulation
信风逆温	信風逆溫	trade-wind inversion
信号	信號,訊號	signal
信息	資訊	information
信息论	資訊論	information theory
信息学	資訊學	informatics
信噪比	信號雜訊比	signal-to-noise ratio, S/N
行波	移行波	traveling wave
行波管	移行波管	traveling wave tube
行星	行星	planet

大　陆　名	台　湾　名	英　文　名
行星边界层	行星邊界層	planetary boundary layer, PBL
行星波	行星波	planetary wave
行星尺度	行星尺度	planetary scale
行星尺度系统	行星尺度系統	planetary scale system
行星大气	行星大氣	planetary atmosphere
行星反照率	行星反照率	planetary albedo
行星风	行星風	planetary wind
行星风带	行星風帶	planetary wind belt
行星风系	行星風系	planetary wind system
行星际磁场	行星際磁場	interplanetary magnetic field, IMF
行星温度	行星溫度	planetary temperature
行星涡度	行星渦度	planetary vorticity
行星涡度效应	行星渦度效應	planetary vorticity effect
行星重力波	行星重力波	planetary-gravity wave
型[式]	型[式]	pattern
A 型显示器	A 示波器	A scope
休眠	休眠	dormancy
虚高	虚高	virtual height
虚拟资料(=人造资料)		
虚位移	虚位移	virtual displacement
虚温	虚溫	virtual temperature
虚无假设	虚無假設	null hypothesis
序贯分析	逐次分析	sequential analysis
序列	序列	series
畜牧气象学	畜牧氣象學	animal husbandry meteorology
絮状高积云	絮狀高積雲	altocumulus floccus, Ac flo
絮状卷积云	絮狀卷積雲	cirrocumulus floccus, Cc flo
絮状卷云	絮狀卷雲	cirrus floccus, Ci flo
悬垂回波	懸垂回波	overhang echo
悬浮荷载	懸浮負荷	suspended load
悬浮灰	懸浮灰	suspended ash
悬浮胶体	懸浮膠體	suspended colloid
悬浮颗粒物	懸浮微粒	suspended particulate
悬浮粒子	懸浮粒子	suspended particle
悬浮物散射光(=[空] 气光)		
悬浮相	懸浮相	suspended phase
旋度	旋度	curl

大　陆　名	台　湾　名	英　文　名
旋衡风,旋转风	旋轉風	cyclostrophic wind
旋转,回转	旋轉	rotation
旋转地转流	旋轉地轉流	cyclo-geostrophic current
旋转风(＝旋衡风)		
旋转辐合	旋轉輻合	cyclostrophic convergence
旋转辐散	旋轉輻散	cyclostrophic divergence
旋转雷诺数	旋轉雷諾數	rotating Reynolds number
选择吸附	選擇吸附	selective adsorption
雪	雪	snow
雪暴	雪暴	snowstorm
雪暴风	雪暴風	blizzard wind
雪崩	雪崩	avalanche
雪带	雪帶	nival belt
雪堆	雪堆	snow drift
雪幡	雪旛	snow virga
雪花	雪花	snowflake
雪晶	雪晶	snow crystal
雪粒(＝米雪)		
雪量	雪量	snowfall
雪林气候	雪林氣候	snow forest climate
雪蚀	雪蝕	nivation
雪线	雪線	snow-line
雪原气候	雪地氣候	snow climate
雪灾	雪災	snow damage
血雪	紅雪	blood-snow
血雨	血雨	blood-rain
旬(＝十天)		
旬平均	旬平均,十天平均	ten day average
循环	迴圈	recursion
循环公式(＝递推公式)		

Y

大　陆　名	台　湾　名	英　文　名
压高公式	壓高公式	barometric height formula
压管风速计	壓管風速儀	anemobiagraph
压缩脉冲雷达高度计	壓縮脈波雷達高度計	compressed pulse radar altimeter
压缩轴	收縮軸	axis of contraction

大　陆　名	台　湾　名	英　文　名
压温湿表	壓溫濕計	barothermohygrometer
压温湿风计	壓溫濕風儀	barothermohygroanemograph
雅可比行列式	函數行列式,亞可比式	Jacobian [determinant]
亚北方气候晚期	亞北氣候晚期	late subboreal climatic phase
亚速尔高压	亞速高壓	Azores high
氩	氬	argon
烟	煙	smoke
烟囱排放物	煙囪排出物	stack effluent
[烟]灰云	灰雲	ash cloud
烟迹	煙跡	smoke trail
烟流(=烟羽)		
烟霾	煙霾	smoke haze
烟雾	煙霧	smog
烟雾层顶,烟雾高度	煙霧層頂	smog horizon
烟雾高度(=烟雾层顶)		
烟雾气溶胶	煙霧氣膠	smog aerosol
烟雾指数	煙霧指數	smog index
烟羽,烟流	煙羽	[smoke] plume
烟羽高度	煙流高度	plume height
烟羽抬升	煙流上升	plume rise
延迟	延遲	delay
延伸预报	展期預報	extended forecast
严冰	嚴冰	winter ice
严冬	嚴冬	severe winter
严冻	嚴凍	killing freeze
严酷气候	嚴酷氣候	stern climate
严霜	嚴霜	severe frost
岩石圈	岩界	lithosphere
沿岸流	沿岸流	littoral current
沿谷风	沿谷風	along-valley wind
沿谷风系	沿谷風系	along-valley wind system
沿坡风系	沿坡風系	along-slope wind system
炎热干旱区	炎熱乾旱區	hot arid zone
盐度	鹽度	salinity
盐粉播撒	鹽粉種雲	salt seeding
盐风灾害	鹽風災害	salty wind damage
盐核	鹽核	salt nucleus
盐碱化	鹽漬化	salinization

大　陆　名	台　湾　名	英　文　名
盐量测定法	鹽量測定法	salometry
盐跃层	鹽躍層	halocline
衍射图样	繞射型	diffraction pattern
掩星法	掩星法	occultation method
演变	演變	evolution
阳伞效应	傘效應	umbrella effect
洋,海洋	海洋	ocean
洋流,海流	海流,洋流	ocean current
洋中槽	洋中槽	mid-ocean trough, MOT
仰角位置显示器	仰角位置指示器	elevation position indicator, EPI
氧化反应	氧化反應	oxidizing reaction
氧化剂	氧化劑	oxidant
氧化亚氮	氧化亞氮	nitrous oxide
氧循环	氧迴圈	oxygen cycle
样本	樣本	sample
样本函数	樣本函數	sample function
样本量	樣本數	sample size
样条插值	仿樣內插[法]	spline interpolation
样条函数展开	仿樣函數展開	spline function expansion
遥测	遙測	remote measurement
遥测光度计	遙測光度計	telephotometer
遥测温度表	遙測溫度計	telethermometer, distance thermometer
遥测雨量计	遙測雨量計	telemetering pluviograph, distance rainfall recorder
遥感	遙測	remote sensing
遥相关	遙聯,遙相關	teleconnection
业务预报	作業預報	operational forecast
叶面湿润度	葉面濕潤度	surface wetness
叶面湿润期	葉面濕潤期	surface wetness duration
叶温	葉溫	leaf temperature
曳力	曳力	drag
夜光云	夜光雲	noctilucent cloud
夜间辐射	夜間輻射	nocturnal radiation
夜间急流	夜間噴流	nocturnal jet
夜[气]辉	夜輝	nightglow
[液态]含水量	液態水含量	liquid water content, LWC
一般气候站	普通氣候站	ordinary climatological station
一次散射	一次散射	primary scattering

大　陆　名	台　湾　名	英　文　名
一年冰	首年冰	first year ice
一氧化氮	一氧化氮	nitric oxide
一氧化碳	一氧化碳	carbon monoxide
一元时间序列	一元時間序列	univariate time series
一致性	一致性	consistency
一致性检验	一致性檢驗	consistency check
伊迪波	伊迪波	Eady wave
衣着指数	衣著指數	clothing index
医疗气候学	醫療氣候學	medical climatology
医疗气象学	醫療氣象學	medical meteorology
仪器	儀器	apparatus
移动	移動	migration
移动性反气旋	移動性反氣旋	traveling anticyclone
移动性气旋	移動性氣旋	traveling cyclone
以太网	乙太	Ethernet
异步通信	異步通信	asynchronous communication
异步遥相关	非同步遙相關	asynchronous teleconnection
异常传播	異常傳播	abnormal propagation
异常度	異常度	abnormality
异常回波	異常回波	angel echo
异常折射	異常折射	anomalous refraction
异质核化	異質成核	heterogeneous nucleation
溢出	溢出	overflow
因次(=量纲)		
因次分析(=量纲分析)		
因素	因素	factor
因子	因數	factor
因子分析	因數分析	factor analysis
阴极射线管	陰極射線管	cathode ray tube, CRT
阴历	陰曆	lunar calendar
阴天	陰天	overcast [sky]
阴影带	蔭帶	shadow band
阴影区	蔭區	shadow zone
引潮力	生潮力	tide generating force
引导气流	駛流	steering flow
引子(=吸[引]子)		
隐式[差分]格式	隱式[差分]法	implicit [difference] scheme
隐式时间差分	隱式時間差分	implicit time difference

大　陆　名	台　湾　名	英　文　名
印第安夏,秋老虎	秋老虎	Indian summer
印度洋季风	印度洋季風	Indian Ocean monsoon
迎风差分	迎風差分	upwind difference
应力张量	應力張量	stress tensor
应用技术卫星	應用技術衛星	application technology satellite, ATS
应用气候学	應用氣候學	applied climatology
应用气象学	應用氣象學	applied meteorology
应用水文学	應用水文學	applied hydrology
硬件	硬體	hardware
永冻气候[亚类]	永凍氣候	perpetual frost climate
永冻土(=多年冻土)		
永久积雪作用	陳年雪作用	firnification
永久性低压	永久性低壓	permanent depression
永久性反气旋	永久性反氣旋	permanent anticyclone
永久性高压	永久性高壓	permanent high
永久雪线	陳年雪線	firn line
涌	湧[浪]	swell
涌潮	怒潮	tidal bore
涌升流	湧升流	upwelling current
优势周期	優勢週期	preferred period
游标	游標	vernier
游[标]尺	游尺	vernier
有界导数法	有界導數法	bounded derivative method
有限差分	有限差分	finite differencing
有限差分模式	有限差分模式	finite difference model
有限区模式	有限域模式	limited area model, LAM
有限区细网格模式	有限域細網格模式	limited area fine-mesh model, LFM
有限区预报模式	有限區域預報模式	limited area forecast model
有限元法	有限元法	finite element method
有限振幅	有限振幅	finite amplitude
有效波	顯著波	significant wave
有效风能	可用風能	available wind energy
有效风速	有效風速	effective wind speed
有效辐射	有效輻射	effective radiation
有效积温	有效積溫	effective accumulated temperature
有效降水[量]	有效降水量	effective precipitation
有效库容,可用库容	可用庫容	available storage capacity
有效面积	有效面積	effective area

大　陆　名	台　湾　名	英　文　名
有效水[分],可用水[分]	可用水[分]	available water
有效太阳辐射,可用太阳辐射	可用太陽輻射	available solar radiation
有效位能, 可用位能	可用位能	available potential energy，APE
有效温度	有效溫度	effective temperature
有效烟囱高度	有效煙囪高度	effective stack height
有效夜间辐射	有效夜間輻射	effective nocturnal radiation
有效蒸散	有效蒸散[量]	effective evapotranspiration
鱼鳞天	魚鱗天	mackerel sky
宇宙	宇宙	universe
宇宙尘	宇宙塵	cosmic dust
宇宙航行学	宇宙航行學	astronautics
宇宙卫星系列	宇宙衛星	COSMOS
宇宙线	宇宙線	cosmic ray
宇宙学	宇宙學	cosmology
雨	雨	rain
雨胞	雨胞	rain cell
雨层云	雨層雲	nimbostratus，Ns
雨除(=雨洗)		
雨代法	雨代法	gradex method
雨带	雨帶	rain band
雨滴谱	雨滴譜,雨滴粒徑分佈	raindrop-size distribution
雨滴谱仪	重力雨滴譜儀	disdrometer
雨幡	雨旛	rain virga
雨季	雨季	rainy season
雨夹雪	雨夾雪	rain and snow
雨量	雨量	rainfall[amount]
雨量测定法	雨量測定術	pluviometry
雨量计	雨量儀	pluviograph
雨量面点比	雨量面點比	areal reduction factor
雨量器	雨量計	raingauge
雨量器风挡	雨量計風擋	raingauge wind shield
雨量损失	雨量損失	rainfall loss
雨量图(=降水量图)		
雨量指数	雨量指數	pluvial index
雨林	雨林	rainforest
雨林气候	雨林氣候	rainforest climate

大　陆　名	台　湾　名	英　文　名
雨期	雨期	pluvial
雨强重现周期	雨强重现期	rainfall intensity return period
雨强计	雨强記錄器	rainfall intensity recorder
雨区	雨區	rain area
雨日	雨日	rain day
雨蚀	雨蝕	rain erosion
雨凇	雨凇,明冰	glaze
雨洗,雨除	雨洗,雨除	rain-out, rainwash
雨云	雨雲	nimbus, Nb
育苗室	育苗室	phytotrone
预报	預報	prediction
预报方程	預報方程	prediction equation
预报检验	預報校驗	forecast verification
预报量	預報值	predictand
预报评分	預報得分	forecast score
预报区	預報區	forecast area
预报时效	預報時效	period validity
预报图	預報圖	forecast chart
预报误差	預報誤差	forecast error
预报因子	預報因子	predictor
预报准确率	預報準確率	forecast accuracy
预处理,前处理	前處理	preprocessing
预估校正法	估校法	predictor corrector method
预约机场天气报告,机场预约天气报告	預約機場天氣報告	appointed airdrome weather report
域	域	domain
阈温	低限溫度	threshold temperature
元古代	元生代	Proterozoic Era
元古宙	元古宙	Proterozoic Eon
原理	原理	principle
原生大气	原生大氣	primordial atmosphere
原生空气	原生空氣	primary air
原生污染物	初始污染物	primary pollutant
原始方程	原始方程	primitive equation, PE
原始方程模式	原始方程模式	primitive equation model
原始误差	原始誤差	original error
原始资料	原始資料	primary data
原则	原則	principle

大　陆　名	台　湾　名	英　文　名
圆锥辐射表	圓錐輻射計	cone radiometer
源点	源	source
源项	源項	source term
远地点	遠地點	apogee
远幻月	遠幻月	parantiselene
远日点	遠日點	aphelion
远闪	遙閃	distant flash
远月潮	遠月潮	apogean tide
约翰逊–威廉姆斯液态含水量探测器	強威水滴探測器	Johnson-Williams liquid water probe
月华	月華	lunar corona
月际变率	月際變率	inter-monthly variability
月平均	月平均	monthly mean
月平均等值线	月平均等值線	isomenal
[月平均]温度年较差，平均年温度较差	[月平均]溫度年較差	mean annual range of temperature
月平均最高温度	月平均最高溫	monthly mean maximum temperature
月食	月蝕	lunar eclipse
月晕	月暈	lunar halo
月总量	月總量	monthly amount
越赤道气流	[跨]赤道氣流	cross-equatorial flow
云	雲	cloud
云层	雲層	cloud layer
云[层]分析	雲分析	nephanalysis
云场	雲場	cloud field
云簇(＝云团)		
云催化剂	種雲劑	seeding agent
云带	雲帶	cloud band
云导风	雲導風	cloud wind
云的人工影响	雲改造	cloud modification
云堤	雲堤	cloud bank
云滴	雲滴	cloud drop
[云滴]并合	合併	coalescence
云滴采样器	雲粒取樣器	cloud-particle sampler
云滴成像仪	雲粒成像儀	cloud-particle imager
云滴谱	雲滴譜	cloud drop-size spectrum
云滴谱仪	雲滴收集器	cloud droplet collector
云滴取样器	雲滴取樣器	cloud drop sampler

大　陆　名	台　湾　名	英　文　名
云底	雲底	cloud base
云[底]高[度]指示器	雲高指示器	cloud height indicator
云地[间]放电	雲地放電	cloud-to-ground discharge
云顶	雲頂	cloud top
云顶高度	雲頂高度	cloud top height
云顶温度	雲頂溫度	cloud top temperature
云动力学	雲動力學	cloud dynamics
云放电	雲放電	cloud discharge
云辐射强迫	雲輻射強迫	cloud radiative forcing
云覆盖区	雲覆蓋區	cloud coverage
云高	雲高	cloud height
云高表	雲高計	nephohypsometer
云高测量法	雲高測量法	cloud height measurement method
云虹	雲虹	cloudbow
云化学	雲化學	cloud chemistry
云回波	雲回波	cloud echo
云际放电	雲際放電	cloud-to-cloud discharge, intercloud discharge
云街	雲街	cloud street
云结构	雲結構	cloud structure
云雷达	雲雷達	cloud radar
云类	雲變形	cloud variety
云亮度	雲亮度	cloud luminance
云量	雲量	cloud amount
云量计	雲量計	nephelometer
云林	雲林	cloud forest
云幔	維洛雲	velo cloud
云幕	雲幕	cloud ceiling
云幕灯	雲幕燈	ceiling projector
云幕高度	雲幕高	ceiling height
云幕气球	雲幕氣球	ceiling balloon
云幕仪	雲幕儀	ceilograph
云模式	雲模式	cloud model
云内放电	雲內放電	intracloud discharge
云凝结核	雲凝結核	cloud condensation nuclei, CCN
云墙	雲牆	cloud wall
云群	雲群	cloud group
云纱	雲紗	cloud veil

大　陆　名	台　湾　名	英　文　名
云室	雲室	cloud chamber
云属	雲屬	cloud genus
云衰减	雲衰減	cloud attenuation
云素	雲[元]素	cloud element
云图集	雲圖集	cloud atlas
云团,云簇	雲簇	cloud cluster
云微物理学	雲微物理學	cloud microphysics
云物理学	雲物理學	cloud physics
云系	雲系	cloud system
云下层	雲下層	subcloud layer
云线	雲線	cloud line
云星云图分析	雲星雲圖分析	satellite cloud picture analysis
云型	雲型	cloud type
云种	雲類	cloud species
云状	雲狀	cloud form
云族	雲族	cloud family
运动方程	運動方程	equation of motion
运动黏滞系数	運動黏性係數	kinematic viscosity coefficient
运动学边界条件	運動邊界條件	kinematic boundary condition
运动学相似性	運動相似性	kinematic similarity
晕	暈	halo

Z

大　陆　名	台　湾　名	英　文　名
灾变	大災變	catastrophe
灾变事件	災變事件	catastrophic event
灾变说	巨變說	catastrophism
灾害性天气,恶劣天气	災害性天氣,劇烈天氣	disastrous weather, severe weather
再冻[作用],复冰现象	複冰[現象]	regelation
再生	再生	regeneration
再现(=重放)		
在线	線上	on line
造山作用	造山作用	orogenesis
增强温室效应	溫室效應增強	enhanced greenhouse effect
增强[云]图	強化圖	enhanced picture
增温期气候变化	增溫期氣候變化	anathermal climatic change
增益	增益	gain

大　陆　名	台　湾　名	英　文　名
增长模	生長模	growing mode
张弛递近［法］（＝纳近［法］）		
张弛法	鬆弛法	relaxation method
张弛时间	鬆弛時間	relaxation time
章动	章動	nutation
涨潮	漲潮	flood tide
障碍（＝壁垒）		
障碍学说	障礙理論	barrier theory
沼气	沼氣	marsh gas
照度谱	照度譜	spectral irradiance
照准仪	測高儀	alidade
折射	折射	refraction
折射率（＝折射指数）		
折射系数	折射係數	refraction coefficient
折射指数,折射率	折射指數,折射率	refractive index
针叶林	針葉林	coniferous forest
真太阳日	真太陽日	true solar day
真太阳时	真太陽時	true solar time
砧状积雨云	砧狀積雨雲	cumulonimbus incus, Cb inc
砧状云	砧狀雲	anvil cloud
诊断	診斷	diagnosis
诊断方程	診斷方程	diagnostic equation
诊断分析	診斷分析	diagnosis analysis
阵风	陣風	blast
阵风持续时间	陣風延時	gust duration
阵风锋［面］	陣風鋒［面］	gust front
阵风荷载	陣風負荷	gust load
阵风探测器	陣風探測器	gust probe
阵风探空仪	陣風送	gustsonde
阵风性	風陣性	gustiness
阵风振幅	陣風振幅	gust amplitude
阵灰	陣灰	ash shower
阵雪	陣雪	showery snow
阵雨	陣雨	shower
振荡,涛动	振盪	oscillation
M-J 振荡	麥儒振盪	Madden-Julian oscillation
振荡级数	振盪級數	oscillation series

大　陆　名	台　湾　名	英　文　名
振荡体	振盪體	oscillating body
振荡周期	振盪週期	oscillation period
振动	振動	vibration
振[动]子	振子	oscillator
振幅	振幅	amplitude
振幅相关函数	振幅相關函數	amplitude correlation function
蒸发	蒸發	evaporation
蒸发表	蒸發計	atmidometer
蒸发计	蒸發儀	evaporograph
蒸发量	蒸發率	evaporation capacity
蒸发霜	蒸發霜	evaporation frost
蒸发尾迹	蒸發尾	evaporation trail
蒸发雾	蒸發霧	evaporation fog
蒸发仪	蒸發計	evaporimeter
蒸气雾	蒸氣霧	steam fog
蒸散	蒸散	evapotranspiration
蒸散表	蒸散計	evapotranspirometer
整体分析	整體分析	global analysis
整体空气动力法	整體氣動法	bulk aerodynamic method
整体空气动力学公式	整體氣動公式	bulk aerodynamic formula
整体理查森数	整體理查遜數	bulk Richardson number
整体输送	整體傳送	bulk transport
整体水参数化	整體水物參數化	bulkwater parameterization
正变压线	升壓線	anallobar
正变压中心	升壓中心	anallobaric center
正常值,标准值	標準值	normal value
正常状态	[正]常[狀]態	normal state
正地闪	正地閃	positive ground flash
正反馈	正反饋	positive feedback
正规模[态]	正模	normal mode
正规模[态]初值化	正模初始化	normal mode initialization
正环流	正環流	positive circulation
正交多项式	正交多項式	orthogonal polynomials
正交函数	正交函數	orthogonal function
正交线	正交線	orthogonal lines
正交性	正交性	orthogonality
正交坐标(=直角坐标)		
正区	正區	positive area

大 陆 名	台 湾 名	英 文 名
正涡度平流	正渦度平流	positive vorticity advection，PVA
正压波	正壓波	barotropic wave
正压不稳定	正壓不穩度	barotropic instability
正压大气	正壓大氣	barotropic atmosphere
正压模式	正壓模式	barotropic model
正压模［态］	正壓模	barotropic mode
正压扰动	正壓擾動	barotropic disturbance
正压涡度方程	正壓渦度方程	barotropic vorticity equation
正压性	正壓度	barotropy
正压预报	正壓預報	barotropic forecast
正压转矩矢量	正壓力矩向量	barotropic torque vector
正则变数	正則變數	canonical variable
正则方程	正則方程	canonical equation
正则回归	正則回歸	canonical regression
正则矩阵	正則矩陣	canonical matrix
正则相关	正則相關	canonical correlation
正则相关分析	正則相關分析	canonical correlation analysis
支承	軸承	bearing
枝状冰晶	枝狀冰晶	dendritic crystal
枝状闪电(=条状闪电)		
枝状雪晶	枝狀雪晶	dendritic snow crystal
直读式地面站(=直收地面站)		
直读式温度表	直讀溫度計	direct reading thermometer
直方图	直方圖	histogram
直角坐标,正交坐标	正交坐標	rectangular coordinate
直接辐射	直接輻射	direct radiation
直接辐射表	日射強度計	pyrheliometer
直接环流	直接環流	direct circulation
直接日射测量学	直接日射測量學	pyrheliometry
直视测云器	直視測雲器	direct vision nephoscope
直收地面站,直读式地面站	直收地面站	direct read-out ground station
直展云	直展雲	heap cloud
D 值	D 值	D-value
植被	植被	vegetation
植被指数	植被指數	vegetation index
植物带	植物帶	botanical zone

大　陆　名	台　湾　名	英　文　名
植物地理学	植物地理學	phytogeography
植物气候学	植物氣候學	phytoclimatology
植物生物气象学	植物生物氣象［學］	phytological biometeorology
植物［小］气候	植物氣候	phytoclimate
只读存储器	唯讀記憶體	read only memory，ROM
指南针（＝罗盘）		
指示空［气］速［度］,表速	指示空速	indicated air speed，IAS
指示器	指示器	indicator
指数	指數	index
指数律	指數律	exponential law
指数循环	指數迴圈	index cycle
指数增减时间	指數增減時間	e-folding time
志留纪	誌留紀	Silurian Period
志留–泥盆纪冰期	誌留泥盆紀冰期	Siluro-Devonian Ice Age
质点,粒子	質點,粒子	particle
质量控制	品質控制	quality control
质量守恒	質量守恆,品質不滅	mass conservation
质谱仪	質譜儀	mass spectrometer
秩相关,等级相关	等級相關	rank correlation
致死临界温度	致死點	zero point
致死温度	致死溫度	killing temperature，thermal death point
滞后（＝落后）		
滞后交叉相关	落後交叉相關	lag cross-correlation
滞后时间	落後時間	lag time
滞后系数	落後係數	lag coefficient
滞后相关	落後相關	lag correlation
滞留期	滯留期	residence time
置信区间	可信區間	confidence interval
置信水平	可信基準	confidence level
置信限	可信限	confidence limit
中层大气	中層大氣	middle atmosphere
中层大气物理学	中層大氣物理［學］	middle atmospheric physics
中尺度	中尺度	mesoscale
中尺度背风［坡］涡旋	中尺度背風渦旋	mesoscale lee vortex
中尺度低压	中尺度低壓	mesoscale low
中尺度对流复合体	中尺度對流複合體	mesoscale convective complex，MCC
中尺度对流系统	中尺度對流系統	mesoscale convective system，MCS

大　陆　名	台　湾　名	英　文　名
中尺度模式	中尺度模式	mesoscale model
中尺度气候学	中尺度氣候學	mesoclimatology
中尺度气象学	中尺度氣象學	mesoscale meteorology
中尺度运动	中尺度運動	mesoscale motion
中间层	中氣層	mesosphere
中间层顶	中氣層頂	mesopause
中间层环流	中氣層環流	mesospheric circulation
中频	中頻	medium frequency，MF
中期[天气]预报	中期[天氣]預報	medium-range［weather］forecast
中生代	中生代	Mesozoic Era
中世纪初寒冷期	中世紀初寒冷期	early medieval cool period
中世纪暖期	中世紀暖期	Medieval Warm Epoch，MWE
中世纪气候最宜期	中世紀最適氣候期	Medieval Climate Optimum
中[位]数	中數	median
中位体积直径	中位體積直徑	median volume diameter
中温气候	中溫氣候	mesothermal climate
中小气候情况	中小氣候情況	climatomesochore
中心差分(＝中央差分)		
中心极限定理	中限定理	central limit theorem
中心矩	中央動差	central moment
中心子午线中天	中心子午線中天	central meridian passage
中新世	中新世	Miocene Epoch
中性层	中性層	neutrosphere
中性层顶	中性層頂	neutropause
中性大气	中性大氣	neutral atmosphere
中性模	中性模	neutral mode
中性气旋	中性氣旋,變性氣旋	neutral cyclone
中性稳定	中性穩度	neutral stability
中亚北气候期	中亞北氣候期	Middle Subboreal Climatic Phase
中央差分,中心差分	中差	central［finite］difference
中央处理器	中央處理器	central processing unit，CPU
中雨	中雨	moderate rain
中云	中雲	middle cloud
中子	中子	neutron
终霜	終霜	latest frost
终雪	終雪	last snow
众数	眾數	mode
重离子	重離子	heavy ion

大　陆　名	台　湾　名	英　文　名
重力波	重力波	gravity wave
重力波拖曳	重力波拖曳	gravity wave drag
重力流	重力流	gravity current
重力内波	内重力波	internal gravity wave
重力外波	外重力波	external gravity wave
重要天气报告	顯著天氣報告	significant weather report
周年风	週年風	anniversary wind
周期	週期	period
周期变化	週期變化	periodic variation
周期风	週期風	periodic wind
周期函数	週期函數	periodic function
周期平均(＝长期平均)		
周期图	週期圖	periodogram
周期图分析	週期圖分析	periodogram analysis
周期信号	週期信號	periodic signal
周期性	週期性	periodicity
周期运动	週期運動	periodic motion
周期振荡	週期振盪	periodic oscillation
周日(＝日)		
轴对称流	軸對稱流	axisymmetric flow
轴对称湍流	軸對稱亂流	axisymmetric turbulence
宙	宙	eon
昼长	晝長	day length
昼风,日风	晝風	day breeze
昼[气]辉	晝輝	dayglow
侏罗纪	侏羅紀	Jurassic Period
珠母云	貝母雲	nacreous cloud
逐步订正法	逐步訂正分析	successive correction analysis
逐步回归	逐次回歸	successive regression
逐步回归分析	逐步回歸分析	stepwise regression analysis
逐步判别分析	逐步判別分析	stepwise discriminatory analysis
主成分分析,主分量分析	主成分分析	principal component analysis
主导风向	主要風向	predominant wind direction
主动散射气溶胶粒谱仪	主動氣膠徑譜計	active scattering aerosol spectrometer
主动卫星	主動衛星	active satellite
主动遥感技术	主動遙測技術	active remote sensing technique
主分量分析(＝主成分		

大　陆　名	台　湾　名	英　文　名
分析)		
主锋	主鋒	principal front
主观分析	主觀分析	subjective analysis
主观估计(=主观评价)		
主观评价,主观估计	主觀評估	subjective assessment
主虹	[主]虹	primary rainbow
主级环流	主環流	primary circulation
主极大	主極大	primary maximum
主极小	主極小	primary minimum
主雨带	主雨帶	principal band
主站	主站	master station
住宅微气候	住宅微氣候	apartment microclimate
驻波	駐波	standing wave
驻涡	滯性渦流	standing eddy
柱面坐标	圓柱坐標	cylindrical coordinate
柱模式	柱模式	column model
柱状雪晶	柱狀雪晶	columnar snow crystal
转杯风速表	轉杯風速計	cup anemometer
转动谱带	轉動帶	rotation band
转/分	每分鐘轉數	revolutions per minute
转/秒	每秒鐘轉數	revolutions per second
转盘试验	轉盤實驗	rotating dishpan experiment
转向	轉向	recurvature
状态方程	狀態方程	equation of state
撞冻[增长]	撞凍	accretion
撞击采样器	撞擊採樣器	impactor
锥头温度表	錐頭溫度計	conical-head thermometer
锥形冰雹	錐形雹	conical hail
锥形船用雨量器	錐形船用雨量器	conical marine raingauge
准地转理论	準地轉理論	quasi-geostrophic theory
准地转流	準地轉流	quasi-geostrophic current
准地转平衡	準地轉平衡	quasi-geostrophic equilibrium
准地转运动	準地轉運動	quasi-geostrophic motion
准静力近似	準靜力近似	quasi-hydrostatic approximation
准静止锋	準滯留鋒	quasi-stationary front
准两年振荡	準兩年振盪	quasi-biennial oscillation，QBO
准确度	準確度	accuracy
准三年振荡	準三年振盪	quasi-triennial oscillation

大　陆　名	台　湾　名	英　文　名
准无辐散	準非輻散［的］	quasi-nondivergence
准直仪	準直儀	collimator
准周期性	準週期性［的］	quasi-periodic
着陆［天气］预报	降落預報	landing［weather］forecast
浊度计（=能见度测定表）		
资料	資料	data
资料收集	資料收集	data acquisition
资料收集平台	資料收集平台	data collection platform, DCP
资料剔除	資料剔除	data rejection
资料同化	資料同化	data assimilation
资料同化系统	資料同化系統	data assimilation system
子午面	子午面	meridian plane
子午圈	子午圈	meridian circle
子午线（=经线）		
子系统	子系統	subsystem
紫外辐射表	紫外輻射計	ultraviolet radiometer, UV radiometer
紫外［辐射］后向散射法	紫外後向散射法	backscatter ultraviolet technique
紫外光谱仪	紫外分光計	ultraviolet spectrometer
紫外线	紫外［線］	ultraviolet, UV
紫外线表	紫外線計	UV dosimeter
字节	位元組	byte
自动气象观测系统	自動天氣觀測系統	automated weather observing system, AWOS
自动气象观测站	自動氣象測站	automatic meteorological observation station
自动气象站	自動氣象站	automatic meteorological station
自动气象站网（=自动天气站网）		
自动天气站网,自动气象站网	自動天氣站網	automated weather network, AWN
自动图像传输	自動圖像傳送	automatic picture transmission, APT
自动资料处理	自動資料處理	automatic data processing
自回归法	自回歸［法］	autoregression method
自回归滑动平均	自回歸移動平均	autoregressive moving average, ARMA
自回归积分滑动平均	自回歸積分移動平均	autoregressive integrated moving average
自回归模式	自回歸模式	autoregression model

大 陆 名	台 湾 名	英 文 名
自计气压表	自計氣壓計	self-recording barometer
自记记录	自記記錄	autographic record
自记雨量计	自記雨量儀	recording pluviometer
自记雨量器	自記雨量儀	udomograph
自然地理学	自然地理[學]	physical geography
自然对流	自然對流	natural convection
自然环境	自然環境	physical environment
自然景观	自然景觀	natural landscape
自然硫循环	自然硫循環	natural sulfur cycle
自然天气季节	自然綜觀[天氣]季	natural synoptic season
自然天气区	自然綜觀[天氣]區	natural synoptic region
自然天气周期	自然綜觀[天氣]期	natural synoptic period
自然灾害	自然災害	natural calamity
自然振荡,固有振荡	自然振盪,固有振盪	natural oscillation
自然周期,固有周期	自然週期,固有週期	natural period
自然坐标	自然坐標	natural coordinate
[自]适应观测	[自]適應觀測	adaptive observation
[自]适应观测网	[自]適應觀測網	adaptive observational network
[自]适应网格	[自]適應網格	adaptive grid
自相关	自相關	autocorrelation
自相关函数	自相關函數	autocorrelation function
自相关谱	自相關譜	autocorrelation spectrum
自相关图	自相關圖	autocorrelogram
自相关系数	自相關係數	autocorrelation coefficient
自协方差	自協方差	autocovariance
自协方差谱	自協方差譜	autocovariance spectrum
自由波	自由波	free wave
自由大气	自由大氣	free atmosphere
自由度	自由度	degree of freedom
自由对流	自由對流	free convection
自由对流高度	自由對流高度,自由對流層	level of free convection, LFC
自由基	自由基,游離基	free radical
自由振荡	自由振盪	free oscillation
自转	自轉	rotation
综合分析	綜觀分析	synthetic analysis
综合气候学	綜合氣候學	complex climatology
棕霾	棕霾	brown haze

大　陆　名	台　湾　名	英　文　名
棕烟[雾]	棕煙[霧]	brown fume
鬃积雨云	髮狀積雨雲	cumulonimbus capillatus，Cb cap
总辐射	全天空輻射量	global radiation
总辐射表	全天空輻射計	pyranometer
总角动量	總角動量	total angular momentum
总能量方程	總能量方程	total energy equation
总体	全體	population
总体参数化	整體參數化	bulk parameterization
总体速度	整體速度	bulk velocity
总体性质	整體性質	bulk property
总压[力]	總壓[力]	total pressure
总云量	總雲量	total cloud cover
纵波	縱波	longitudinal wave
阻尼振荡	阻尼振盪	damped oscillation
阻塞高压	阻塞高壓	blocking high
组距	級距	class interval
最大不模糊距离	最大不模糊距離	maximum unambiguous range
最大不模糊速度	最大不模糊速度	maximum unambiguous velocity
最大风高度(＝最大风速层)		
最大风速	最大風速	maximum wind speed
最大风速层,最大风高度	最大風高度	maximum wind level
最大降水[量]	最大降水[量]	maximum precipitation
最大设计平均风速	最大設計風速	maximum design wind speed
最低气象条件	最低氣象條件	meteorological minimum
最低温度表	最低溫度計	minimum thermometer
最低限度(＝阈限度)		
最低值	最低[值]	minimum
最高生长温度	最高生長溫度	maximum growth temperature
最高温度	最高溫度	maximum temperature
最高温度表	最高溫度計	maximum thermometer
最佳分辨率	最佳解析度	optimum resolution
最佳航线	最佳航線	optimum track line，optimum track route
最佳化(＝最优化)		
最佳滤波器	最佳濾波器	optimum filter
最佳气候	最佳氣候	optimum climate
最小值	最小值	minimum value

大　陆　名	台　湾　名	英　文　名
最优化,最佳化	最佳化	optimization
最优解	最佳解	optimal solution
作物气候	作物氣候	crop climate
作物气候界限	作物氣候界限	climatic limite of crop
作物气候适应性	作物氣候適應性	crop climatic adaptation
作物需水量	作物需水量	crop water requirement
作物预测	收穫預測	crop forecast
坐标	坐標	coordinate
z 坐标	z 坐標	z coordinate
σ 坐标	σ 坐標	σ-coordinate
坐标系	坐標系	coordinate system

副 篇

A

英 文 名	大 陆 名	台 湾 名
AASIR（＝advanced atmospheric sounding and imaging radiometer）	先进大气探测成像辐射仪	先進大氣探測成像輻射計
aberration	①像差 ②光行差	①像差 ②光行差
ablation	冰消作用,消融	消冰
abnormality	异常度	異常度
abnormal propagation	异常传播	異常傳播
abscissa	横坐标	橫坐標
absolute altimeter	绝对高度表	絕對高度計
absolute angular momentum	绝对角动量	絕對角動量
absolute black boby	绝对黑体	絕對黑體
absolute cavity radiometer	绝对空腔辐射计	絕對腔體輻射計
absolute error	绝对误差	絕對誤差
absolute extreme	绝对极值	絕對極端值
absolute frequency	绝对频率	絕對頻率
absolute humidity	绝对湿度	絕對濕度
absolute index of refraction	绝对折射率	絕對折射率
absolute instability	绝对不稳定	絕對不穩度
absolute monthly maximum temperature	绝对月最高温度	絕對月最高溫
absolute monthly minimum temperature	绝对月最低温度	絕對月最低溫
absolute radiation scale	绝对辐射标度	絕對輻射標尺
absolute stability	绝对稳定	絕對穩度
absolute standard barometer	绝对标准气压表	絕對標準氣壓計
absolute temperature	绝对温度	絕對溫度
absolute temperature extreme	绝对温度极值	絕對溫度極值
absolute temperature scale	绝对温标	絕對溫標
absolute value	绝对值	絕對值
absolute variability	绝对变率	絕對變率
absolute velocity	绝对速度	絕對速度

英　文　名	大　陆　名	台　湾　名
absolute vorticity	绝对涡度	絕對渦度
absorbance	吸收度	吸收度
absorptance	吸收比	吸收比
absorption band	吸收[光谱]带	吸收帶
absorption cross-section	吸收截面	吸收截面
absorption function	吸收函数	吸收函數
absorption hygrometer	吸收湿度表	吸收濕度計
absorption line	吸收[谱]线	吸收線
absorption spectrometer	吸收光谱仪	吸收光譜計
absorption spectrum	吸收[光]谱	吸收譜
absorptivity	吸收率	吸收率
ABW(= Antarctic Bottom Water)	南大洋底层水	南極底層水
Ac（ = altocumulus ）	高积云	高積雲
ACC(= antarctic circumpolar current)	南极绕极流,绕南极洋流	南極繞極流,繞[南]極流
Ac cast(= altocumulus castellanus)	堡状高积云	堡狀高積雲
acceptance capacity	容许容量	容許容量
accessory cloud	附属云	附屬雲
accidental error	偶然误差	偶然誤差
acclimatization	气候适应	氣候適應
accommodation coefficient	调节系数	調節係數
accretion	撞冻[增长]	撞凍
Ac cug （ = altocumulus cumulogenitus ）	积云性高积云	積雲性高積雲
accumulated cooling	累积冷却	累積冷卻
accumulated temperature	积温	積溫
accumulated temperature curve	积温曲线	積溫曲線
accumulation mode	聚积模	積聚態
accumulation zone	累积带	累積帶
accumulative raingauge	累计雨量器	積雨器
accuracy	准确度	準確度
Ac du （ = altocumulus duplicatus ）	复高积云	重疊高積雲
Ac flo （ = altocumulus floccus ）	絮状高积云	絮狀高積雲
acid deposition	酸沉降	酸沈降
acid dew	酸露	酸露
acid fog	酸雾	酸霧
acid frost	酸霜	酸霜
acid fume	酸烟[雾]	酸煙
acid hail	酸雹	酸雹

英　文　名	大　陆　名	台　湾　名
acid haze	酸霾	酸霾
acidification	酸化	酸化
acidity	酸度	酸度
acid pollution	酸污染	酸污染
acid precipitation	酸性降水	酸性降水
acid rain	酸雨	酸雨
acid snow	酸雪	酸雪
Ac la（＝altocumulus lacunosus）	网状高积云	網狀高積雲
Ac lent（＝altocumulus lenticularis）	荚状高积云	荚狀高積雲
Ac op（＝altocumulus opacus）	蔽光高积云	蔽光高積雲
acoustical scintillation	声闪烁	聲閃爍
acoustic dispersion	声频散	聲頻散
acoustic gravity wave	声重力波	聲重力波
acoustic ocean current meter	声［学］海流计	聲海流計
acoustic raingauge	声学雨量计	聲學雨量計
acoustic resonance	声共振	聲共振
acoustics	声学	聲學
acoustic sounding	声学探测	聲測
acoustic thermometer	声学温度表	聲測溫度計
acoustic tomography	声层析成像法	聲層析成像法
acoustic velocimeter	［水内］声速计	聲速計
acoustic wave	声波	聲波
Ac pe（＝altocumulus perlucidus）	漏隙高积云	漏光高積雲
Ac ra（＝altocumulus radiatus）	辐辏状高积云	輻狀高積雲
Ac str（＝altocumulus stratiformis）	成层高积云	層狀高積雲
actinic absorption	光化吸收	光化吸收
actinic flux	光化通量	光化通量
actinic ray	光化射线	光化射線
actinogram	日射自记曲线	日射自記圖
actinograph	日射仪	日射儀
actinometer	日射［测定］表	日射計
actinometry	日射测定法	日射測定法
actinon	锕射气	錒射氣
activation	活化	活化
activation energy	活化能	活化能
active accumulated temperature	活动积温	有效積溫
active anafront	活跃上滑锋	活躍上滑鋒
active aurora	活跃极光	活躍極光

英　文　名	大　陆　名	台　湾　名
active katafront	活动下滑锋	活躍下滑鋒
active layer	活动层	活動層
active monsoon	活跃季风	活躍季風
active pollution	放射性污染,活性污染	活性污染
active remote sensing technique	主动遥感技术	主動遙測技術
active satellite	主动卫星	主動衛星
active scattering aerosol spectrometer	主动散射气溶胶粒谱仪	主動氣膠徑譜計
active solar region	太阳活动区	太陽活動區
Ac tra(=altocumulus translucidus)	透光高积云	透光高積雲
actual evaporation	实际蒸发	實際蒸發
actual flying weather	飞行天气实况	實際飛行天氣
actual time of observation	实际观测时间	實際觀測時間
Ac un (=altocumulus undulatus)	波状高积云	波狀高積雲
adaptability	适应性	調適度
adaptation process (=adjustment process)	适应过程	適應過程,調整過程
adaptation strategy	适应性策略	調適策略
adaptive grid	[自]适应网格	[自]適應網格
adaptive observation	[自]适应观测	[自]適應觀測
adaptive observational network	[自]适应观测网	[自]適應觀測網
adhesion efficiency	附着效率	附著效率
adiabatic ascending	绝热上升	絕熱上升
adiabatic atmosphere	绝热大气	絕熱大氣
adiabatic change	绝热变化	絕熱變化
adiabatic condensation pressure	绝热凝结气压	絕熱凝結氣壓
adiabatic condensation temperature	绝热凝结温度	絕熱凝結溫度
adiabatic cooling	绝热冷却	絕熱冷卻
adiabatic diagram	绝热图	絕熱圖
adiabatic equation	绝热方程	絕熱方程
adiabatic equivalent temperature	绝热相当温度	絕熱相當溫度
adiabatic expansion	绝热膨胀	絕熱膨脹
adiabatic heating	绝热增温	絕熱增溫
adiabatic lapse rate	绝热直减率	絕熱直減率
adiabatic model	绝热模式	絕熱模式
adiabatic process	绝热过程	絕熱過程
adiabatic psychrometer	绝热干湿表	絕熱乾濕計
adiabatic region	绝热区	絕熱區
adiabatic sinking	绝热下沉	絕熱下沈

英　文　名	大　陆　名	台　湾　名
adiabatic trail	绝热尾迹	絕熱凝結尾
adjoint assimilation	伴随同化	伴隨同化
adjoint equation	伴随方程	伴隨方程
adjoint model	伴随模式	伴隨模式
adjoint sensitivity	伴随灵敏度	伴隨敏感度
adjustable cistern barometer	调槽气压表	調槽氣壓計
adjustment	①校准 ②调整	①校正 ②調整
adjustment of long-wave	长波调整	長波調整
adjustment process	适应过程	適應過程,調整過程
adjustment time	调整时间	調整時間
admissible error	容许误差	容許誤差
adsorbent	吸附剂	吸附劑
adsorption	吸附作用	吸附[作用]
advanced atmospheric sounding and ima-ging radiometer（AASIR）	先进大气探测成像辐射仪	先進大氣探測成像輻射計
advanced cloud wind system	先进云风系统	先進雲風系統
advanced microwave sounding unit（AMSU）	先进微波探测装置	先進微波探測裝置
advanced TIROS-N	先进泰罗斯–N卫星	先進泰洛斯N衛星
advanced very high resolution radiometer（AVHRR）	先进甚高分辨率辐射仪	先進特高解輻射計
advection	平流	平流
advection equation	平流方程	平流方程
advection fog	平流雾	平流霧
advection frost	平流霜	平流霜
advection inversion	平流逆温	平流逆溫
advection process	平流过程	平流過程
advection-radiation fog	平流辐射雾	平流輻射霧
advective acceleration	平流加速度	平流加速度
advective change	平流变化	平流變化
advective-gravity flow	平流重力流	平流重力流
advective thunderstorm	平流[性]雷暴	平流雷暴,平流雷雨
advisory forecast	提示预报	警示預報
aerial exploration	高空探测	高空探測
aerial fog	气雾	氣霧
aerial plankton	大气浮游生物	大氣浮游生物
aerobiology	大气生物学	大氣生物學
aerochemistry	气体化学	氣體化學

英 文 名	大 陆 名	台 湾 名
aeroclimatology	高空气候学	高空氣候學
aerodrome forecast	机场[天气]预报	機場[天氣]預報
aerodrome hazardous weather warning	机场危险天气警报	機場危險天氣警報
aerodrome meteorological minimum	机场最低气象条件	機場最低氣象條件
aerodrome special weather report	机场特殊天气报告	機場特別天氣報告
aerodynamic drag	气动曳力	氣動曳力
aerodynamic roughness	气体动力粗糙度	[空]氣動力粗糙度
aerodynamic roughness length	空气动力粗糙度长度	氣動力粗糙長度
aerodynamics	空气动力学	[空]氣動力學
aerodynamic trail	空气动力尾迹	[空]氣動力凝結尾
aeroembolism	高空病	高空病
aerogel	气凝胶	氣凝膠
aerograph(＝aerometeorograph)	高空气象计	高空氣象儀
aerological diagram	高空图表	高空圖表
aerological theodolite	测风经纬仪	測風經緯儀
aerology	高空气象学	高空氣象學
aerometeorograph	高空气象计	高空氣象儀
aeronautical climate regionalization	航空气候区划	航空氣候區劃
aeronautical climatography	航空气候志	航空氣候誌
aeronautical meteorology	航空气象学	航空氣象學
aeronautics	航空学	航空學
aeronomosphere	高空大气层	特高層大氣
aeronomy	高空大气学	高層大氣物理學
aerosol	气溶胶	氣膠
aerosol analyzer	气溶胶分析仪	氣膠分析儀
aerosol climate effect	气溶胶气候效应	氣膠氣候效應
aerosol climatology	气溶胶气候[学]	氣膠氣候[學]
aerosol composition	气溶胶成分	氣膠成分
aerosol detector	气溶胶检测仪	氣膠偵測儀
aerosol electricity	气溶胶电[学]	氣膠電[學]
aerosol layer	气溶胶层	氣膠層
aerosoloscope	气溶胶仪	氣膠儀
aerosol particle	气溶胶粒子	氣膠粒子
aerosol size distribution	气溶胶径谱	氣膠徑譜
aerosol sonde	气溶胶探空仪	氣膠送
aerosphere	气圈,气界	氣圈,氣界
aerostat meteorograph	气球气象仪	氣球氣象儀
aestivation	夏眠,夏蛰	夏眠,夏蛰

英　文　名	大　陆　名	台　湾　名
African jet	非洲急流	非洲噴流
ageostrophic motion	非地转运动	非地轉運動
ageostrophic wind	非地转风	非地轉風
agglomeration	碰并	撞併
agglutination	附着	黏合[作用]
aggregation	聚合	聚合
agricultural climatology	农业气候学	農業氣候學
agricultural meteorological station	农业气象站	農業氣象站
agricultural meteorology	农业气象学	農業氣象學
agricultural microclimate	农业小气候	農業小氣候
agroclimate	农业气候	農業氣候
agroclimatic analogy	农业气候相似	農業氣候類比
agroclimatic analysis	农业气候分析	農業氣候分析
agroclimatic atlas	农业气候图集	農業氣候圖集
agroclimatic classification	农业气候分类	農業氣候分類
agroclimatic demarcation	农业气候区划	農業氣候區劃
agroclimatic evaluation	农业气候评价	農業氣候評價
agroclimatic index	农业气候指标	農業氣候指數
agroclimatic region	农业气候区域	農業氣候區
agroclimatic resources	农业气候资源	農業氣候資源
agroclimatography	农业气候志	農業氣候誌
agroclimatology(=agricultural climatology)	农业气候学	農業氣候學
agrometeorological forecast	农业气象预报	農業氣象預報
agrometeorological hazard	农业气象灾害	農業氣候災害
agrometeorological information	农业气象信息	農業氣象資訊
agrometeorological model	农业气象模式	農業氣象模式
agrometeorological yield forecast	农业气象产量预报	農業氣象產量預報
agrometeorology(=agricultural meteoro-logy)	农业气象学	農業氣象學
agronomy	农学,农艺学	農藝學
agrotopoclimatology	农业地形气候学	農業地形氣候學
air	空气	空氣
air atomizer	空气雾化器	空氣霧化器
airborne laser radar	机载激光雷达	機載雷射雷達
airborne particulate	空中悬浮微粒	空中懸浮微粒
airborne radar	机载雷达	機載雷達
airborne radiation thermometer(ART)	机载辐射温度表	機載輻射溫度計
airborne search radar	机载搜索雷达	機載搜索雷達

英　文　名	大　陆　名	台　湾　名
airborne spectrometer	机载光谱仪	機載光譜計
airborne weather radar	机载天气雷达	機載天氣雷達
air bubble	气泡	氣泡
air bump	[空气]颠簸	[空氣]顛簸
air column	气柱	氣柱
air conductivity	大气电导率	空氣導電率
aircraft actinometer	机载直接辐射表	機載日射計
aircraft bumpiness	飞机颠簸	飛機顛簸
aircraft icing	飞机积冰	飛機積冰
aircraft measurement	①机载测量仪器 ②航测[记录]	①機載測量儀器 ②航測[記錄]
aircraft sounding	飞机探测	飛機探空
aircraft thermometry	飞机测温法	飛機測溫術
aircraft-to-satellite data relay	飞机卫星数据中继	飛機衛星資料中繼
aircraft trail	飞机尾迹	飛機凝結尾
aircraft wake	飞机尾流	飛機尾流
aircraft weather reconnaissance	飞机天气侦察	飛機氣象偵察
air current	气流	氣流
air density	空气密度	空氣密度
air discharge	空中放电	空中放電
air drainage	空气流泄	空氣洩流
airdrome pressure	场面气压	場面氣壓
air-earth conduction current	空地传导电流	地空傳導電流
air-earth current	空地电流	地空電流
air fountain	气泉	氣泉
airglow	气辉	氣輝
air hoar	霜凇	高霜
airlight	[空]气光,悬浮物散射光	空中光
air-line sounding	气压水深器	氣壓水深器
air mass	气团	氣團
air-mass analysis	气团分析	氣團分析
air-mass classification	气团分类	氣團分類
air-mass climatology	气团气候学	氣團氣候學
air-mass fog	气团雾	氣團霧
air-mass identification	气团辨认	氣團辨認
air-mass precipitation	气团[性]降水	氣團降水
air-mass property	气团属性	氣團屬性

英　文　名	大　陆　名	台　湾　名
air-mass source	气团源地	氣團源地
air-mass transformation	气团变性	氣團變性
air meter	气流表	氣流計
air parcel	气块	氣塊
airplane meteorological sounding	飞机气象探测	飛機氣象探測
air plankton (=aerial plankton)	大气浮游生物	大氣浮游生物
air pollutant	空气污染物	空[氣]污[染]物
air pollutant emission standard	空气污染物排放标准	空氣污染物排放標準
air pollution	空气污染	空[氣]污[染]
air pollution alert	空气污染警报	空污預警
air pollution chemistry	空气污染化学	空[氣]污[染]化學
air pollution code	空气污染法规	空[氣]污[染]代碼
air pollution index	空气污染指数	空[氣]污[染]指數
air pollution meteorology	空气污染气象学	空污氣象學
air pollution model	空气污染模式	空氣污染模式
air pollution modeling	空气污染模拟	空氣污染模擬
air pollution standard	空气污染标准	空[氣]污[染]標準
airport forecast	机场预报	機場預報
air quality	空气质量,空气品质	空氣品質
air quality criteria	空气质量判据,空气品质判据	空氣品質判據
air quality standard	空气质量标准,空气品质标准	空氣品質標準
air resources	空气资源	空氣資源
air sample	空气样本	空氣樣本
air-sea boundary process	海气边界过程	氣海邊界過程
air-sea coupled model	海气耦合模式	氣海耦合模式
air-sea exchange	海气交换	海氣交換
air-sea interaction (ASI)	海气相互作用	氣海交互作用
air-sea interface	海气界面	氣海介面
air shower	大气簇射	空氣射叢
air temperature	气温	氣溫
air trap	气阱	氣阱
airways forecast	航线天气预报	航線天氣預報
Aitken dust counter	艾特肯计尘器,爱根计尘器	艾肯計塵器
Aitken nucleus	艾特肯核,爱根核	艾肯核
Alaskan Stream	阿拉斯加海流	阿拉斯加海流

英　文　名	大　陆　名	台　湾　名
albedo	反照率	反照率
albedograph	反照仪	反照儀
albedometer	反照率表	反照計
albedo of the earth	地球反照率	地球反照率
alcohol in glass thermometer	酒精温度表	酒精溫度計
alee	背风	背風
Aleutian current	阿留申海流	阿留申海流
Aleutian low	阿留申低压	阿留申低壓
algorithm	算法	算則
aliasing error	混淆误差	混淆誤差
alidade	照准仪	測高儀
alkali fume	碱性尘雾	鹼性煙霧
alkalinity	碱度	鹼度
allobaric field	变压场	變壓場
allobaric wind	变压风	變壓風
all round visibility	全方位能见度	全方位能見度
all sky photometer	全天光度计	全天光度計
all weather flight	全天候飞行	全天候飛行
along-slope wind system	沿坡风系	沿坡風系
along-valley wind	沿谷风	沿谷風
along-valley wind system	沿谷风系	沿谷風系
alpine climate	高山气候	高山氣候
alpine glow	高山辉	高山輝
alti-electrograph	高空电位计	空中電場儀
altigraph	高度计	高度儀
altimeter	高度表	高度計
altimeter equation	高度表测高方程	高度計方程
altimeter setting	高度表拨定［值］	高度表撥定值
altitude	高度	高度
altocumulus（Ac）	高积云	高積雲
altocumulus castellanus（Ac cas）	堡状高积云	堡狀高積雲
altocumulus cumulogenitus（Ac cug）	积云性高积云	積雲性高積雲
altocumulus duplicatus（Ac du）	复高积云	重疊高積雲
altocumulus floccus（Ac flo）	絮状高积云	絮狀高積雲
altocumulus lacunosus（Ac la）	网状高积云	網狀高積雲
altocumulus lenticularis（Ac len）	荚状高积云	莢狀高積雲
altocumulus opacus（Ac op）	蔽光高积云	蔽光高積雲
altocumulus perlucidus（Ac pe）	漏隙高积云	漏光高積雲

英　文　名	大　陆　名	台　湾　名
altocumulus radiatus (Ac ra)	辐辏状高积云	輻狀高積雲
altocumulus stratiformis (Ac str)	高状高积云	層狀高積雲
altocumulus translucidus (Ac tr)	透光高积云	透光高積雲
altocumulus undulatus (Ac un)	波状高积云	波狀高積雲
altostratus (As)	高层云	高層雲
altostratus duplicatus (As du)	复高层云	重疊高層雲
altostratus nebulosus (As neb)	雾状高层云	霧狀高層雲
altostratus opacus (As op)	蔽光高层云	蔽光高層雲
altostratus radiatus (As ra)	辐辏状高层云	輻狀高層雲
altostratus translucidus (As tr)	透光高层云	透光高層雲
altostratus undulatus (As un)	波状高层云	波狀高層雲
ambient air	环境空气	環境空氣
ambient air monitoring	环境空气监测	環境空氣監測
ambient air quality	环境空气质量	環境空氣品質
ambient air quality standard	环境空气质量标准	環境空氣品質標準
ambient atmosphere	环境大气	環境空氣
ambient pollution burden	环境污染负荷	環境污染負荷
ambiguity function	模糊函数	模糊函數
American Meteorological Society (AMS)	美国气象学会	美國氣象學會
ammonia	氨	氨
amorphous frost	无定形霜	無定形霜
amount of precipitation	降水量	降水量
amplitude	振幅	振幅
amplitude correlation function	振幅相关函数	振幅相關函數
amplitude spectrum	波幅谱	波幅譜
AMS(=American Meteorological Society)	美国气象学会	美國氣象學會
AMSU (=advanced microwave sounding unit)	先进微波探测装置	先進微波探測裝置
AN (=ascending node)	升交点	升交點
anabatic front(=anafront)	上滑锋	上滑鋒
anabatic wind	上坡风	上坡風
anafront	上滑锋	上滑鋒
anallobar	正变压线	升壓線
anallobaric center	正变压中心	升壓中心
analog	类比	類比
analog method	模拟法,类比法	類比法
analytic solution	解析解	解析解
anathermal climatic change	增温期气候变化	增溫期氣候變化

英　文　名	大　陆　名	台　湾　名
anchored trough	锚槽	滞槽
anchor ice	锚冰	底冰
anemobiagraph	压管风速计	壓管風速儀
anemoclinometer	风斜表	風傾儀
anemograph	风速计	風速儀
anemometer	风速表	風速計
anemometer tower	测风塔	測風塔
anemometry	风速测定法	測風術
aneroid barograph	空盒气压计	空盒氣壓儀
aneroid barometer	空盒气压表	空盒氣壓計
angel echo	异常回波	異常回波
angle thermometer	曲管温度表	曲管溫度計
Angström pyrgeometer	昂斯特伦地球辐射表	埃氏地面輻射計
Angström turbidity coefficient	昂斯特伦浑浊度系数	埃氏濁度係數
angular momentum balance	角动量平衡	角動量平衡
angular spreading	角展宽	角展
animal husbandry meteorology	畜牧气象学	畜牧氣象學
anisotropy	各向异性	各向異性
anniversary wind	周年风	週年風
annual amount	年总量	年總量
annual anomaly	年距平	年距平
annual exceedance series	年超过[警戒线]序列	年最大[流量]序列
annual flood series	年最大洪水序列	年最大洪水序列
annual maximum series	年最大[流量]序列	年最大[流量]序列
annual mean	年平均	年平均
annual minimum series	年最小[流量]序列	年最小[流量]序列
annual range	年较差	年較差
annual ring	年轮	年輪
annual runoff	年径流[量]	年逕流[量]
annual storage	年蓄量	年蓄量
annual variation	年变化	年變
anomalous refraction	异常折射	異常折射
anomaly correlation	距平相关	距平相關
antarctic air mass	南极气团	南極氣團
antarctic anticyclone	南极反气旋	南極反氣旋
Antarctic Bottom Water (ABW)	南大洋底层水	南極底層水
antarctic circumpolar current (ACC)	南极绕极流,绕南极洋流	南極繞極流,繞[南]極流

英　文　名	大　陆　名	台　湾　名
antarctic climate	南极气候	南極氣候
antarctic convergence	南极辐合	南極輻合
antarctic divergence	南极辐散	南極輻散
antarctic front	南极锋	南極鋒
Antarctic Ice Sheet	南极冰盖	南極冰原層
Antarctic Intermediate Water	南大洋中层水	南極中層水
antarctic ozone hole	南极臭氧洞	南極臭氧洞
antarctic polar vortex	南极涡	南極渦
Antarctic Surface Water	南大洋表层水	南極水
antenna limit	天线极限	天線極限
anthelion	反日	反日
anthropecology	人类生态学	人類生態學
anticorrelation	反相关,负相关	反相關
anticyclogenesis	反气旋生成	反[氣]旋生[成]
anticyclolysis	反气旋消散	反[氣]旋消[滅]
anticyclone	反气旋	反氣旋
anticyclonic circulation	反气旋环流	反旋式環流
anticyclonic curvature	反气旋[性]曲率	反旋式曲率
anticyclonic shear	反气旋[性]切变	反旋式風切
anticyclonic vortex	反[气]旋[式]涡旋	反旋式渦旋
anticyclonic vorticity	反气旋[性]涡度	反旋式渦度
artificial recharge	人工回灌	人工回灌
antihail rocket	防雹火箭	防雹火箭
antimonsoon	反季风	反季風
anti-trade	反信风	反信風
antitriptic wind	摩擦风	摩擦風,滯衡風
anvil cloud	砧状云	砧狀雲
apartment microclimate	住宅微气候	住宅微氣候
APE（=available potential energy）	有效位能,可用位能	可用位能
aperiodic flow	非周期流	非週期流
aperiodic oscillation	非周期振荡	非週期振盪
aperiodic signal	非周期信号	非週期信號
aphelion	远日点	遠日點
apogean tide	远月潮	遠月潮
apogee	远地点	遠地點
apparatus	仪器	儀器
apparent force	视示力	視示力
apparent heat source	视热源	視熱源

英　文　名	大　陆　名	台　湾　名
apparent velocity	视速度	視速度
apparent wind	视风	視風
application technology satellite（ATS）	应用技术卫星	應用技術衛星
applied climatology	应用气候学	應用氣候學
applied hydrology	应用水文学	應用水文學
applied meteorology	应用气象学	應用氣象學
appointed airdrome weather report	预约机场天气报告,机场预约天气报告	預約機場天氣報告
approximation	近似	近似
APT（=automatic picture transmission）	自动图像传输	自動圖像傳送
aqueous aerosol	湿气溶胶	濕氣[懸]膠
aquifer	含水层	供水層
arc cloud	弧状云	弧狀雲
arc discharge	弧光放电	弧形放電
architectural meteorology	建筑气象学	建築氣象學
arch twilight	曙暮光弧	曙暮光弧
arctic air	北极空气	北極空氣
arctic air mass	北极气团	北極氣團
arctic anticyclone	北极反气旋	北極反氣旋
arctic bottom water	北冰洋底层水	北極底層水
arctic climate	北极气候	北極氣候
arctic continental air	北极大陆空气	北極大陸空氣
arctic continental air mass	北极大陆气团	北極大陸氣團
arctic current	北极海流	北極海流
arctic front	北极锋	北極鋒
arctic haze	北极霾	北極霾
arctic intermediate water	北冰洋中层水	北極中層水
arctic pack	北极浮冰[群]	北極堆冰
arctic sea smoke	北冰洋[烟]雾	北極蒸氣霧
arctic surface water	北冰洋表层水	北極水
arctic zone	北极区	北極區
ardometer	光测高温表	光測高溫計
area-elevation curve	区域–高程曲线	區高曲線
areal precipitation	面降水[量]	區域降水
areal reduction factor	雨量面点比	雨量面點比
area mean rainfall	区域平均雨量	面積平均雨量
argon	氩	氬
arid	干燥	乾燥

英　文　名	大　陆　名	台　湾　名
arid climate	干旱气候	乾燥氣候
aridity	干燥度	乾度
aridity factor	干燥因子	乾燥因子
aridity index	干燥[度]指数	乾燥指數
aridity region	干燥区域	乾[燥]區[域]
arid zone	干旱带	乾旱帶
arid-zone hydrology	干旱带水文学	乾帶水文學
arithmetic mean	算术平均	算術平均
ARMA（=autoregressive moving average）	自回归滑动平均	自回歸移動平均
ART（=airborne radiation thermometer）	机载辐射温度表	機載輻射溫度計
artificial climate	人工气候,人造气候	人造氣候
artificial cloud	人造云	人造雲
artificial ice nucleus	人工冰核	人造冰核
artificial microclimate	人工小气候	人造微氣候
artificial nucleation	人工成核作用	人造核化[作用]
artificial nucleus	人造核	人造核
artificial precipitation	人工降水	人造降水
artificial radioactivity	人造放射性	人造放射性
artificial rain	人造雨	人造雨
artificial satellite	人造卫星	人造衛星
As（=altostratus）	高层云	高層雲
ascendent	升度	升度,負梯度
ascending motion	上升运动	上升運動
ascending node（AN）	升交点	升交點
ascent	上升	上升
ascent curve	上升曲线	上升曲線
A scope	A 型显示器	A 示波器
As du（=altostratus duplicatus）	复高层云	重疊高層雲
ash air	含灰空气	含灰空氣
ash cloud	[烟]灰云	灰雲
ash devils	灰卷	灰捲
ash fall	灰沉降	灰沈降
ash shower	阵灰	陣灰
ASI（=air-sea interaction）	海气相互作用	氣海交互作用
As neb（=altostratus nebulosus）	雾状高层云	霧狀高層雲
ASO（=auxiliary ship observation）	辅助船舶观测	輔助船舶觀測
As op（=altostratus opacus）	蔽光高层云	蔽光高層雲
aspirated electrical capacitor	通风电容仪	通風電容儀

英　文　名	大　陆　名	台　湾　名
aspirated psychrometer	通风干湿表	通風乾濕計
aspirated thermometer	通风温度表	通風溫度計
aspiration meteorograph	通风气象计	通風氣象儀
As ra（＝altostratus radiatus）	辐辏状高层云	輻狀高層雲
assessment	评估,评价	評估
assimilation	①同化[作用] ②吸收	①同化 ②吸收
Assmann psychrometer	阿斯曼干湿表	阿斯曼乾濕計
As tra（＝altostratus translucidus）	透光高层云	透光高層雲
astro-climatic index	天文气候指标	天文氣候指數
astrometeorology	天文气象学	天文氣象學
astronautics	宇宙航行学	宇宙航行學
astronomical twilight	天文曙暮光	天文曙暮光
As un（＝altostratus undulatus）	波状高层云	波狀高層雲
asymmetry factor	不对称因子	非對稱因子
asymptotic expansion	渐近展开	漸近展開
asynchronous communication	异步通信	異步通信
asynchronous teleconnection	异步遥相关	非同步遙相關
athermancy	不透辐射热性	不透熱性
atlas	地图集	地圖集
atmidometer	蒸发表	蒸發計
atmology	水汽学	水氣學
atmoradiograph	大气电强计,天电强度计	天電儀
atmosphere	①大气 ②大气圈 ③大气压	①大氣 ②[大]氣圈 ③大氣壓
atmospheric absorption	大气吸收	大氣吸收
[atmospheric] absorptivity	[大气]吸收率	吸收率
atmospheric acoustics	大气声学	大氣聲學
atmospheric attenuation	大气衰减	大氣衰減
atmospheric background	大气本底[值]	大氣背景[值]
atmospheric boundary layer	大气边界层	大氣邊界層
atmospheric chemistry	大气化学	大氣化學
atmospheric circulation	大气环流	大氣環流
atmospheric composition	大气成分	大氣成分
atmospheric counter radiation	大气逆辐射	大氣反輻射
atmospheric demand	地面可蒸散	地許蒸散量
atmospheric density	大气密度	大氣密度
atmospheric diffusion	大气扩散	大氣擴散

英　文　名	大　陆　名	台　湾　名
atmospheric diffusion equation	大气扩散方程	大氣擴散方程
atmospheric disturbance	大气扰动	大氣擾動
atmospheric duct	大气波导	大氣波導
atmospheric dust	大气尘埃	大氣塵埃
atmospheric dynamics	大气动力学	大氣動力學
atmospheric effect	大气效应	大氣效應
atmospheric electricity	大气电学	大氣電[學]
atmospheric energetics	大气能量学	大氣能量學
atmospheric engine	大气热机	大氣熱機
atmospheric environment	大气环境	大氣環境
atmospheric extinction	大气消光	大氣消光
atmospheric forcing	大气强迫	大氣強迫
atmospheric humidity	大气湿度	大氣濕度
atmospheric impurity	大气杂质	大氣雜質
[atmospheric] instability	[大气]不稳定度	大氣不穩度
atmospheric ion	大气离子	大氣離子
atmospheric long wave	大气长波	大氣長波
atmospheric mass	大气质量	大氣質量
atmospheric model	大气模式	大氣模式
atmospheric noise	①大气噪声 ②天电干扰	①大氣雜訊 ②天電干擾
atmospheric opacity	大气不透明度	大氣不透明度
atmospheric optical mass	大气光学质量	大氣光學質量
atmospheric optical phenomena	大气光学现象	大氣光學現象
atmospheric optical spectrum	大气光谱	大氣光譜
atmospheric optics	大气光学	大氣光學
atmospheric oscillation	大气振荡,大气涛动	大氣潮
atmospheric oxidant	大气氧化剂	大氣氧化劑
atmospheric ozone	大气臭氧	大氣臭氧
atmospheric phenomena	大气现象	大氣現象
atmospheric photochemistry	大气光化学	大氣光化學
atmospheric photolysis	大气光解[作用]	大氣光解[作用]
atmospheric physics	大气物理[学]	大氣物理學
atmospheric polarization	大气偏振	大氣極化
atmospheric pollutant	大气污染物	大氣污染物
atmospheric pollution	大气污染	大氣污染
[atmospheric] pollution source	[大气]污染源	[大氣]污染源
atmospheric predictability	①大气可预报性 ②大气可预报度	①大氣可預報性 ②大氣可預報度

英　文　名	大　陆　名	台　湾　名
atmospheric pressure	气压	[大]氣壓[力]
atmospheric probing	大气探测	大氣探測
atmospheric radiation	大气辐射	大氣輻射
atmospheric radiation budget	大气辐射收支	大氣輻射收支
atmospheric radioactivity	大气放射性	大氣放射性
atmospheric refraction	大气折射	大氣折射
atmospheric remote sensing	大气遥感	大氣遙測
atmospheric removal	大气移除	大氣移除
atmospheric retrieval	大气反演	大氣反演
atmospherics	天电	天電
atmospheric salinity	大气盐度	大氣鹽度
[atmospheric] scale height	[大气]标高	均勻大氣高度
atmospheric scavenging	大气净化	大氣清除
atmospheric science	大气科学	大氣科學
atmospheric sounding projectile	[高层]大气探测火箭	大氣探測火箭
[atmospheric] stability	[大气]稳定度	大氣穩度
atmospheric stratification	大气层结	大氣成層
atmospheric structure	大气结构	大氣結構
atmospheric thermodynamics	大气热力学	大氣熱力學
atmospheric tide	大气潮	大氣潮
atmospheric total ozone	大气臭氧总量	大氣臭氧總量
atmospheric trace gas	大气痕量气体	大氣微量氣體
atmospheric transmission model	大气传输模式	大氣透射模式
[atmospheric] transmissivity	[大气]透射率	大氣透射率
[atmospheric] transparency	[大气]透明度	大氣透明[度]
atmospheric turbidity	大气浑浊度	大氣濁度
atmospheric turbulence	大气湍流	大氣亂流
atmospheric vortex	大气涡旋	大氣渦旋
atmospheric water budget	大气水分收支	大氣水收支
atmospheric wave	大气波[动]	大氣波
atmospheric window	大气窗	大氣窗
ATS（=application technology satellite）	应用技术卫星	應用技術衛星
attenuation	衰减	衰減
attenuation coefficient	衰减系数	衰減係數
attenuation constant	衰减常数	衰減常數
attenuation cross-section	衰减截面	衰減截面
attenuation of solar radiation	太阳辐射衰减	太陽輻射衰減
attractor	吸[引]子,引子	吸子

英　文　名	大　陆　名	台　湾　名
aufeis	冰锥	冰錐
aurora	极光	極光
aurora australis	南极光	南極光
aurora borealis	北极光	北極光
auroral arc	极光弧	極光弧
auroral band	极光带	極光帶
auroral corona	极光冕	極光冕
auroral draperies	极光帘,极光幔	極光幔
auroral electrojet	极光带电急流	極光帶電子噴流
auroral oval	极光卵,极光椭圆区	極光橢圓區
auroral ray	极光射线	極光射線
auroral storm	极光暴	極光暴
austausch coefficient	交换系数	交換係數
autocorrelation	自相关	自相關
autocorrelation coefficient	自相关系数	自相關係數
autocorrelation function	自相关函数	自相關函數
autocorrelation spectrum	自相关谱	自相關譜
autocorrelogram	自相关图	自相關圖
autocovariance	自协方差	自協方差
autocovariance spectrum	自协方差谱	自協方差譜
autographic record	自记记录	自記記錄
automated weather network（AWN）	自动天气站网,自动气象站网	自動天氣站網
automated weather observing system（AWOS）	自动气象观测系统	自動天氣觀測系統
automatic data processing	自动资料处理	自動資料處理
automatic meteorological observation station	自动气象观测站	自動氣象測站
automatic meteorological station	自动气象站	自動氣象站
automatic picture transmission(APT)	自动图像传输	自動圖像傳送
autoregression method	自回归法	自回歸[法]
autoregression model	自回归模式	自回歸模式
autoregressive integrated moving average	自回归积分滑动平均	自回歸積分移動平均
autoregressive moving average（ARMA）	自回归滑动平均	自回歸移動平均
autumnal equinox tide	秋分潮	秋分潮
auxiliary ship observation（ASO）	辅助船舶观测	輔助船舶觀測
availability	可用度	可用度
available energy	可用能量	可用能量

英　文　名	大　陆　名	台　湾　名
available potential energy（APE）	有效位能，可用位能	可用位能
available solar radiation	有效太阳辐射,可用太阳辐射	可用太陽輻射
available storage capacity	有效库容,可用库容	可用庫容
available water	有效水［分］,可用水［分］	可用水［分］
available wind energy	有效风能	可用風能
avalanche	雪崩	雪崩
average	平均	平均
average departure	平均偏差	平均偏差
average error	平均误差	平均誤差
averaging kernel	平均核	平均核
averaging operator	平均算子	平均運算元
AVHRR（＝advanced very high resolution radiometer）	先进甚高分辨率辐射仪	先進特高解輻射計
aviation climatology	航空气候学	航空氣候［學］
aviation meteorological code	航空气象电码	航空氣象電碼
aviation meteorological observation	航空气象观测	航空氣象觀測
aviation meteorological service	航空气象服务	航空氣象服務
aviation meteorological support	航空气象保障	航空氣象保障
aviation［weather］forecast	航空［天气］预报	航空［天氣］預報
aviation weather information	航空气象信息	航空氣象資訊
AWN（＝automated weather network）	自动天气站网,自动气象站网	自動天氣站網
AWOS（＝automated weather observing system）	自动气象观测系统	自動天氣觀測系統
axis of contraction	压缩轴	收縮軸
axis of jet stream	急流轴	噴流軸
axisymmetric flow	轴对称流	軸對稱流
axisymmetric turbulence	轴对称湍流	軸對稱亂流
azimuth	方位角	方位角
azimuthal wave number	方位角角波数	方位波數
azimuth resolution	方位角分辨率	方位角解析度
Azores high	亚速尔高压	亞速高壓

B

英　文　名	大　陆　名	台　湾　名
back-bent occlusion	后曲锢囚	後曲囚鍋
background air pollution	本底空气污染	背景空氣污染
background concentration	本底浓度	背景濃度
background field	背景场	背景場
background pollution	本底污染	背景污染
background radiation	背景辐射,本底辐射	背景輻射
background station	本底[观测]站	背景站
backing wind	逆转风	逆轉風
back radiation	后向辐射	反輻射
backscattering	后向散射	反散射
backscattering coefficient	后向散射系数	後向散射係數
backscattering cross-section	后向散射截面	反散射截面
backscattering efficiency	后向散射效率	後向散射效率
backscattering lidar	后向散射激光雷达	後向散射光達
backscatter to extinction ratio	后向散射消光比	後向散射消光比
backscatter ultraviolet spectrometer(BUS)	后向散射紫外光谱仪	後散射紫外分光計
backscatter ultraviolet technique	紫外[辐射]后向散射法	紫外後向散射法
backward difference	向后差分	後差
backward-tilting trough	后倾槽	後傾槽
baffin current	无定向海流	無定向海流
bai	黄雾	沙霾
balance equation	平衡方程	平衡方程
ballistic air density	弹道空气密度	彈道空氣密度
ballistic meteorology	弹道气象学	彈道氣象[學]
ballistic temperature	弹道温度	彈道溫度
ballistic wind	弹道风	彈道風
ball lightning	球状闪电	球狀閃電
balloon	气球	氣球
balloon borne laser radar	球载激光雷达	球載雷射雷達
balloon borne reflector	球载反射器	球載反射器
balloon observation	气球观测	氣球觀測
balloon sonde	气球探空	氣球探空,氣球送

英　文　名	大　陆　名	台　湾　名
balloon theodolite（=aerological theodolite）	测风经纬仪	測風經緯儀
ball pyranometer	球形天空辐射表	球狀全天空輻射計
band	①带 ②谱带	①帶 ②譜帶
band absorption	带吸收	帶吸收
banded cloud system	带状云系	帶狀雲系
banded echo	带状回波	帶狀回波
band lightning	带状闪电	帶狀閃電
band model	带模式	頻帶模式
band pass filter	带通滤波器	帶通濾波器
band spectrum	带［状］光谱	帶狀譜
banner cloud	旗云	旗雲
bar	巴(旧的气压单位)	巴
barb	风速羽	風羽
Barbados Oceanographic and Meteorological Experiment（BOMEX）	巴巴多斯海洋和气象试验	巴貝多海洋氣象試驗
bare soil	裸地	裸地
baric topography	气压型	氣壓型
baroclinic atmosphere	斜压大气	斜壓大氣
baroclinic disturbance	斜压扰动	斜壓擾動
baroclinic instability	斜压不稳定	斜壓不穩度
baroclinic mode	斜压模［态］	斜壓模
baroclinic model	斜压模式	斜壓模式
baroclinic process	斜压过程	斜壓過程
baroclinic torque vector	斜压转矩矢量	斜壓力矩向量
baroclinic wave	斜压波	斜壓波
baroclinity	斜压性	斜壓度
barogram	气压自记曲线	氣壓自記曲線
barograph	气压计	氣壓儀
barometer	气压表	氣壓計
barometric correction	气压订正	氣壓訂正
barometric height formula	压高公式	壓高公式
barometric maximum	气压最高值	氣壓最高值
barometric mean temperature	测高平均温度	壓高平均氣溫
barometric minimum	气压最低值	氣壓最低值
barometrograph	气压自记仪	氣壓自記儀
barosphere	气压层	氣壓層
baroswitch	气压开关	氣壓開關

英　文　名	大　陆　名	台　湾　名
barothermograph	[气]压温[度]计	壓溫儀
barothermohygroanemograph	压温湿风计	壓溫濕風儀
barothermohygrometer	压温湿表	壓溫濕計
barotropic atmosphere	正压大气	正壓大氣
barotropic disturbance	正压扰动	正壓擾動
barotropic forecast	正压预报	正壓預報
barotropic instability	正压不稳定	正壓不穩度
barotropic mode	正压模[态]	正壓模
barotropic model	正压模式	正壓模式
barotropic torque vector	正压转矩矢量	正壓力矩向量
barotropic vorticity equation	正压涡度方程	正壓渦度方程
barotropic wave	正压波	正壓波
barotropy	正压性	正壓度
barrier	壁垒,障碍	障礙
barrier jet	地形急流	地形噴流
barrier theory	障碍学说	障礙理論
barye	微巴	微巴
baseline monitoring	本底监测	基線監測
base map	底图	底圖
basic flow	基本气流	基本流
basin outlet	流域出口	流域出口
batch	程序组	程式組
bathyal environment	①半深海环境 ②深海 　　环境	①半深海環境 ②深海 　　環境
bathymetry	测[水]深法	測深術
bathythermograph	温深仪,深水温度仪	溫深儀
Baur's solar index	鲍尔太阳指数	鮑爾太陽指數
Bayes' theorem	贝叶斯定理	貝葉斯定理
bay ice	湾冰	灣冰
BDRF(=bidirectional reflection function)	双向反射函数	雙向反射函數
beach ice	海滩冰	海灘冰
beacon	①航标 ②信标	①航標 ②信標
beaded lightning (=pearl-necklace lightning)	[串]珠状闪电	珠狀閃電,球狀閃電
beam	波束	[波]束
beam broadening	波束展宽	波束展寬
beam filling	波束充填[量]	束填塞
beam filling coefficient	波束充塞系数	波束填塞係數

英　文　名	大　陆　名	台　湾　名
bearing	①方位 ②支承	①方位 ②軸承
beat frequency oscillator	拍频振荡器	拍頻振盪器
beat mode	拍频模	拍頻模
Beaufort wind scale	蒲福风级	蒲福風級
Beer's law	比尔定律	比爾定律
Benard cell	贝纳胞	本納胞
Benard convection	贝纳对流	本納對流
benchmark	基准点	水準點
Bergeron mechanism	贝热龙机制	白吉龍機制
bergy bit	冰山块	冰山塊
Bermuda high	百慕大高压	百慕達高壓
Bernoulli's equation	伯努利方程	白努利方程
Bessel function	贝塞尔函数	貝色函數
beta effect	β 效应	β 效應,貝他效應
beta plane	β 平面	β 平面,貝他平面
beta spiral	贝塔螺线	貝他螺旋
bias	偏倚	偏倚
bias score	偏倚评分,系统性误差评分	偏倚評分
bidirectional reflectance	双向反射率	雙向反射率
bidirectional reflection function（BDRF）	双向反射函数	雙向反射函數
biennial ice	二年冰	二年冰
biennial oscillation	两年振荡	兩年振盪
biennial wind oscillation	两年风振荡	兩年風振盪
bifurcation	分岔	分歧
bifurcation point	歧点	[分]歧點
bifurcation theory	分歧理论	分歧理論
bilinear interpolation	双线性内插法	雙線性內插法
bimetallic thermograph	双金属片温度计	雙金屬溫度儀
bimodal distribution	双峰分布	雙峰分佈
bimodal spectrum	双峰谱	雙峰譜
binary	二进制[的]	二進位
binary tree	二叉树	雙分樹
binary typhoons	双台风	雙颱風
binomial distribution	二项分布	二項分佈
binomial smoothing	二项式平滑	二項式平滑
biochemical action	生化作用	生化作用
bioclimate	生物气候	生物氣候

英　文　名	大　陆　名	台　湾　名
bioclimate law	生物气候律	生物氣候律
bioclimate zonation	生物气候分区	生物氣候分區
bioclimatograph	生物气候图	生物氣候圖
bioclimatology	生物气候学	生物氣候學
biocompatibility	生物适应性	生物適應性
biocycle	生物循环	生物迴圈
biodiversity	生物多样性	生物多樣性
bioecology	生物生态学	生物生態學
bioengineering	生物工程[学]	生物工程[學]
biofeedback	生物反馈	生物回饋
biofog	生物雾	生物霧
biogenic ice nucleus	生物冰核	生物冰核
biogenic trace gas	生物痕量气体	生物微量氣體
biogeochemical cycle	生物地球化学循环	生地化循環
biogeochemistry	生物地球化学	生[物]地[球]化學
biogeography	生物地理学	生物地理學
biokinetic temperature limit	生物活力温度界限	生物活力溫度界限
biological dating method	生物学定年法	生物學定年法
biological depollution	生物去污染	生物去污染
biological minimum temperature	生物学最低温度	生物最低溫度
biological zero point	生物学零度	生物致死溫度
biomass	生物量	生物量
biomass burning	生物质燃烧	生物質燃燒
biome	生物群落	生物群落
biometeorology	生物气象学	生物氣象學
biosphere	生物圈	生物圈
biosphere-albedo feedback	生物圈反照率反馈	生物圈反照率回饋
biosphere reserves	生物圈保护区	生物圈保護區
biota	生物群	生物群
biotemperature	生物温度	生物溫度
biotron	气候控制室,生物气候室	生物氣候室
bipolar pattern	双极型(闪电)	雙極型
birainy	双雨季[的]	雙雨季[的]
Bishop's corona	毕晓普光环	畢旭光環
bispectrum	双阶谱	雙階譜
bispectrum analysis	双阶谱分析	雙階譜分析
bistatic lidar	双站激光雷达,双基地	雙站光達

英　文　名	大　陆　名	台　湾　名
	激光雷达	
bit	位,比特	位元
bits per inch（bpi）	位/英寸	位元/寸,每寸位元
bivariate distribution	二维分布,二元分布	二元分佈
bivariate time series	二元时间序列	二元時間序列
Bjerknes theorem of circulation	皮叶克尼斯环流定理	畢雅可尼環流定理
black body	黑体	黑體
black body radiation	黑体辐射	黑體輻射
black bulb thermometer	黑球温度表	黑球溫度計
black fog	黑雾	黑霧
black frost	黑霜	黑霜
black ice	黑冰,透明[薄]冰[层]	黑冰
black rain	黑雨	黑雨
black storm	黑风暴	黑風暴
black wind	黑风	黑風
blast	阵风	陣風
blizzard wind	雪暴风	雪暴風
blocking high	阻塞高压	阻塞高壓
blood-rain	血雨	血雨
blood-snow	血雪	紅雪
blowing dust	高吹尘	高吹塵
blowing sand	高吹沙	高吹沙
blowing snow	高吹雪	高吹雪
blue ice	蓝冰,纯洁冰	藍冰
blue-ice area	蓝冰带	藍冰區
blue jet	蓝[放电]急流	藍噴流
blue noise	蓝噪声	藍噪
blue of the sky	天空蓝度	天空藍度
blue sky	碧空	碧空,晴天
bogus data	人造资料,虚拟资料	虛擬資料
boiling point	沸点	沸點
bologram	热辐射仪自记曲线	熱輻射圖
bolograph	热辐射计	分光測熱儀
bolometer	热辐射仪	熱輻射計
Boltzmann's constant	玻尔兹曼常数	波茲曼常數
BOMEX（=Barbados Oceanographic and Meteorological Experiment）	巴巴多斯海洋和气象试验	巴貝多海洋氣象試驗
bora	布拉风	布拉風

英　文　名	大　陆　名	台　湾　名
boraccia	强布拉风	强布拉風
boreal climate	北部[森林]气候	極北氣候
boreal pole	北极	北極
botanical zone	植物带	植物帶
Bottlinger's rings	玻氏晕环	包氏暈
bottom current	底[层]流	底[層]流
bottom water	底层水	底水
Bouguer-Lambert law	布格–朗伯定律	鮑–藍定律
Bouguer's halo	布格晕	鮑桂暈
Bouguer's law	布格定律	鮑桂定律
boundary	边界,界限	邊界
boundary condition	边界条件	邊界條件
boundary current	边界流	邊界流
boundary layer	边界层	邊界層
boundary layer climate	边界层气候	邊界層氣候
boundary layer dynamics	边界层动力学	邊界層動力[學]
boundary layer jet stream	边界层急流	邊界層噴流
boundary layer meteorology	边界层气象学	邊界層氣象[學]
boundary layer model	边界层模式	邊界層模式
boundary layer profiler	边界层廓线仪	邊界層剖線儀
boundary layer pumping	边界层抽吸作用	邊界層抽吸[作用]
boundary layer radiosonde	边界层探空仪	邊界層雷送
boundary layer separation	边界层分离	邊界層分離
boundary value problem	边值问题	邊界值問題
boundary wave	界面波	邊界波
bounded derivative method	有界导数法	有界導數法
Bourdon thermometer	巴塘温度表	巴塘溫度計
Bourdon tube	布尔东管,巴塘管	巴塘管
Boussinesq approximation	布西内斯克近似	布氏近似
Boussinesq equation	布西内斯克方程	布氏方程
Bowen ratio	鲍恩比	鮑文比
box model	箱模式	箱形模式
Boyle law	玻意耳定律	波以耳定律
bpi (=bits per inch)	位/英寸	位元/寸,每寸位元
Bragg scattering	布拉格散射	布雷格散射
branched function	分支函数	分支函數
branching point	[分]支点	分支點
brave west wind belt	咆哮西风带	咆哮西風帶

英　文　名	大　陆　名	台　湾　名
Brazil current	巴西[暖]海流	巴西海流
breakdown	疲竭	疲竭
breaker	碎波	碎波
breaking drop theory	水滴破碎理论	水滴破碎理論
bright band	亮带	亮帶
bright eruption	喷焰	噴焰
brightness	亮度	亮度
brightness temperature	亮[度]温[度]	亮[度]溫[度]
broadband flux emissivity	宽带通量发射率	寬頻通量發射率
broken rainbow	断虹	斷虹
brontograph	雷雨计	雷雨儀
brontometer	雷雨表	雷雨計
brown fume	棕烟[雾]	棕煙[霧]
brown haze	棕霾	棕霾
Brownian diffusion	布朗扩散	布朗擴散
Brownian motion	布朗运动	布朗運動
Brownian rotation	布朗旋转	布朗旋轉
brume(=fog)	雾	霧
Brunt-Väisälä frequency	布伦特-韦伊塞莱频率	布維頻率
bubble convection	气泡对流	氣泡對流
bucket temperature	吊桶水温	吊桶溫度
bucket thermometer	吊桶水温表	吊桶水溫計
Buckingham π theory	白金汉 π 理论	白氏 π 理論
buffering	缓冲作用	緩衝作用
buffer zone	缓冲带	緩衝帶
building climate	建筑气候	建築氣候
building climate demarcation	建筑气候区划	建築氣候區劃
building climatology	建筑气候学	建築氣候[學]
building sunshine	建筑日照	建築日照
bulk aerodynamic formula	整体空气动力学公式	整體氣動公式
bulk aerodynamic method	整体空气动力法	整體氣動法
bulk density of soil	土壤整体密度	土壤整體密度
bulk parameterization	总体参数化	整體參數化
bulk property	总体性质	整體性質
bulk Richardson number	整体理查森数	整體理查遜數
bulk transport	整体输送	整體傳送
bulk velocity	总体速度	整體速度
bulkwater parameterization	整体水参数化	整體水物參數化

英　文　名	大　陆　名	台　湾　名
buoyancy force	浮力	浮力
buoyancy oscillation	浮力振荡	浮力振盪
buoyancy velocity	浮力速度	浮力速度
buoyancy wave	浮力波	浮力波
buoyancy wave number	浮力波数	浮揚波數
buoyant convection	浮升对流	浮揚對流
buoyant plume	浮升烟羽	浮揚煙流
buoyant subrange	浮升次区	浮揚次區
Burger number	伯格数	伯格數
BUS (=backscatter ultraviolet spectrometer)	后向散射紫外光谱仪	後散射紫外分光計
Businger-Dyer relationship	布辛格–戴尔关系式	布–戴關係
Buys Ballot's law	白贝罗定律	白貝羅定律
byte	字节	位元組

C

英　文　名	大　陆　名	台　湾　名
cacaerometer	空气污染检测器	空污檢測器
calefaction	热污染	熱污染
calendar	历	歷
calendar year	历年	歷年
calf	小冰块	分裂冰
calibration curve	标定曲线, 校准曲线	檢准曲線
calibration tank	标定箱	標定箱
calibrator	校准器	校準器
California current	加利福尼亚[冷]海流	加利福尼亞[冷]海流
calm	0 级风, 静风	無風, 静風
calm inversion pollution	无风逆温污染	無風逆溫污染
calorie	卡[路里]	卡[路裏]
calorific value	热[量]值, 卡值	卡值
calorimeter	热量计, 卡计	熱量計, 卡計
calorimetry	量热法	測熱術
calving	裂冰[作用]	裂冰[作用]
Cambrian Period	寒武纪	寒武紀
canalization	狭管效应	狭管效應
canal theory	水槽理论	水槽理論
cancellation ratio	对消比	對消比

英　文　名	大　陆　名	台　湾　名
canonical correlation	正则相关	正則相關
canonical correlation analysis	正则相关分析	正則相關分析
canonical equation	正则方程	正則方程
canonical matrix	正则矩阵	正則矩陣
canonical regression	正则回归	正則回歸
canonical variable	正则变数	正則變數
canopy	①林冠[层] ②天空覆盖	①林冠[層] ②天空覆蓋
capacitance raingauge	电容雨量计	電容雨量計
capacity correction	容量订正	容量訂正
cap cloud	山帽云	山帽雲
capillarity	毛细现象,毛细管作用	毛細現象
capillary conductivity	毛细管传导性	毛細管傳導性
capillary moisture capacity	毛细管持水量	毛細持水量
capillary potential	毛细管位势	毛細位
capillary rise of soil moisture	土壤水分毛细[管]上升	土壤水分毛細上升
CAPPI (=constant altitude plan position indicator)	等高平面位置显示器	等高面位置指示器
capping inversion	覆盖逆温	冠蓋逆溫
captive balloon	系留气球	繫留氣球
captive balloon sounding	系留气球探测	繫留氣球探測
carbon assimilation	碳同化	碳同化
carbon-black seeding	碳黑催化	炭黑種雲
carbon cycle	碳循环	碳迴圈
carbon dating	碳定年法	碳定年法
carbon dioxide	二氧化碳	二氧化碳
carbon dioxide band	二氧化碳[谱]带	二氧化碳[吸收]帶
carbon dioxide equivalence	二氧化碳当量	二氧化碳當量
carbon dioxide fertilization	二氧化碳施肥	二氧化碳施肥
carbon dioxide greenhouse feedback	二氧化碳温室反馈	二氧化碳–溫室反饋
carbon isotope	碳同位素	碳同位素
carbon monoxide	一氧化碳	一氧化碳
carbon pool	碳池,碳库	碳庫
Caribbean current	加勒比海流	加勒比海流
Carnot cycle	卡诺循环	卡諾循環
Carnot theorem	卡诺定理	卡諾定理
Cartesian coordinate	笛卡儿坐标	笛卡兒坐標
cartographical climatology	图示气候学	圖示氣候學

英　文　名	大　陆　名	台　湾　名
cascade	①小瀑布 ②串级,级联	①水跌 ②串级
cascade filtering	串级滤波	串級濾波
cascade impactor	多级采样器	串級採塵器
cascade process	级联过程	串級過程
cascade theory	串级理论	串級理論
case study	个例研究	個案研究
CAT（=clear air turbulence）	晴空湍流	晴空亂流
catalysis	催化	催化
catalyst	催化剂	催化劑
cataphalanx	冷锋面	冷鋒面
catastrophe	①突变 ②灾变	①巨變 ②大災變
catastrophe theory	突变论	巨變理論
catastrophic event	灾变事件	災變事件
catastrophism	灾变说	巨變說
catathermometer	冷却率温度表	冷卻率溫度計
categorical forecast	分类预报,分级预报	分類預報,分級預報
cathetometer	高差表	高差計
cathode ray tube（CRT）	阴极射线管	陰極射線管
Cauchy mean value theorem	柯西中值定理	柯西均值定理
cavitation	空腔作用	成腔作用
cavity pyrheliometer	腔体直接辐射表	腔體直接日射計
cavity radiometer	空腔辐射计	腔體輻射計
CAVT（=constant absolute vorticity trajectory）	等绝对涡度轨迹	等絕對渦度軌跡
Cb（=cumulonimbus）	积雨云	積雨雲
Cb calv（=cumulonimbus calvus）	秃积雨云	秃積雨雲
Cb cap（=cumulonimbus capillatus）	鬃积雨云	發狀積雨雲
Cb inc（=cumulonimbus incus）	砧状积雨云	砧狀積雨雲
CBL（=convective boundary layer）	对流边界层	對流邊界層
Cc（=cirrocumulus）	卷积云	卷積雲
Cc cas（=cirrocumulus castellanus）	堡状卷积云	堡狀卷積雲
Cc flo（=cirrocumulus floccus）	絮状卷积云	絮狀卷積雲
CCL（=convective condensation level）	对流凝结高度	對流凝結高度,對流凝結層
Cc la（=cirrocumulus lacunosus）	网状卷积云	網狀卷積雲
Cc len（=cirrocumulus lenticularis）	荚状卷积云	莢狀卷積雲
CCN（=cloud condensation nuclei）	云凝结核	雲凝結核
Cc str（=cirrocumulus stratiformis）	层状卷积云	層狀卷積雲

英　文　名	大　陆　名	台　湾　名
Cc un（＝cirrocumulus undulatus）	波状卷积云	波狀卷積雲
ceiling balloon	云幂气球	雲幕氣球
ceiling height	云幂高度	雲幕高
ceiling of convection	对流高度	對流高度
ceiling projector	云幂灯	雲幕燈
ceilograph	云幂仪	雲幕儀
ceilometry	测云幂法	測雲幕術
celestial body	天体	天體
celestial chart	天体图	天體圖
celestial coordinate	天体坐标	天體坐標
celestial equator	天［球］赤道	天球赤道
celestial latitude	黄纬	黄緯
celestial longitude	黄经	黄經
celestial pole	天极	天［球］極
celestial sphere	天球	天球
cell	单体	胞
cell cloud	［细］胞状云	胞狀雲
cell echo	单体回波	胞回波
cellular circulation	细胞环流	胞狀環流
cellular cloud pattern	［细］胞状云型	胞狀雲型
cellular convection	细胞对流	胞狀對流
Celsius temperature scale	摄氏温标	攝氏溫標
Celsius thermometer	摄氏温度表	攝氏溫度計
Cenozoic Era	新生代	新生代
centered time difference	时间中央差	時間中差
center of action	活动中心	活動中心
centigrade	百分度,摄氏度	百分度
centigrade temperature scale	百分温标	百分溫標
centigrade thermometer	百分温度表	百分溫度計
central［finite］difference	中央差分,中心差分	中差
central limit theorem	中心极限定理	中限定理
central meridian passage	中心子午线中天	中心子午線中天
central moment	中心矩	中央動差
central processing unit（CPU）	中央处理器	中央處理器
centrifugal force	离心力	離心力
centripetal acceleration	向心加速度	向心加速度
centripetal force	向心力	向心力
ceraunograph（＝ceraunometer）	雷电仪	［無線電定向］天電儀

英　文　名	大　陆　名	台　湾　名
ceraunometer	雷电仪	［無線電定向］天電儀
chaff seeding	箔丝播撒	金屬箔種雲
chaff wind technique	箔丝测风法	箔條測風法
chain lightning	链状闪电	鏈狀閃電
chain reaction	连锁反应	連鎖反應
chain rule	链式法则	鏈規則
channel jet	通道急流	管道噴流
chaos	混沌	渾沌,混沌
chaotic attractor	混沌吸引子	渾沌吸子
chaotic dynamical system	混沌动力系统	混沌動力系統
Chapman cycle	查普曼循环	查普曼循環
Chapman mechanism	查普曼机制	查普曼機制
Chapman theory	查普曼理论	查普曼理論
characteristic curve	特征曲线	特性曲線
characteristic equation	特征方程	特徵方程
characteristic function	特征函数	特徵函數
characteristic height	特征高度	特徵高度
characteristic length	特征长度	特徵長度
characteristic quantity	特征量	特徵量
characteristic root	特征根	特徵根
characteristic scale	特征尺度	特徵尺度
characteristic time scale	特征时间尺度	特徵時間尺度
characteristic vector	特征矢量	特徵向量
chart plotting	填图	填圖
Chebyshev polynomial	切比雪夫多项式	切比雪夫多項式
chemical actinometer	化学日射表	化學日射計
chemical equilibrium	化学平衡	化學平衡
chemical hygrometer	化学湿度表	化學濕度計
chemical oxygen demand（COD）	化学需氧量	化學需氧量
chemical potential	化学势	化學位元勢
chemical smoke	化学烟雾	化學煙霧
chemical tracer	化学示踪物	化學追蹤劑
chemiluminescence	化学荧光	化學螢光
chemiluminescent ozone analyzer	化学荧光臭氧分析仪	化學螢光臭氧分析儀
chemiluminescent［ozone］sonde	化学荧光[臭氧]探空仪	化學螢光[臭氧]送
chemopause	光化层顶	光化層頂
chemosphere	光化层	光化層

英　文　名	大　陆　名	台　湾　名
chilled-mirror hygrometer	冷凝镜湿度表	冷鏡濕度計
chi-square test	χ^2 检验	卡方檢驗, χ^2 檢驗
chlorinity	氯[含]量	氯量
chlorofluoromethane	氯氟甲烷	氟氯烷
chlorosity	氯度	氯度
chromatograph	色谱仪	層析儀
chromatography	色谱法	層析法
chronograph	记时仪	記時儀
chronology	年代学, 年表	年代學, 年表
chronometer	计时表	時計
Ci（=cirrus）	卷云	卷雲
Ci cas（=cirrus castellanus）	堡状卷云	堡狀卷雲
Ci du（=cirrus duplicatus）	复卷云	重疊卷雲
Ci fib（=cirrus fibratus）	毛卷云	纖維狀卷雲
Ci flo（=cirrus floccus）	絮状卷云	絮狀卷雲
Ci in（=cirrus intortus）	乱卷云	亂卷雲
Ci not（=cirrus nothus）	伪卷云	偽卷雲
Ci ra（=cirrus radiatus）	辐辏状卷云	輻狀偽卷雲
circulation	环流	環流
circulation cell	环流圈	環流胞
circulation index	环流指数	環流指數
circulation pattern	环流型	環流型
circulation theorem	环流定理	環流定理
circumpolar circulation	绕极环流	繞極環流
circumpolar cyclone	绕极气旋	繞極氣旋
circumpolar vortex	绕极涡旋	繞極渦旋
circumpolar westerlies	绕极西风带	繞極西風[帶]
circumsolar radiation	太阳周边辐射	太陽周邊輻射
cirrocumulus（Cc）	卷积云	卷積雲
cirrocumulus castellanus（Cc cas）	堡状卷积云	堡狀卷積雲
cirrocumulus floccus（Cc flo）	絮状卷积云	絮狀卷積雲
cirrocumulus lacunosus（Cc la）	网状卷积云	網狀卷積雲
cirrocumulus lenticularis（Cc len）	荚状卷积云	莢狀卷積雲
cirrocumulus stratiformis（Cc str）	层状卷积云	層狀卷積雲
cirrocumulus undulatus（Cc un）	波状卷积云	波狀卷積雲
cirrostratus（Cs）	卷层云	卷層雲
cirrostratus filosus（Cs fil）	毛卷层云	纖維狀卷層雲
cirrostratus nebulosus（Cs neb）	薄幕卷层云	霧狀卷層雲

英　文　名	大　陆　名	台　湾　名
cirrostratus undulatus（Cs un）	波状卷层云	波狀卷層雲
cirrus（Ci）	卷云	卷雲
cirrus castellanus（Ci cas）	堡状卷云	堡狀卷雲
cirrus duplicatus（Ci du）	复卷云	重疊卷雲
cirrus fibratus（Ci fib）	毛卷云	纖維狀卷雲
cirrus floccus（Ci flo）	絮状卷云	絮狀卷雲
cirrus intortus（Ci in）	乱卷云	亂卷雲
cirrus nothus（Ci not）	伪卷云	偽卷雲
cirrus radiatus（Ci ra）	辐辏状卷云	輻狀偽卷雲
cirrus spissatus（Ci spi）	密卷云	密卷雲
cirrus uncinus（Ci unc）	钩卷云	鉤卷雲
cirrus vertebratus（Ci ve）	脊状卷云	脊椎狀鉤卷雲
CISK（=conditional instability of the second kind）	第二类条件[性]不稳定	第二類條件不穩度
Ci spi（=cirrus spissatus）	密卷云	密卷雲
Ci unc（=cirrus uncinus）	钩卷云	鉤卷雲
Ci ve（=cirrus vertebratus）	脊状卷云	脊椎狀鉤卷雲
civil day	民用日	民用日
civil time	民用时	民用時
Clapeyron diagram	克拉珀龙图	克氏圖
classical condensation theory	经典凝结理论	古典凝結理論
class interval	组距	級距
Clausius-Clapeyron equation	克劳修斯-克拉珀龙方程	克勞克拉方程
clear	晴	碧[空],晴
clear air echo	晴空回波	晴空回波
clear air turbulence（CAT）	晴空湍流	晴空亂流
clear column radiance	干洁气柱辐射率	晴空輻射率
climate	气候	氣候
climate abnormality（=climatic anomaly）	气候异常	氣候異常
climate analog	气候相似	氣候類比
climate catastrophe	气候突变	氣候巨變
climate change detection	气候变化检测	氣候變遷偵測
climate comfort	气候舒适[度]	氣候舒適[度]
climate damage	气候灾害	氣候災害
climate divide	气候分界	氣候分界
climate impact assessment	气候影响评估	氣候衝擊評估
climate model	气候模式	氣候模式

英　文　名	大　陆　名	台　湾　名
climate modification	人工影响气候	氣候改造
climate periodicity	气候周期性	氣候週期性
climate projection	气候预估	氣候推估
climate reconstruction	气候重建	氣候重建
climate regionalization	气候区划	氣候區劃
climate resources	气候资源	氣候資源
climate sensitivity experiment	气候敏感性试验	氣候敏感性試驗
climate simulation	气候模拟	氣候模擬
climate snow line	气候雪线	氣候雪線
climate state	气候状态	氣候狀態
climate state vector	气候状态矢量	氣候狀態向量
climate system	气候系统	氣候系統
climatic amelioration	气候改良	氣候改良
climatic amplitude	气候振幅	氣候振幅
climatic analysis	气候分析	氣候分析
climatic anomaly	气候异常	氣候異常
climatic atlas	气候图集	氣候圖集
climatic barrier	气候障碍	氣候障礙
climatic belt	气候带	氣候帶
climatic chamber(=phytotrone)	人工气候室	人工氣候室
climatic change	气候变化	氣候變化
climatic classification	气候分类[法]	氣候分類[法]
climatic coexistance	气候共存态	氣候共存態
climatic condition	气候条件	氣候條件
climatic constraint	气候约束	氣候約束
climatic contrast	气候对比	氣候對比
climatic control	气候控制	氣候控制
climatic cultivation limit	气候栽培界限	氣候栽培界限
climatic cycle	气候循环	氣候循環
climatic data	气候资料	氣候資料
climatic degeneration	气候恶化	氣候惡化
climatic diagnosis	气候诊断	氣候診斷
climatic discontinuity	气候不连续	氣候不連續
climatic domestication	气候驯化	氣候馴化
climatic effect	气候效应	氣候效應
climatic element	气候要素	氣候要素
climatic ensemble	气候总体	氣候總體
climatic environment	气候环境	氣候環境

英　文　名	大　陆　名	台　湾　名
climatic evaluation	气候评估	氣候評估
climatic extreme	气候极值	氣候極[端]值
climatic factor	气候因子	氣候因數
climatic feedback interaction	气候反馈作用	氣候反饋作用
climatic feedback mechanism	气候反馈机制	氣候反饋機制
climatic fluctuation	气候振动	氣候波動
climatic forecast	气候预报	氣候預報
climatic geomorphology	气候地貌学	氣候地貌學
climatic index	气候指数	氣候指數
climatic indicator	气候指标	氣候指標
climatic instability	气候不稳定性	氣候不穩度
climatic intransitivity	气候非传递性	氣候非傳遞性
climatic landscape	气候景观	氣候景觀
climatic limite of crop	作物气候界限	作物氣候界限
climatic map	气候图	氣候圖
climatic monitoring	气候监测	氣候監測
climatic noise	气候噪声	氣候雜訊
climatic numerical modeling	气候数值模拟	氣候數值模擬
Climatic Optimum	气候最宜期	最適氣候[期]
climatic oscillation	气候振荡	氣候振盪
climatic outlook	气候展望	氣候展望
climatic pathology	气候病理学	氣候病理學
climatic persistence	气候持续性	氣候持續性
climatic phenomenon	气候现象	氣候現象
climatic physiology	气候生理学	氣候生理學
climatic plant formation	气候植物群系	氣候植物群系
climatic potential	气候潜势	氣候潛勢
climatic potential productivity	气候生产潜力	氣候生產潛力
climatic prediction	气候预测	氣候預報
climatic probability	气候概率	氣候機率
climatic productivity	气候生产力	氣候生產力
climatic productivity index	气候生产力指数	氣候生產指數
climatic psychology	气候心理学	氣候心理學
climatic record	气候记录	氣候記錄
climatic region	气候区	氣候區
climatic rhythm	气候韵律	氣候韻律
climatic risk	气候风险	氣候風險
climatic risk analysis	气候风险分析	氣候風險分析

英　文　名	大　陆　名	台　湾　名
climatic scenario	气候情景	氣候情境
climatic sensitivity	气候敏感性	氣候敏感度
climatic signal	气候信号	氣候訊號
climatic statistics	气候统计	氣候統計
climatic stress load	气候应力荷载	氣候應力負荷
climatic teleconnection	气候遥相关	氣候遙相關
climatic time series	气候时间序列	氣候時間序列
climatic transition	气候转换	氣候轉換
climatic transitivity	气候传递性	氣候傳遞性
climatic treatment	气候疗法	氣候療法
climatic trend	气候趋势	氣候趨勢
climatic vacillation	气候摆动	氣候擺動
climatic value	气候值	氣候值
climatic variability	气候变率	氣候變異度
climatic variation	气候变迁	氣候變遷
climatic year	气候年	氣候年
climatic zonation	气候地带性	氣候地帶性
climatic zone(=climatic belt)	气候带	氣候帶
climatogenesis	气候形成	氣候生成
climatography	气候志	氣候誌
climatological background field	气候背景场	氣候背景場
climatological data bank	气候资料库,气候数据库	氣候資料庫
climatological division	气候区分	氣候區分
climatological forecast	气候学[方法]预报	氣候學預報[法]
climatological front	气候锋	氣候鋒
climatological limit check	气候极值检验	氣候極限檢驗
climatological network	气候站网	氣候站網
climatological normal	气候平均值	氣候平均值
climatological observation	气候观测	氣候觀測
climatological pattern	气候型	氣候型
climatological standard normal	标准气候平均值	標準氣候平均值
climatological station	气候站	氣候站
climatological statistics	气候统计学	氣候統計學
climatological strategy	气候策略	氣候策略
climatological summary	气候概述	氣候概述
climatologist	气候学家	氣候學家
climatology	气候学	氣候學

英　文　名	大　陆　名	台　湾　名
climatomesochore	中小气候情况	中小氣候情況
climatonomy	理论气候学	理論氣候學
climatotherapy	气候治疗	氣候治療
closed cell	闭合单体	封閉胞
closed lake	内陆湖	內陸湖
closed system	闭合系统	封閉系統
close pack ice	封闭浮冰群	封閉浮冰群
clothing index	衣着指数	衣著指數
cloud	云	雲
cloud amount	云量	雲量
cloud atlas	云图集	雲圖集
cloud attenuation	云衰减	雲衰減
cloud band	云带	雲帶
cloud bank	云堤	雲堤
cloud base	云底	雲底
cloudbow	云虹	雲虹
cloud ceiling	云幂	雲幕
cloud chamber	云室	雲室
cloud chemistry	云化学	雲化學
cloud cluster	云团,云簇	雲簇
cloud condensation nuclei（CCN）	云凝结核	雲凝結核
cloud coverage	云覆盖区	雲覆蓋區
cloud discharge	云放电	雲放電
cloud dissipation	消云	消雲
cloud drop	云滴	雲滴
cloud droplet collector	云滴谱仪	雲滴收集器
cloud drop sampler	云滴取样器	雲滴取樣器
cloud drop-size spectrum	云滴谱	雲滴譜
cloud dynamics	云动力学	雲動力學
cloud echo	云回波	雲回波
cloud element	云素	雲[元]素
cloud family	云族	雲族
cloud field	云场	雲場
cloud forest	云林	雲林
cloud form	云状	雲狀
cloud free snowfall	晴空降雪	晴空降雪
cloud genus	云属	雲屬
cloud group	云群	雲群

英　文　名	大　陆　名	台　湾　名
cloud height	云高	雲高
cloud height indicator	云[底]高[度]指示器	雲高指示器
cloud height measurement method	云高测量法	雲高測量法
cloud layer	云层	雲層
cloud line	云线	雲線
cloud luminance	云亮度	雲亮度
cloud microphysics	云微物理学	雲微物理學
cloud mirror	测云镜	測雲鏡
cloud model	云模式	雲模式
cloud modification	云的人工影响	雲改造
cloud-particle imager	云滴成像仪	雲粒成像儀
cloud-particle sampler	云滴采样器	雲粒取樣器
cloud physics	云物理学	雲物理學
cloud radar	云雷达	雲雷達
cloud radiative forcing	云辐射强迫	雲輻射強迫
cloud seeding	播云	種雲
cloud seeding agent	播云剂	種雲劑
cloud species	云种	雲類
cloud street	云街	雲街
cloud structure	云结构	雲結構
cloud system	云系	雲系
cloud-to-cloud discharge	云际放电	雲際放電
cloud-to-ground discharge	云地[间]放电	雲地放電
cloud top	云顶	雲頂
cloud top height	云顶高度	雲頂高度
cloud top temperature	云顶温度	雲頂溫度
cloud tracer	示踪云	示蹤雲
cloud type	云型	雲型
cloud variety	云类	雲變形
cloud veil	云纱	雲紗
cloud wall	云墙	雲牆
cloud wind	云导风	雲導風
cloudy	多云	多雲
cloudy sky	多云天空	多雲天空
cluster analysis	聚类分析	群落分析
CMF(=coherent memory filter)	相干存储滤波器	相干存儲濾波器
coalescence	[云滴]并合	合併
coarse mesh	粗网格	粗網格

英　文　名	大　陆　名	台　湾　名
coarse particle	粗粒子	粗質點,粗粒子
coastal climate	滨海气候,海岸带气候	海岸氣候
coastal effect	海岸效应	海岸效應
coastally trapped wave	海岸拦截波	海岸陷波
coastal meteorology	海岸带气象[学]	濱岸氣象[學]
coastal upwelling	海岸涌升流	近岸湧升流
coastal zone	海岸带	海岸帶
coastal zone color scanner（CZCS）	海岸带水色扫描仪	沿岸區海色掃描器
COD（=chemical oxygen demand）	化学需氧量	化學需氧量
code figure	数码	數碼
code form	电码格式	電碼格式
code section	电码段	電碼段
code specification	电码说明	電碼說明
code symbol	电码符号	電碼符號
code table	电码表	電碼表
coefficient of partial correlation	偏相关系数	偏相關係數
coefficient of regression	回归系数	回歸係數
coefficient of thermal conductivity（=thermal conductivity）	热导率,导热系数	熱導係數
coefficient of wind pressure	风压系数	風壓係數
coherence	①同调 ②相干性	①同調 ②相干性
coherence spectrum	相干谱	相干譜
coherent echo	相干回波	同調回波
coherent memory filter（CMF）	相干存储滤波器	相干存儲濾波器
coherent radar	相干雷达	相干雷達
coherent radiation	相干辐射	相干輻射
coherent structure	相干结构	同調結構
coherent target	相干目标	同調目標
cold acclimatization	寒冷气候适应	寒冷氣候適應
cold advection	冷平流	冷平流
cold air	冷空气	冷空氣
cold air mass	冷气团	冷氣團
cold anticyclone	冷性反气旋	冷性反氣旋
cold belt	冷带	冷帶
cold cap	冷冠	冷冠
cold climate with dry winter	冬干寒冷气候	冬乾寒冷氣候
cold climate with moist winter	冬湿寒冷气候	冬濕寒冷氣候
cold cloud	冷云	冷雲

英 文 名	大 陆 名	台 湾 名
cold conveyor belt	冷输送带	冷輸送帶
cold current	冷[洋]流	冷流
cold cyclone	冷性气旋	冷[性]氣旋
cold damage	寒害	寒害
cold degree day	冷度日	冷度日
cold front	冷锋	冷鋒
cold front cloud band	冷锋云带	冷鋒雲帶
cold front cloud system	冷锋云系	冷鋒雲系
cold front shear	冷锋切变	冷鋒風切
cold front wave	冷锋波[动]	冷鋒波
cold high	冷高压	冷高壓
cold island	冷岛	冷島
cold low	冷低压	冷低壓
cold occluded front	冷性锢囚锋	冷囚錮鋒
cold occlusion	冷性锢囚	冷囚錮
cold outburst	寒潮爆发	寒潮爆發
cold pole	寒极	寒極
cold pool	冷池	冷地
cold season	冷季	冷季
cold sector	冷区	冷區
cold source	冷源	冷源
cold tongue	冷舌	冷舌
cold trough	冷槽	冷槽
cold type shear	冷式切变,冷性切变	冷式風切,冷性風切
cold vortex	冷涡	冷渦
cold wave	寒潮	寒潮
collapse	崩溃	崩潰
collection efficiency	收集效率,捕获系数	收集效率
collector	收集器	收集器
collimator	①准直仪 ②平行光管	①準直儀 ②平行光管
collision	碰撞	碰撞
collision broadening	碰撞增宽	碰撞增寬
collision-coalescence process	碰并过程	撞併過程
collision theory	碰撞理论	碰撞理論
colloid	胶体	膠體
colloidal dispersion	胶体分散,胶体弥散	膠體彌散
colloidal instability	胶体不稳定性	膠體不穩度
colorimetry	比色法	比色法

英　文　名	大　陆　名	台　湾　名
color temperature	色温	色溫
col pressure field	鞍形气压场	鞍形氣壓場
columnar snow crystal	柱状雪晶	柱狀雪晶
column model	柱模式	柱模式
combustion dust	燃烧尘	燃燒塵
combustion nucleus	燃烧核	燃燒核
comfort chart	舒适度图	舒適圖
comfort current	舒适气流	舒適氣流
comfort index	舒适指数	舒適指數
comfort temperature	舒适温度	舒適溫度
comma cloud	逗点云	逗點雲
Committee on Space Research	空间研究委员会	太空研究委員會
common logarithm	常用对数	常用對數
comparative rabal	比较无线电探空	比較雷保
compass	罗盘,指南针	羅盤,指南針
compatibility	兼容性	相容性
compensated pyranometer	补偿式天空辐射表	補償式天空輻射計
compensated scale barometer	补偿式定标气压表	補償刻度氣壓計
compensating pyrheliometer	补偿式绝对日射表	補償日射強度計
compensation current	补偿流	補償流
complete conservation scheme	完全守恒格式	完全守恆格式
complex climatology	综合气候学	綜合氣候學
complex group	复杂[黑子]群	複雜[黑子]群
complex index of refraction	复折射率	複折射指數
composite wave height chart	合成波高度图	合成波高度圖
compressed pulse radar altimeter	压缩脉冲雷达高度计	壓縮脈波雷達高度計
compressible fluid	可压缩流体	可壓縮流體
Compton effect	康普顿效应	康葡吞效應
computational instability	计算不稳定[性]	計算不穩度
computational mode	计算模[态]	計算模
concentration	浓度	濃度
concentric eyewall	同心眼壁,同心眼墙	同心眼牆
conceptual model	概念模式	概念模式
condensation	凝结	凝結
condensation efficiency	凝结效率	凝結效率
condensation function	凝结函数	凝結函數
condensation heating	凝结加热	凝結加熱
condensation level	凝结高度	凝結高度

英　文　名	大　陆　名	台　湾　名
condensation nucleus	凝结核	凝結核
condensation nucleus counter	凝结核计数器	凝結核計數器
condensation process	凝结过程	凝結過程
condenser discharge anemometer	[电容]放电式风速表	[電容]放電式風速計
conditional instability	条件[性]不稳定	條件不穩度
conditional instability of the second kind（CISK)	第二类条件[性]不稳定	第二類條件[性]不穩度
conditional symmetric instability	条件性对称不稳定	條件性對稱不穩度
conduction	传导	傳導
conduction current	传导电流	傳導電流
cone radiometer	圆锥辐射表	圓錐輻射計
confidence interval	置信区间	可信區間
confidence level	置信水平	可信基準
confidence limit	置信限	可信限
confluence	汇流,合流	合流
congelation(=freezing)	冻结	凍結
congelifraction	冻裂	凍裂
conical hail	锥形冰雹	錐形雹
conical-head thermometer	锥头温度表	錐頭溫度計
conical marine raingauge	锥形船用雨量器	錐形船用雨量器
coniferous forest	针叶林	針葉林
conjugate matrix	共轭矩阵	共軛矩陣
conjugate operator	共轭算子	共軛算子
conjunction	合	合
consensus forecast	集成预报	集成預報
conservation	守恒,保守	保守,守恆
conservation equation	守恒方程	守恆方程
conservation of absolute vorticity	绝对涡度守恒	絕對渦度守恆,絕對渦度保守
conservation of potential vorticity	位涡守恒	位渦守恆,位渦保守
conservation scheme	守恒格式	保守法
conservatism	保守性	保守性,守恆性
consistency	一致性	一致性
consistency check	一致性检验	一致性檢驗
constant absolute vorticity trajectory（CAVT)	等绝对涡度轨迹	等絕對渦度軌跡
constant altitude plan position indicator（CAPPI)	等高平面位置显示器	等高面位置指示器

英 文 名	大 陆 名	台 湾 名
constant entropy coordinates	等熵坐标系	等熵坐標系
constant geopotential surface	等位势面	等重力位面
constant height surface	等高面	等高面
constant level balloon	定高气球	等壓面氣球
constant thickness line	等厚度线	等厚度線
constant volume balloon(=tetroon)	等容气球	等容氣球
contact anemometer	电接[式]风速表	電接風速計
contact weather	目视飞行天气	目視飛行天氣
contaminant	污染物	污染物
contamination	污染	污染
continental aerosol	大陆性气溶胶	大陸性氣[懸]膠
continental air mass	大陆气团	大陸氣團
continental climate	大陆性气候	大陸性氣候
continental drift	大陆漂移	大陸漂移
continentality	大陆度	陸性度
continentality index	大陆度指数	大陸度指數
continental polar air mass	极地大陆气团	極地大陸氣團
continental shelf	大陆架	[大]陸棚
continental slope	大陆斜坡	[大]陸坡
continental tropical air mass	热带大陆气团	熱帶大陸氣團
contingency table	列联表	列聯表
continuity	连续性	連續性
continuity equation	连续方程	連續方程
continuous function	连续函数	連續函數
continuous precipitation	连续性降水	連續性降水
continuous rain	连续性雨	連續性雨
continuous wave ionosonde	[电离层]连续波测高仪	連續波電離層送
continuous wave radar（CW radar）	连续波雷达	連續波雷達
contour chart	等高线图,等压面图	等高線圖
contour[line]	等高线	等高線
contour microclimate	地形小气候	地形微氣候
contrail	凝结尾迹	凝結尾
contrast telephotometer	对比遥测亮度计	對比遙測光度計
control area	①管制空域 ②对照区	①管制空域 ②對照區
control day	控制日	控制日
convalescent climate	疗养气候	療養氣候
convection	对流	對流

英　文　名	大　陆　名	台　湾　名
convection cell	对流单体	對流胞
convective adjustment	对流调整	對流調整
convective boundary layer（CBL）	对流边界层	對流邊界層
convective cloud	对流云	對流雲
convective condensation level（CCL）	对流凝结高度	對流凝結高度,對流凝層
convective cooling	对流冷却	對流冷卻
convective echo	对流回波	對流回波
convective heating	对流加热	對流加熱
convective instability	对流不稳定[性]	對流不穩度
convective parameterization	对流参数化	對流參數化
convective precipitation	对流性降水	對流降水
convective rain	对流雨	對流雨
convective region	对流区[域]	對流區[域]
convective scale	对流尺度	對流尺度
convective stability	对流[性]稳定度	對流穩度
conventional［meteorological］data	常规[气象]资料	傳統資料
conventional observation	常规观测	傳統觀測
conventional radar	常规雷达	傳統雷達
convergence	辐合	輻合
convergence line	辐合线	輻合線
convergence trough	辐合槽	輻合槽
cool damage	冷害	涼害
cool season	凉季	涼季
coordinate	坐标	坐標
θ-coordinate	位温坐标	位溫坐標
σ-coordinate	σ坐标	σ坐標
coordinate system	坐标系	坐標系
coordinated universal time（UTC）	协调世界时,世界标准时	世界標準時
coplane scanning	共面扫描	共面掃描
Coriolis acceleration	科里奥利加速度,科氏加速度	科氏加速[度]
Coriolis force	科里奥利力,科氏力	科氏力
Coriolis parameter	科里奥利参数,科氏参数	科氏參數
corner reflector	角反射器	角反射器
corona	①华　②电晕	①華　②電暈

英 文 名	大 陆 名	台 湾 名
corona discharge	电晕放电	電暈放電
corona hole	日冕洞	日冕洞
corpuscular radiation	微粒辐射	微粒輻射
correlation	相关	相關
correlation analysis	相关分析	相關分析
correlation coefficient	相关系数	相關係數
correlation factor	相关因子	相關因數
correlation function	相关函数	相關函數
correspondence analysis	对应分析	對應分析
corrosion	腐蚀	腐蝕
cosmic dust	宇宙尘	宇宙塵
cosmic ray	宇宙线	宇宙線
cosmology	宇宙学	宇宙學
COSMOS	宇宙卫星系列	宇宙衛星
cospectrum	协谱	協譜
cost function	费用函数	成本函數
countergradient heat flux	反梯度热通量	反梯度熱通量
countergradient wind	反梯度风	反梯度風
counter radiation	逆辐射	反輻射
counting anemometer	计数风速表	計數風速計
coupled system	耦合系统	耦合系統
coupling	耦合	耦合
coupling model	耦合模式	耦合模式
Courant-Friedrichs-Lewy condition	柯朗-弗里德里希斯-列维条件	CFL 條件
covariance	协方差	協方差
cover	覆盖	覆蓋,遮蔽
CPU（=central processing unit）	中央处理器	中央處理器
Cretaceous Period	白垩纪	白堊紀
criterion	判据	判據,條件
critical day-length	临界光长,临界昼长	臨界晝長
critical discharge	临界流量	臨界流量
critical drop radius	临界水滴半径	臨界水滴半徑
critical height	临界高度	臨界高度
critical latitude	临界纬度	臨界緯度
critical layer	临界层	臨界層
critical liquid water content	临界液态含水量	臨界液態水含量
critical Reynolds number	临界雷诺数	臨界雷諾數

英　文　名	大　陆　名	台　湾　名
critical Richardson number	临界理查森数	臨界理查遜數
critical termperature	临界温度	臨界溫度
critical value	临界值	臨界值
critical velocity	临界速度	臨界速度
critical wavelength	临界波长	臨界波長
crop climate	作物气候	作物氣候
crop climatic adaptation	作物气候适应性	作物氣候適應性
crop forecast	作物预测	收穫預測
crop water requirement	作物需水量	作物需水量
cross-correlation	交叉相关	交叉相關
cross-correlation function	交叉相关函数,互相关函数	交叉相關函數
cross-equatorial flow	越赤道气流	[跨]赤道氣流
cross-section	①剖面 ②截面	①剖面 ②截面
cross-section diagram	剖面图	剖面圖
cross spectrum	交叉谱,互谱	交叉譜
cross-valley wind	横谷风	横谷風
cross wind sensor	侧风传感器	側風感應器
CRT（＝cathode ray tube）	阴极射线管	陰極射線管
cryology	冰冻学	冰凍學
cryopedology	冻土学	凍土學
cryosphere	冰雪圈,冰冻圈	冰圈
cryptoclimate	室内小气候	室內微氣候
cryptoclimatology	室内气候学	室內氣候學
Cs（＝cirrostratus）	卷层云	卷層雲
Cs fil（＝cirrostratus filosus）	毛卷层云	纖維狀卷層雲
Cs neb（＝cirrostratus nebulosus）	薄幕卷层云	霧狀卷層雲
Cs un（＝cirrostratus undulatus）	波状卷层云	波狀卷層雲
Cu（＝cumulus）	积云	積雲
Cu con（＝cumulus congestus）	浓积云	濃積雲
Cu fra（＝cumulus fractus）	碎积云	碎積雲
Cu hum（＝cumulus humilis）	淡积云	淡積雲
Cu len（＝cumulus lenticularis）	荚状积云	荚狀積雲
cumuliform cloud	积状云	積狀雲
cumulonimbus（Cb）	积雨云	積雨雲
cumulonimbus calvus（Cb cal）	秃积雨云	秃積雨雲
cumulonimbus capillatus（Cb cap）	鬃积雨云	髮狀積雨雲
cumulonimbus incus（Cb inc）	砧状积雨云	砧狀積雨雲

英　文　名	大　陆　名	台　湾　名
cumulus（Cu）	积云	積雲
cumulus congestus（Cu con）	浓积云	濃積雲
cumulus convection	积云对流	積雲對流
cumulus fractus（Cu fra）	碎积云	碎積雲
cumulus heating	积云[对流]加热	積雲加熱
cumulus humilis（Cu hum）	淡积云	淡積雲
cumulus lenticularis（Cu len）	荚状积云	莢狀積雲
cup anemometer	转杯风速表	轉杯風速計
cup-contact anemometer	电接转杯风速表	電接轉杯風速計
cup-generator anemometer	磁感转杯风速表	磁感轉杯風速計
curl	旋度	旋度
Curtis-Godson approximation	柯蒂斯–戈德森近似	柯高近似
curvature	曲率	曲率,曲度
curvature effect	曲率效应	曲率效應
curvature term	曲率项	曲率項
curvature vorticity	曲率涡度	曲率渦度
curvilinear coordinate	曲线坐标	曲線坐標
cut-off frequency	截止频率	截止頻率
cut-off high	切断高压	割離高壓
cut-off low	切断低压	割離低壓
CW radar（＝continuous wave radar）	连续波雷达	連續波雷達
cyanometer	天空蓝度[测定]仪	天空藍度計
cyclogenesis	气旋生成	旋生
cyclo-geostrophic current	旋转地转流	旋轉地轉流
cyclolysis	气旋消散	旋消
cyclone	气旋	氣旋
cyclone family	气旋族	氣旋群
cyclone wave	气旋波	氣旋波
cyclonic circulation	气旋性环流	氣旋式環流
cyclonic curvature	气旋性曲率	氣旋式曲率
cyclonic shear	气旋性切变	氣旋式切變
cyclonic vorticity	气旋性涡度	氣旋式渦度
cyclostrophic convergence	旋转辐合	旋轉輻合
cyclostrophic divergence	旋转辐散	旋轉輻散
cyclostrophic wind	旋衡风,旋转风	旋轉風
cylindrical coordinate	柱面坐标	圓柱坐標
CZCS（＝coastal zone color scanner）	海岸带水色扫描仪	沿岸區海色掃描器

D

英　文　名	大　陆　名	台　湾　名
daily mean	日平均	日平均
daily range	日较差	日較差
daily range of temperature	温度日较差	溫度日較差
damage area	受灾面积	受災面積
damped oscillation	阻尼振荡	阻尼振盪
damp haze	湿霾	濕霾
D-analysis	D 分析	D 分析
dangerous semicircle	危险半圆	危險半圓
data	①资料 ②数据	①資料 ②數據
data acquisition	资料收集	資料收集
data assimilation	资料同化	資料同化
data assimilation system	资料同化系统	資料同化系統
data bank(=data base)	数据库	資料庫
data base	数据库	資料庫
data collection platform（DCP）	资料收集平台	資料收集平台
data processing	数据处理	資料處理
data rejection	资料剔除	資料剔除
date line	日界线	換日線
dating	定年	定年
day breeze	昼风,日风	晝風
day degree	日度	度日
dayglow	昼[气]辉	晝輝
day length	昼长	晝長
db（ =decibel）	分贝	分貝
dBm（ =decibel milliwatt）	毫瓦分贝	毫瓦分貝
DCP（ =data collection platform）	资料收集平台	資料收集平台
dealiasing	去混淆	去混淆
debacle	[河]冰解冻	[河]冰解凍
decay	衰变	蛻變
decibel（db）	分贝	分貝
decibel milliwatt（dbm）	毫瓦分贝	毫瓦分貝
deciduous broadleaved forest	落叶阔叶林	落葉闊葉林
deciduous snow forest climate	落叶雪林气候	落葉雪林氣候

英　文　名	大　陆　名	台　湾　名
decision analysis	决策分析	決策分析
decision tree	决策树[形图]	決策樹
declimatization	气候不适应[症]	氣候不適應[症]
declination	①偏角 ②磁偏角 ③赤纬	①偏角 ②磁偏角 ③赤緯
deep convection	深对流	深對流
deepening of a depression	低压加深	低壓加深
deep freeze	深冻	深凍
deep-water wave	深水波	深水波
deflection force of earth rotation	地[球自]转偏向力	地球自轉偏向力
deformation field	变形场	變形場
deformation radius	变形半径	變形半徑
deformation thermometer	变形[类]温度表	變形溫度計
deglaciation	冰川消退,冰川减退	冰川消退
degree-day	度日	度日
degree of freedom	自由度	自由度
degree of polarization	偏振度	極化度
delay	延迟	延遲
deluge	大洪水	大洪水
dendritic crystal	枝状冰晶	枝狀冰晶
dendritic snow crystal	枝状雪晶	枝狀雪晶
dendrochronology	年轮学	年輪學
dendroclimatography	[树木]年轮气候志	年輪氣候誌
dendroclimatology	[树木]年轮气候学	年輪氣候學
dendroecology	[树木]年轮生态学	年輪生態學
density current	密度流	密度流
denudation	剥蚀	剝蝕
departure	距平,偏差	偏差
depolarization ratio	退偏振比	退極化比
deposition	凝华	沈降
deposition nucleus	凝华核	升華核
deposition velocity	沉积速度	沈降速度
depression of the dew point	[温度]露点差	溫度露點差
derivative	导数	導數
descending node（DN）	降交点	降交點
descriptive climatology	描述气候学	描述氣候學
descriptive meteorology	描述气象学	描述氣象學
deseasonalizing	去季节性	去季節性

英　文　名	大　陆　名	台　湾　名
desert climate	沙漠气候	沙漠氣候
desertification	荒漠化	沙漠化
desert steppe	沙漠草原	沙漠草原
desiccation	干化	乾化
design flood	设计洪水	計畫洪水
design torrential rain	设计暴雨	設計豪雨
destabilization	减稳作用	減穩作用
destructive interference	相消干涉	相消干涉
detection	检波	檢波
deterioration report	天气转劣报告	天氣轉劣報告
determinant	行列式	行列式
deterministic forecast	确定性预报	確定預報
deterministic model	确定性模式	確定性模式
detrainment	卷出	逸出,捲出
deuteron	氘核	氘核
deviation	偏差	偏差
Devonian Period	泥盆纪	泥盆紀
dew	露	露
dew plate	露水板	露水板
dew-point	露点	露點
dew-point apparatus	露点测定器	露點測定器
dew-point front	露点锋	露點鋒
dew-point hygrometer	露点湿度表	露點濕度計
dew-point recorder	露点记录仪	露點記錄器
dew-point temperature	露点温度	露點溫度
DFT（=discrete Fourier transform）	离散傅里叶变换	離散傅立葉轉換
diabatic heating	非绝热加热	非絕熱加熱
diabatic process	非绝热过程	非絕熱過程
diagnosis	诊断	診斷
diagnosis analysis	诊断分析	診斷分析
diagnostic equation	诊断方程	診斷方程
DIAL（=differential absorption lidar）	微分吸收激光雷达	差異吸收光達
dial hygrometer	刻度盘湿度表	刻度盤濕度計
dial thermometer	刻度盘温度表	刻度盤溫度計
difference equation	差分方程	差分方程
difference method	差分法	差分法
difference scheme	差分格式	差分格式
differential	微分	微分

英　文　名	大　陆　名	台　湾　名
differential absorption lidar(DIAL)	微分吸收激光雷达	差異吸收光達
differential advection	差动平流	差異平流
differential analysis	微分分析,差分分析	差值分析
differential equation	微分方程	微分方程
differential reflectivity	微分反射率	差異反射率
differential scattering cross-section	微分散射截面	差異散射截面
diffluence	分流	分流
diffraction pattern	衍射图样	繞射型
diffuse radiation	漫[射]辐射	漫輻射
diffuse reflection	漫反射	漫反射
diffuse sky radiation	天空漫射[辐射]	天空漫射
diffuse solar radiation	太阳漫射,漫射太阳辐射	太陽漫射
diffusion	①扩散 ②漫射	①擴散 ②漫射
diffusion chamber	扩散云室	擴散雲室
diffusion equation	扩散方程	擴散方程
diffusion hygrometer	扩散湿度表	擴散濕度計
diffusivity	扩散率	擴散率
digital radar	数字雷达	數據雷達
digitized cloud map	数字化云图	數據雲圖
dilatation axis	伸展轴	伸展軸
dimension	①量纲,因次 ②维[数]	①因次 ②維
dimensional analysis	量纲分析,因次分析	因次分析
dimensional equation	量纲方程	因次方程
dimensionless number	无量纲数	無因次數
dimensionless variable	无量纲变数	無因次變數
Dines anemometer	丹斯测风表,达因测风表	達因風速計
dip equator	磁倾赤道	磁傾赤道
dipole	偶极子	偶極
direct circulation	直接环流	直接環流
directional shear	风向切变	風向風切
direct radiation	直接辐射	直接輻射
direct reading thermometer	直读式温度表	直讀溫度計
direct read-out ground station	直收地面站,直读式地面站	直收地面站
direct vision nephoscope	直视测云器	直視測雲器
disastrous weather	灾害性天气,恶劣天气	災害性天氣,劇烈天氣

英　文　名	大　陆　名	台　湾　名
discharge	①流量 ②放电	①流量 ②放電
discharge area	泄水区	泄水區
discomfort index	不适指数	不舒適指數
discomfort zone	不舒适区	不舒適區
discontinuity	不连续[性]	不連續[性]
discrete Fourier transform(DFT)	离散傅里叶变换	離散傅立葉轉換
discrete ordinate method	离散纵标法	離散縱標法
discriminant analysis	判别分析	差別分析
disdrometer	雨滴谱仪	重力雨滴譜儀
dispersion relation	频散关系,色散关系	頻散關係
displacement length	位移长度	位移長度
dissipation range	耗散区	消散區
dissipation rate	耗散率	消散率
dissipation scale	耗散尺度	消散尺度
dissipation structure	耗散结构	消散結構
distance rainfall recorder (=telemetering pluviograph)	遥测雨量计	遙測雨量計
distance thermometer (=telethermometer)	遥测温度表	遙測溫度計
distant flash	远闪	遙閃
distortion correction	畸变校正	畸變校正
distribution	①分布 ②分配	①分佈 ②分配
distribution function	分布函数	分佈函數
disturbance	扰动	擾動
disturbed upper atmosphere	扰动高层大气	擾動高層大氣
diurnal	日,周日	日[的]
diurnal amplitude	日振幅	日振幅
diurnal solar tide	日太阳潮	日太陽潮
diurnal variation	日变化	日[夜]變化
diurnal wind	日变风	日變風
divergence	①散度 ②辐散	①散度 ②輻散
divergence equation	散度方程	散度方程
divergence line	辐散线	輻散線
divergent wind	辐散风	輻散風
D-layer	D 层	D 層
DN (=descending node)	降交点	降交點
Dobson spectrophotometer	多布森分光光度计,陶普生分光光度计	杜伯生分光光度計

英 文 名	大 陆 名	台 湾 名
Dobson unit（DU）	多布森单位,陶普生单位	杜柏生單位
domain	域	域
domestic climatology	本地气候学	本地氣候學
D-operator	D 算子	D 算子
Doppler broadening	多普勒增宽	都卜勒加寬
Doppler effect	多普勒效应	都卜勒效應
Doppler frequency shift	多普勒频移	都卜勒頻移
Doppler spectral broadening	多普勒谱增宽	都卜勒譜增寬
Doppler spectral moment	多普勒谱矩	都卜勒譜矩
Doppler spectrum	多普勒谱	都卜勒譜
Doppler spread	多普勒谱宽度	都卜勒頻寬
dormancy	①冬眠 ②休眠	①冬眠 ②休眠
double sunspot cycle	太阳黑子双周期	[太陽]黑子雙週期
double-theodolite observation	双经纬仪观测	雙經緯儀觀測
downburst	下击暴流	下爆流
downdraught	下曳气流,下沉气流	下衝流
downslope wind	下坡风	下坡風
downstream effect	下游效应	下游效應
downward atmospherical radiation	向下大气辐射	向下大氣輻射
downward radiation	向下辐射	向下輻射
downwelling	沉降流	沈降流
drag	曳力	曳力
drag coefficient	拖曳系数	曳力係數
drainage wind	流泄风	下潰風
D-region	D 区域	D 域
drift current	漂流	漂流
drifting dust	低吹尘	低吹塵
drifting sand	低吹沙	低吹沙
drifting snow	低吹雪	低吹雪
driven snow	吹雪	吹積雪
drizzle	毛毛雨	毛毛雨
droplet collector	集滴器	集滴器
droplet spectrum	滴谱	滴譜
dropsonde	下投式探空仪	投落送
drosometer	露量表	露量計
drought	干旱	乾旱
drought frequency	干旱频率	乾旱頻率

英　文　名	大　陆　名	台　湾　名
drought index	干旱指数	乾旱指數
dry adiabatic lapse rate	干绝热直减率	乾絕熱直減率
dry adiabatic process	干绝热过程	乾絕熱過程
dry air	干空气	乾空氣
dry-bulb temperature	干球温度	乾球溫度
dry-bulb thermometer	干球温度表	球溫度計
dry climate	干燥气候	乾燥氣候
dry cold front	干冷锋	乾冷鋒
dry convection	干对流	乾對流
dry convection adjustment	干对流调整	乾對流調整
dry deposition	干沉降	乾沈降
dry fog	干雾	乾霧
dry haze	干霾	乾霾
dry ice	干冰	乾冰
drying power	干燥率	乾燥率
dry line	干线	乾線
dry model	干模式	乾模式
dry season	干季	乾季
dry spell	干期	乾期
dry static energy	干静[力]能	乾靜能
dry tongue	干舌	乾舌
dry year	旱年,干年	乾年
D-system	D 系	D 系
DU（=Dobson unit）	多布森单位,陶普生单位	杜柏生單位
dual-frequency radar	双频雷达	雙頻雷達
dual wavelength Doppler radar	双波长多普勒雷达	雙波長都卜勒雷達
dual wavelength radar	双波长雷达	雙波長雷達
durability	持久性	持久性
duration	持续时间	延時
duration of frost-free period	无霜期	無霜期
duration of growing period	生长期	生長期
dust avalanche	干雪崩	乾雪崩
dust counter	计尘器	計塵器
dust devil	尘卷风	塵捲風
dustfall	尘降,降尘	落塵
dust fog	尘雾	塵霧
dust free atmosphere	无尘大气	無塵大氣

英　文　名	大　陆　名	台　湾　名
dust haze	尘霾	塵霾
dust horizon	尘埃层顶	塵層頂
dust loading	尘埃浓度,含尘量	含塵量
duststorm	[沙]尘暴	沙暴,塵暴
dust veil	[沙]尘幕,尘幔	塵幔
dust wall	尘壁	塵牆
dust whirl	尘旋	塵捲風
D-value	D 值	D 值
dynamical forecasting	动力预报	動力預報
dynamical predictability	动力可预报性	動力可預報度
dynamical structure	动力结构	動力結構
dynamic boundary condition	动力边界条件	動力邊界條件
dynamic climatology	动力气候学	動力氣候學
dynamic cloud seeding	动力播云	動力種雲
dynamic convection	动力对流	動力對流
dynamic effect	动力作用	動力效應
dynamic height	动力高度	動力高度
dynamic initialization	动力初值化	動力初始化
dynamic instability	动力不稳定[性]	動力不穩度
dynamic meteorology	动力气象学	動力氣象學
dynamic meter	动力米	動力米
dynamic pressure	动压力	動力壓
dynamics	动力学	動力學
dynamic seeding	动力催化	動力種雲
dynamic similarity	动力相似	動力相似
dynamic stability	动力稳定[性]	動力穩度
dynamic trough	动力槽	動力槽
dynamic viscosity coefficient	动力黏性系数	動力黏性係數
dyne	达因	達因

E

英　文　名	大　陆　名	台　湾　名
Eady wave	伊迪波	伊迪波
early medieval cool period	中世纪初寒冷期	中世紀初寒冷期
earth	地球	地球
earth curvature correction	地球曲率订正	地球曲率訂正
earth observing system（EOS）	地球观测系统	地球觀測系統

英　文　名	大　陆　名	台　湾　名
Earth Radiation Budget Experiment（ERBE）	地球辐射收支试验	地球輻射收支實驗
Earth Radiation Budget Satellite（ERBS）	地球辐射收支卫星	地球輻射收支衛星
Earth Resources Technology Satellite（ERTS）	地球资源技术卫星	［地球］资源［技術］衛星
East Asian monsoon	东亚季风	東亞季風
easterly belt	东风带	東風帶
easterly jet	东风急流	東風噴流
easterly wave	东风波	東風波
easterly zone（=easterly belt）	东风带	東風帶
ebb tide	落潮	落潮
EBM（=energy balance climate model）	能量平衡气候模式	能量平衡氣候模式
echo sounding apparatus	回声测深器	回聲測探器
echo wall	回波墙	回波牆
eclipse	食（日,月）	蝕,食
ecliptic	黄道	黃道
ECMWF（=European Centre for Medium-Range Weather Forecasts）	欧洲中期天气预报中心	歐洲中期天氣預報中心
ecoclimatology	生态气候学	生態氣候學
ecological climatology（=ecoclimatology）	生态气候学	生態氣候學
ecology	生态学	生態學
ecosphere	生态圈	生態圈
ecosystem	生态系统	生態系
eddy	涡动,涡旋,涡流	渦流
eddy accumulation	涡旋累积［法］,涡流累积［法］	渦流累積
eddy conductivity	涡动传导率	渦流傳導率
eddy diffusion	涡动扩散	渦流擴散
eddy diffusivity	涡动扩散率	渦流擴散率
eddy exchange coefficient	涡［动］交换系数	渦流交換係數
eddy flux	涡动通量	渦流通量
eddy heat flux	涡［动］热通量	渦流熱通量
eddy kinetic energy	涡动动能	渦流動能
eddy momentum flux	涡［动］动量通量	渦流動量通量
eddy shearing stress	涡动切应力	渦流切應力
eddy stress	涡［动］应力	渦流應力
eddy viscosity	涡动黏滞率	渦流黏性
edge wave	边缘波	邊波

英 文 名	大 陆 名	台 湾 名
β-effect (=beta effect)	β效应	β效應,貝他效應
effective accumulated temperature	有效积温	有效積溫
effective area	有效面积	有效面積
effective evapotranspiration	有效蒸散	有效蒸散[量]
effective nocturnal radiation	有效夜间辐射	有效夜間輻射
effective precipitation	有效降水[量]	有效降水量
effective radiation	有效辐射	有效輻射
effective stack height	有效烟囱高度	有效煙囱高度
effective temperature	有效温度	有效溫度
effective wind speed	有效风速	有效風速
e-folding time	指数增减时间	指數增減時間
eigenvalue	特征值,本征值	特徵值
Ekman boundary condition	埃克曼边[界]条件	艾克曼邊界條件
Ekman flow	埃克曼流	艾克曼流
Ekman layer	埃克曼层	艾克曼層
Ekman pumping	埃克曼抽吸	艾克曼抽吸
Ekman scaling height	埃克曼尺度高度	艾克曼尺度高度
Ekman spiral	埃克曼螺线	艾克曼螺旋
electrical conductivity	电导率	導電性
electrical conductivity raingauge	电导雨量计,水导[式]雨量计	導電雨量計
electrical hygrometer	电测湿度计	電測濕度計
electrical thermometer	电测温度计	電測溫度計
electricity of precipitation	降水电流	降水電流
electrochemical sonde	电化学探空仪	電化學送
electromagnetic radiation	电磁辐射	電磁輻射
electron volt (eV)	电子伏特	電子伏特
elevation	海拔	海拔
elevation position indicator(EPI)	仰角位置显示器	仰角位置指示器
Eliassen-Palm flux	E-P通量	EP通量
El Niño	厄尔尼诺	聖嬰,艾尼紐
El Niño Southern Oscillation(ENSO)	厄尔尼诺南方涛动,恩索	聖嬰南方振盪,艾尼紐南方振盪
emagram	埃玛图	能量圖
emission	①排放 ②发射	①排放 ②發射
empirical formula	经验公式	經驗公式
empirical orthogonal function(EOF)	经验正交函数	經驗正交函數
energy	能[量]	能[量]

英 文 名	大 陆 名	台 湾 名
energy balance	能量平衡	能量平衡
energy balance climate model(EBM)	能量平衡气候模式	能量平衡氣候模式
energy budget	能量收支	能量收支
energy cascade	能量串级	能量串級
energy conservation	能量守恒	能量守恆,能量保守
energy cycle	能量循环	能量循環
energy diagram	能量图	能量圖
energy equation	能量方程	能量方程
energy level	能级	能階
energy source meteorology	能源气象学	能源氣象學
enhanced greenhouse effect	增强温室效应	溫室效應增強
enhanced image	强化影像	強化影像
enhanced picture	增强[云]图	強化圖
ensemble average	集合平均	系集平均
ensemble forecast	集合预报	系集預報
ensemble spread	集合离散[度]	系集離散[度]
ENSO (=El Niño Southern Oscillation)	厄尔尼诺南方涛动,恩索	聖嬰南方振盪,艾尼紐南方振盪
enstrophy	涡动拟能	渦度擬能
entrainment	卷入,夹卷	捲入,逸入
entrainment coefficient	卷入系数,夹卷系数	捲入係數,逸入係數
entrainment rate	卷入率,夹卷率	逸入率
entrance region	入口区	入區
entropy	熵	熵
envelope soliton	包络孤立子	包絡孤立子
environment	环境	環境
environmental meteorology	环境气象学	環境氣象學
Environmental Survey Satellite(ESSA)	艾萨卫星,环境探测卫星	環境探測衛星,艾莎衛星
[environment] atmospheric quality monitoring	[环境]大气质量监测	[環境]大氣品質監測
environment capacity	环境容量	環境容量
environment climate	环境气候	環境氣候
Eocene Epoch	始新世	始新世
EOF (=empirical orthogonal function)	经验正交函数	經驗正交函數
eolation	风蚀[作用]	風蝕[作用]
eon	宙	宙
EOS (=earth observing system)	地球观测系统	地球觀測系統

英　文　名	大　陆　名	台　湾　名
EPI (=elevation position indicator)	仰角位置显示器	仰角位置顯示器
episode	事件	事件
Epoch	世	世
ω-equation	ω 方程	ω 方程
equation of motion	运动方程	運動方程
equation of state	状态方程	狀態方程
equation of time	时差	時差
equator	赤道	赤道
equatorial air mass	赤道气团	赤道氣團
equatorial beta plane	赤道 β 平面	赤道 β 平面
equatorial buffer zone	赤道缓冲带	赤道過渡帶
equatorial calms	赤道无风带	赤道無風帶
equatorial climate	赤道气候	赤道氣候
equatorial countercurrent	赤道逆流	赤道反流
equatorial current	赤道海流	赤道海流
equatorial easterlies	赤道东风带	赤道東風[帶]
equatorial low	赤道低压	赤道低壓
equatorially-trapped wave	赤道陷波	赤道陷波
equatorial β-plane (=equatorial beta plane)	赤道 β 平面	赤道 β 面
equatorial radius of deformation	赤道变形半径	赤道變形半徑
equatorial rain forest	赤道雨林	赤道雨林
equatorial undercurrent	赤道潜流	赤道潛流
equatorial upwelling	赤道涌升流	赤道湧升流
equatorial westerlies	赤道西风带	赤道西風[帶]
equilibrium	平衡	平衡
equilibrium theory	平衡理论	平衡理論
Equinoxes	二分点	分點
equipotential line	等势线	等位線
equivalent barotropic model	相当正压模式	相當正壓模式
equivalent potential temperature	相当位温	相當位溫
equivalent reflectivity factor	等效反射[率]因子,相当反射率因子	相當反射率因數
equivalent temperature	相当温度	相當溫度
ERBE (=Earth Radiation Budget Experiment)	地球辐射收支试验	地球輻射收支實驗
E-region	E 区域	E 域
erf (=error function)	误差函数	誤差函數

英　文　名	大　陆　名	台　湾　名
ergodicity	遍历性	遍歷性
ergodic system	各态历经系统	遍歷系統
erosion	侵蚀[作用]	侵蝕[作用]
error	误差	誤差
error function(erf)	误差函数	誤差函數
ERTS(=Earth Resources Technology Satellite)	地球资源技术卫星	[地球]資源[技術]衛星
ESA (=European Space Agency)	欧洲太空署	歐洲太空署
ESSA (=Environmental Survey Satellite)	艾萨卫星,环境探测卫星	環境探測衛星,艾莎衛星
Etesian climate (=climate of Mediterranean type)	地中海型气候	地中海氣候
Etesians	地中海季风	地中海季風
Ethernet	以太网	乙太
Euler backward scheme	欧拉后差格式	歐拉後差法
Eulerian coordinates	欧拉坐标	歐拉座標
Eulerian correlation	欧拉相关	歐拉相關
Euler-Lagrange equation	欧拉–拉格朗日方程	歐拉拉格朗日方程
Euler method	欧拉方法	歐拉法
European Centre for Medium-Range Weather Forecasts (ECMWF)	欧洲中期天气预报中心	歐洲中期天氣預報中心
European monsoon	欧洲季风	歐洲季風
European Space Agency (ESA)	欧洲太空署	歐洲太空署
eV (=electron volt)	电子伏特	電子伏特
evaporation	蒸发	蒸發
evaporation capacity	蒸发量	蒸發率
evaporation fog	蒸发雾	蒸發霧
evaporation frost	蒸发霜	蒸發霜
evaporation pan	[小型]蒸发皿	蒸發皿
evaporation tank	大型蒸发器	蒸發槽
evaporation trail	蒸发尾迹	蒸發尾
evaporimeter	蒸发仪	蒸發計
evaporograph	蒸发计	蒸發儀
evapotranspiration	蒸散	蒸散
evapotranspirometer	蒸散表	蒸散計
evolution	演变	演變
[exhaust] contrail	[废气]凝结尾迹	[廢氣]凝結尾
exit region	出口区	出區

英　文　名	大　陆　名	台　湾　名
exosphere	外[逸]层	外氣層
expected value	期望值	期望值
expendable bathythermograph（XBT）	投弃式温深仪,消耗性温深仪	可抛式溫深儀
explicit difference scheme	显式差分格式	顯式差分法
explicit scheme	显格式	顯式法
exponential law	指数律	指數律
extended forecast	延伸预报	展期預報
external force	外力	外力
external gravity wave	重力外波	外重力波
external wave	外波	外波
extinction	消光	消光
extinction coefficient	消光系数	消光係數
extra long-range [weather] forecast	超长期[天气]预报	超長期[天氣]預報
extrapolation	外插,外推	外延法
extratropical cyclone	温带气旋	溫帶氣旋
extreme climate	极端气候	極端氣候
extreme temperature	极端温度	極端溫度
extreme value	极值	極[端]值

F

英　文　名	大　陆　名	台　湾　名
facsimile chart	传真图	傳真圖
factor	①因素 ②因子	①因素 ②因數
factor analysis	因子分析	因數分析
fair-weather electric field	晴天电场	晴空電場
fallout	沉降物	沈降
fall wind	沉降风	落塵風
false color	假彩色	假色
fast Fourier transform（FFT）	快速傅里叶变换	快速傅立葉轉換
fast ice	固定冰	岸冰
fast-response sensor	快回应传感器	快反應感應器
feedback	反馈	反饋,回饋
Fermat's principle	费马原理	費馬原理
Ferrel cell	费雷尔环流	佛雷爾胞
fetch	风浪区	風浪區
FFT（=fast Fourier transform）	快速傅里叶变换	快速傅立葉轉換

英　文　名	大　陆　名	台　湾　名
field	场	場
field microclimate	农田小气候	田野微氣候
field of view（FOV）	视场	視野,視場
filling of a depression	低压填塞	低壓填塞
filtered model	滤波模式	濾波模式
filtering	滤波	濾波
filter paper	滤纸	濾紙
Findeisen-Bergeron nucleation process	芬德森–贝热龙成核过程	芬白成核過程
finite amplitude	有限振幅	有限振幅
finite difference model	有限差分模式	有限差分模式
finite differencing	有限差分	有限差分
finite element method	有限元法	有限元法
firnification	永久积雪作用	陳年雪作用
firn line	永久雪线	陳年雪線
first frost	初霜	初霜
First Frost	霜降	霜降
first guess	初估值	初估[值]
first year ice	一年冰	首年冰
fixed ship station	固定船舶站	固定船舶站
flanking line	侧线云	側雲線
flash flood	暴[发]洪[水]	暴洪
F1 layer	F1 层	F1 層
F2 layer	F2 层	F2 層
floating pan	[漂]浮式蒸发皿	浮式蒸發皿
floe	浮冰块	浮冰塊
flood catastrophe	大水灾	大水災
flood control	防洪	防洪
flood control reservior	防洪水库	防洪水庫
flood probability	洪水概率	洪水機率
flood tide	涨潮	漲潮
flood warning	洪水警报	洪水警報
flood watch	洪水监测[报告]	洪水守視
flow	流	流
flow pattern	流型	流型
fluctuation	①变动 ②起伏	①變動 ②變差
flux	通量	通量
flux Richardson number	通量理查森数	通量理查遜數

英　文　名	大　陆　名	台　湾　名
fly ash	飞灰,飞尘	飛塵
Fn（=fracto-nimbus）	碎雨云	碎雨雲
foehn	焚风	焚風
foehn climatology	焚风气候学	焚風氣候學
foehn wall	焚风墙	焚風牆
foehn wave	焚风波	焚風波
fog	雾	霧
fog bank	雾堤	霧堤
fog chamber	雾室	霧室
fog detector	测雾仪	測霧儀
fog dissipation	消雾	霧消
fog-drop	雾滴	霧滴
force	力	力
forced convection	强迫对流	強迫對流
forced oscillation	强迫振荡	強迫振盪
forced wave	强迫波	強迫波
forecast accuracy	预报准确率	預報準確率
forecast amendment	订正预报	預報修正
forecast area	预报区	預報區
forecast chart	预报图	預報圖
forecast error	预报误差	預報誤差
forecast-reversal test	反验证法	反驗證法
forecast score	预报评分	預報得分
forecast verification	预报检验	預報校驗
forest climate	森林气候	森林氣候
forest fire	林火	林火
forest-fire meteorology	林火气象学	林火氣象學
forest-fire [weather] forecast	林火[天气]预报	林火[天氣]預報
forest limit temperature	森林界限温度	林限溫度
forest meteorology	森林气象学	森林氣象學
forest microclimate	森林小气候	森林微氣候
forked lightning	叉状闪电	叉閃
Fortin barometer	福丁气压表	福丁氣壓計
forward difference	向前差分	前差
forward scattering	前向散射	前散射
forward scattering spectrometer probe （FSSP）	前向散射滴谱仪探头	前向散射徑譜計探測器
forward scattering visibility meter	前向散射能见度仪	前向散射能見度計

英　文　名	大　陆　名	台　湾　名
fossil fuel	化石燃料	化石燃料
fossil ice	化石冰,埋藏冰	化石冰
four-dimensional data assimilation	四维资料同化	四維資料同化
four-dimensional variational assimilation	四维变分同化	四維變分同化
Fourier analysis	傅里叶分析	傅立葉分析
Fourier integral	傅里叶积分	傅立葉積分
Fourier series	傅里叶级数	傅立葉級數
Fourier transform	傅里叶变换	傅立葉轉換
FOV (=field of view)	视场	視野,視場
f-plane approximation	f 平面近似	f 面近似
fracto-nimbus(Fn)	碎雨云	碎雨雲
free atmosphere	自由大气	自由大氣
free convection	自由对流	自由對流
free oscillation	自由振荡	自由振盪
free radical	自由基	自由基,游離基
free wave	自由波	自由波
freezing	冻结	凍結
freezing fog	冻雾	凍霧
freezing injury	冻害	凍害
freezing nucleus	冻结核	凍結核
freezing point	冰点	冰點
freezing point depression	冰点温差	冰點溫差
freezing point line	冰点线	冰點線
freezing rain	冻雨	凍雨
freezing season	冻季	凍季
freezing temperature	冻结温度	結冰溫度
F-region	F 区域	F 域
frequency	①频率 ②频数	①頻率 ②次數
frequency curve	频率曲线	頻率曲線
frequency domain	频域	頻率域
frequency-domain averaging	频域平均	頻域平均
frequency equation	频率方程	頻率方程
frequency filtering	频率滤波	頻率濾波
frequency response	频率响应	頻率反應
frequency spectrum	频谱	頻譜
frequency time analysis	频率时间分析	頻率時間分析
frequency wave number filtering	频率波数滤波	頻率波數濾波
fresh breeze	5 级风,清劲风	清風

英　文　名	大　陆　名	台　湾　名
frictional convergence	摩擦辐合	摩擦輻合
frictional divergence	摩擦辐散	摩擦輻散
frictional drag	摩擦曳力	摩擦曳力
friction layer	摩擦层	摩擦層
friction velocity	摩擦速度	摩擦速度
frigid zone	寒带	寒帶
front	锋	鋒
frontal fog	锋面雾	鋒[面]霧
frontal inversion	锋面逆温	鋒[面]逆溫
frontal line	锋线	鋒線
frontal passage	锋面过境	鋒[面]過境
frontal precipitation	锋面降水	鋒[面]降水
frontal surface	锋面	鋒面
frontal wave	锋面波动	鋒[面]波
frontal weather	锋面天气	鋒[面]天氣
frontal zone	锋区	鋒[面]帶
front analysis	锋面分析	鋒[面]分析
frontogenesis	锋生	鋒生
frontolysis	锋消	鋒消
frost	霜	霜
frost day	霜日	霜日
frost haze	冻霾	霜凍霾
frostless zone	无霜带	無霜帶
frost line	霜线	永凍線
frost point	霜点	霜點
frost prevention	防霜	防霜
Froude number	弗劳德数	夫如數
frozen dew	冻露	冰露
frozen soil	冻土	凍土
FSSP（=forward scattering spectrometer probe）	前向散射滴谱仪探头	前向散射徑譜計探測器
Fujiwara effect	藤原效应	藤原效應
full resolution	全分辨率	全解析度
funnel cloud	漏斗云	漏斗雲
fuzzy logic	模糊逻辑	模糊邏輯
fuzzy mathematics	模糊数学	模糊數學
fuzzy theory	模糊[性]理论	模糊理論

G

英　文　名	大　陆　名	台　湾　名
gain	增益	增益
gale	8级风,大风	大風
Galerkin's method	伽辽金方法	蓋勒肯法
gale warning	大风警报	大風警報
gamma distribution	伽马分布	伽瑪分佈
gamma function	伽马函数	伽瑪函數
gap wind	狭道风	狹道風
GARP (=Global Atmospheric Research Program)	全球大气研究计划	全球大氣研究計畫
gas chromagraph	气相色谱仪	氣體色譜儀
gas constant	气体常数	氣體常數
gaseous pollution	气体污染	氣體污染
gas-phase kinetics	气相动力学	氣相動力學
gas thermometer	气体温度表	氣體溫度計
gate-to-gate azimuthal shear	距离选通方位切变	距離選通方位切變
Gauss elimination	高斯消元法	高斯消去法
Gaussian grid	高斯网格	高斯網格
Gaussian latitude	高斯纬度	高斯緯度
Gaussian plume model	高斯烟流模式	高斯煙流模式
Gaussian wave packet	高斯波包	高斯波包
Gauss-Seidel iteration	高斯-赛德尔迭代	高斯-賽德疊代
GCM (=general circulation model)	大气环流模式	大氣環流模式
general atmospheric circulation (=atmospheric circulation)	大气环流	大氣環流
general circulation model(GCM)	大气环流模式	大氣環流模式
general meteorology	普通气象学	普通氣象學
generating cell	生成胞	生成胞
genetic classification of climate	气候形成分类法	氣候形成分類法
gentle breeze	3级风,微风	微風
geocorona	地冕	地冕
geodesy	大地测量学	大地測量學
geographic information system (GIS)	地理信息系统	地理資訊系統
geography	地理学	地理學

英　文　名	大　陆　名	台　湾　名
geoid	大地水平面	大地水準面
geoisotherms	等地温线	等地溫線
geological climate	地质气候	地質氣候
geomorphology	地貌学	地形學
geophysics	地球物理学	地球物理學
geopotential height	位势高度	重力位高度
geopotential meter	位势米	重力位公尺
geosphere	地圈,陆界	陸圈,陸界
Geostationary Meteorological Satellite（GMS）	地球静止气象卫星	[地球]同步氣象衛星
Geostationary Operational Environment Satellite（GOES）	地球静止环境卫星	[地球]同步[作業環境]衛星
geostrophic adjustment	地转适应	地轉調整
geostrophic advection	地转平流	地轉平流
geostrophic current	地转流	地轉[氣]流
geostrophic deviation	地转偏差	地轉偏差
geostrophic inertial instability	地转惯性不稳定	地轉慣性不穩度
geostrophic motion	地转运动	地轉運動
geostrophic shear	地转切变	地轉切變
geostrophic shearing deformation	地转剪切形变	地轉切變變形
geostrophic stream function	地转流函数	地轉流函數
geostrophic vorticity	地转涡度	地轉渦度
geostrophic wind	地转风	地轉風
geothermometer	地温表	地溫計
GEWEX（＝Global Energy and Water-cycle Experiment）	全球能量水循环试验	全球能量水迴圈實驗
GHOST（＝Global Horizontal Sounding Technique）	全球水平探测技术	全球水準探測技術
GHz（＝gigahertz）	千兆赫[兹],吉赫	十億赫
Gibbs function	吉布斯函数	吉布士函數
Gibbs phenomenon	吉布斯现象	吉布士現象
gigahertz（GHz）	千兆赫[兹],吉赫	吉赫,十億赫
GIS（＝geographic information system）	地理信息系统	地理資訊系統
glacial anticyclone	冰原反气旋	冰原反氣旋
glacial basin	冰川盆地,冰川流域	冰川盆地
glacial epoch	冰川时代	冰期
glacial erosion	冰蚀	冰蝕
glacial fluctuation	冰川波动	冰川變動

英　文　名	大　陆　名	台　湾　名
glaciation	①冰川作用 ②冰化[作用]	①冰川作用 ②冰化
glacier	冰川	冰川
glacier breeze	冰川风	冰川風
glacioclimatology	冰川气候学	冰川氣候學
glaciology	冰川学	冰川學
glaze	雨凇	雨凇,明冰
global analysis	①全球分析 ②整体分析	①全球分析 ②整體分析
Global Atmospheric Research Program（GARP）	全球大气研究计划	全球大氣研究計畫
global circuit	全球电路	全球電路
global climate	全球气候	全球氣候
global climate system	全球气候系统	全球氣候系統
Global Energy and Water-cycle Experiment（GEWEX）	全球能量水循环试验	全球能量水迴圈實驗
Global Horizontal Sounding Technique（GHOST）	全球水平探测技术	全球水準探測技術
global positioning system（GPS）	全球定位系统	全球定位系統
global radiation	总辐射	全天空輻射量
Global Telecommunication System（GTS）	全球[气象]通信系统,全球电信系统	全球[氣象]通信系統
global warming potential	全球增温潜势	全球增溫潛勢
glory	宝光[环]	光環
glow discharge	辉光放电	生輝放電
GMS（=Geostationary Meteorological Satellite）	地球静止气象卫星	[地球]同步氣象衛星
GMT（=Greenwich mean time）	格林尼治平时	格林[威治]平時
GOES（=Geostationary Operational Environment Satellite）	地球静止环境卫星	[地球]同步[作業環境]衛星
gorge wind	峡谷风	峽谷風
governing equation	控制方程	控制方程
GPS（=global positioning system）	全球定位系统	全球定位系統
gradex method	雨代法	雨代法
gradient	梯度	梯度
gradient wind	梯度风	梯度風
gradient wind equation	梯度风方程	梯度風方程
grass thermometer	草温表	草溫計
graupel	霰	霰,軟雹

英 文 名	大 陆 名	台 湾 名
gravity current	重力流	重力流
gravity wave	重力波	重力波
gravity wave drag	重力波拖曳	重力波拖曳
gray scale	灰[色标]度	灰度
great-circle course	大圆航线	大圓航線
great drought	大旱	大旱
great pluvial	大雨期	大雨期
greenhouse climate	温室气候	溫室氣候
greenhouse effect	温室效应	溫室效應
greenhouse gas	温室气体	溫室氣體
green rim	绿边	綠邊
green thunderstorm	绿雷暴	綠雷暴
Greenwich mean time(GMT)	格林尼治平时	格林[威治]平時
Greenwich meridian	格林尼治子午线	格林子午線
grey absorber	灰吸收体	灰吸收體
grey body radiation	灰体辐射	灰體輻射
grid	网格	網格
grid point	[网]格点	[網]格點
ground echo	地物回波	地面回波
ground fog	地面雾	地面霧
ground inversion	地面逆温	地面逆溫
ground layer	贴地层	貼地層
ground target	地面目标	地面目標
ground temperature	地温	地[面]溫[度]
ground-to-cloud discharge	地云放电,地云闪电	地雲放電
ground visibility	地面能见度	地面能見度
group velocity	群速[度]	群速
growing mode	增长模	生長模
GTS (=Global Telecommunication System)	全球[气象]通信系统,全球电信系统	全球[氣象]通信系統
Gulf Stream	[墨西哥]湾流	灣流
gust(=blast)	阵风	陣風
gust amplitude	阵风振幅	陣風振幅
gust duration	阵风持续时间	陣風延時
gust front	阵风锋[面]	陣風鋒[面]
gustiness	阵风性	風陣性
gust load	阵风荷载	陣風負荷
gust probe	阵风探测器	陣風探測器

英　文　名	大　陆　名	台　湾　名
gustsonde	阵风探空仪	陣風送
gyre	流涡	環流圈

H

英　文　名	大　陆　名	台　湾　名
Hadley cell	哈得来环流[圈]	哈德里胞
Hadley regime	哈得来域	哈德里型
hail	[冰]雹	[冰]雹
hail cloud	[冰]雹云	雹雲
hail damage	雹灾	雹災
hail embryo	雹胚,雹核	雹胚
hail generation zone	冰雹生成区	冰雹生成區
hail lobe	雹瓣	雹瓣
hailpad	测雹板	測雹板
hail-rain separator	雹雨分离器	雹雨分離器
hail squall	雹飑	雹颮
hailstone	雹块	雹[塊]
hailstorm	雹暴	雹暴
hailstorm recorder	雹暴记录器	雹暴記錄器
hail suppression	防雹	抑雹
hair hygrograph	毛发湿度计	毛髮濕度儀
hair hygrometer	毛发湿度表	毛髮濕度計
half-yearly oscillation	半年振荡	半年振盪
Hall effect	霍尔效应	哈爾效應
halo	晕	暈
22° halo	22度晕	22度暈
46° halo	46度晕	46度暈
halocline	盐跃层	鹽躍層
hand anemometer	手持风速表	手提風速計
hard rain	暴雨	暴雨
hardware	硬件	硬體
harmonic analysis	谐波分析,调和分析	調和分析
harmonic function	调和函数	調和函數
harmonic prediction	调和预测	調和預測
harmonics	①谐波 ②谐量	①諧波 ②諧量
harmonic series	调和级数	調和級數
HARPI (=height azimuth-range-posi-	高度方位距离位置显示	高[度]方[位]距[離]

英　文　名	大　陆　名	台　湾　名
tion indicator）	器	位［置］指示器
hazardous weather message	危险天气通报	危險天氣通報
haze	霾	霾
haze aloft	高空霾	高空霾
head wind	逆风	逆風,頂風
heap cloud	直展云	直展雲
heat	热	熱
heat balance	热量平衡	熱平衡
heat budget	热量收支	熱收支
heat burst	热爆［发］	熱爆［發］
heat content	热含量	熱含量
heat equator	热赤道	熱赤道
heat flux	热通量	熱通量
heat flux vector	热通量矢量	熱通量向量
heating degree-day	采暖度日	加熱度日
heat island effect	热岛效应	熱島效應
heat lightning	热闪	熱閃
heat sink	热汇	熱匯
heat source	热源	熱源
heat thunderstorm	热雷暴	熱雷雨,熱雷暴
heat transfer	热量输送,热量传送	熱傳
heat wave	热浪	熱浪
heavy ion	重离子	重離子
heavy rain	大雨	大雨
Heavy Snow	大雪	大雪
hectopascal （hPa）	百帕	百帕
height azimuth-range-position indicator （HARPI）	高度方位距离位置显示器	高［度］方［位］距［離］位［置］指示器
helicity	螺旋度	螺旋度
heliograph	太阳光度计	日照儀
Helmholtz instability	亥姆霍兹不稳定	亥姆霍茲不穩度
Helmholtz wave	亥姆霍兹波	亥姆霍茲波
hemispherical model	半球模式	半球模式
heterogeneity	①不齐性 ②不均匀性	①不齊性 ②不［均］匀性
heterogeneous nucleation	异质核化	異質成核
heterosphere	非均质层	不［均］匀層
HF （=high frequency）	高频	高頻

英　文　名	大　陆　名	台　湾　名
high cloud	高云	高雲
higher-order closure	高阶闭合	高階閉合
high flow year	丰水年	豐水年
high frequency（HF）	高频	高頻
high index	高指数	高指數
highland climate	高地气候	高地氣候
high-pass filter	高通滤波器	高通濾波器
high［pressure］	高［气］压	高［氣］壓
high resolution infrared radiation sounder （HRIRS）	高分辨［率］红外辐射探测器	高解紅外輻射探測儀
high resolution picture transmission （HRPT）	高分辨［率］图像传输	高解圖像傳遞
high tide	高潮,满潮	滿潮,高潮
histogram	直方图	直方圖
historical climate	历史气候	歷史氣候
historical climatic data	历史气候资料	歷史氣候資料
historical climatic record	历史气候记录	歷史氣候記錄
historical sequence	历史序列	歷史序列
hoar frost	白霜	白霜
hodograph	风矢站图	風徑圖
homogeneity	①均匀性 ②同质性	①均匀性 ②同質性
homogeneous atmosphere	均质大气	均匀大氣
homogeneous isotropic turbulence	均匀各向同性湍流	均匀均向亂流
homopause	均质层顶	均匀層頂
homosphere	均质层	均匀層
Hopf bifurcation	霍普夫分岔	霍普夫分歧
Hopkin's bioclimatic law	霍普金生物气候定律	霍普金生物氣候律
horizontal convective roll	水平滚轴对流卷涡	水平滾軸對流
horizontal divergence	水平散度	水準輻散
horizontal extent	水平范围	水準範圍
horizontal mixing	水平混合	水準混合
horizontal roll vortices	水平卷涡	水平捲渦
horizontal visibility	水平能见度	水準能見度
horizontal wind shear	水平风切变	水準風切
horizontal wind vector	水平风矢量	水準風向量
horse latitude	马纬度	馬緯度
hot arid zone	炎热干旱区	炎熱乾旱區
hot season	热季	熱季

英　文　名	大　陆　名	台　湾　名
hot tower	热塔	熱塔
hot wind	热风	熱風
hot-wire anemometer	热线风速表	熱線風速計
Hough function	霍夫函数	霍夫函數
Hovmüller diagram	时间经度剖面图	賀氏圖
hPa（=hectopascal）	百帕	百帕
HRIRS（=high resolution infrared radia-tion sounder）	高分辨[率]红外辐射探测器	高解紅外輻射探測儀
HRPT（=high resolution picture trans-mission）	高分辨[率]图像传输	高解圖像傳遞
human bioclimatology	人类生物气候学	人類生物氣候學
human biometeorology	人类生物气象学	人類生物氣象學
human climate	人类气候	人類氣候
humidity	湿度	濕度
humid temperate climate	湿润温和气候	濕潤溫帶氣候
hummock	冰丘	冰丘
hurricane	12级风,飓风	颶風
hurricane core	飓风核	颶風核
hybrid coordinate	混合坐标	混合坐標
hydraulic jump	水跃	水躍
hydrography	水文地理学	水理學
hydrological cycle	水循环	水循環
hydrology	水文学	水文學
hydrometeorological forecast	水文气象预报	水文氣象預報
hydrometeorology	水文气象学	水文氣象學
hydrosol	水溶胶	水懸膠
hydrosphere	水圈	水圈
hydrostatic adjustment process	静力适应过程	靜力調整過程
hydrostatic approximation	[流体]静力近似	靜力近似
hydrostatic check	静力检查	靜力檢驗
hydrostatic equation	流体静力方程	靜力方程
hydrostatic instability	[流体]静力不稳定度	靜力不穩度
hygiene meteorology	卫生气象学	衛生氣象學
hygrograph	湿度计	濕度儀
hygrometer	湿度表	濕度計
hygrometric continentality	降水大陆度	降水大陸度
hygroscopic nucleus	吸湿[性]核	吸水核
hygrothermograph	温湿计	溫濕儀

英　文　名	大　陆　名	台　湾　名
hygrothermoscope	温湿仪	溫濕器
hylea	热带雨林	熱帶雨林

I

英　文　名	大　陆　名	台　湾　名
IAMAS（=International Association of Meteorology and Atmospheric Sciences）	国际气象学和大气科学协会	國際氣象學和大氣科學協會
IAS（=indicated air speed）	指示空[气]速[度],表速	指示空速
ICAO（=International Civil Aviation Organization）	国际民航组织	國際民航組織
ICAO[standard]atmosphere	国际民航组织标准大气	國際民航組織標準大氣
ice	冰	冰
ice age	冰期	冰期
ice belt	浮冰带	浮冰帶
ice cave	冰穴	冰穴
ice cloud	冰云	冰[晶]雲
ice core	冰芯	冰芯
ice crystal	冰晶	冰晶
ice fog	冰雾	冰霧,淞霧
Icelandic low	冰岛低压	冰島低壓
ice needle	冰针	冰針
ice nucleus	冰核	冰核
ice particle	冰粒	冰粒
ice pellet	冰丸	冰珠
ice pillar	冰柱	冰柱
ice point（=freezing point）	冰点	冰點
ice sheet	[大]冰原,冰盖	冰原
ice storm	冰暴	冰暴
ice wind	冰冷风	冰冷風
icing	积冰	積冰
ICSU（=International Council of Scientific Unions）	国际科学联盟理事会	國際科學聯合總會
ideal climate	理想气候	理想氣候
ideal fluid	理想流体	理想流體
ideal gas	理想气体	理想氣體
IDNDR（=International Decade for Natu-	国际减灾十年计划	國際減災十年計畫

英　文　名	大　陆　名	台　湾　名
ral Disaster Reduction）		
IFOV（＝instantaneous field of view）	瞬时视场	瞬間視場
IGBP（＝International Geosphere-Bio-sphere Programme）	国际地圈生物圈计划	國際地圈生物圈計畫
IGY（＝International Geophysical Year）	国际地球物理年	國際地球物理年
illumination length	光照长度	照明長度
image compression	图像压缩	影像壓縮
image processing	图像处理	影像處理
image resolution	图像分辨率	影像解析度
IMF（＝interplanetary magnetic field）	行星际磁场	行星際磁場
impactor	撞击采样器	撞擊採樣器
implicit［difference］scheme	隐式［差分］格式	隱式［差分］法
implicit time difference	隐式时间差分	隱式時間差分
Improved TIROS Operational Satellite（ITOS）	艾托斯卫星	改良泰洛斯作業衛星
impulse	冲量	衝量
impulse response	脉冲响应	脈衝反應
inactive front	不活跃锋	不活躍鋒
incoherent echo	非相干回波	非相干回波
incoherent radar	非相干雷达	非相干雷達
incoming radiation	入射辐射	入輻射
incompressible fluid	不可压缩流体	不可壓縮流體
independence test	独立性检验	獨立性檢驗
independent sample	独立样本	獨立樣本
index	指数	指數
index cycle	指数循环	指數迴圈
index of stability	稳定度指数	穩度指數
Indian Ocean monsoon	印度洋季风	印度洋季風
Indian summer	印第安夏,秋老虎	秋老虎
indicated air speed(IAS)	指示空［气］速［度］,表速	指示空速
indicator	指示器	指示器
indirect circulation	间接环流［圈］	間接環流
indoor climate	室内气候	室內氣候
indoor temperature	室内温度	室內溫度
industrial climate	工业气候	工業氣候
inert gas	惰性气体	惰性氣體
inertia	惯性	慣性

英 文 名	大 陆 名	台 湾 名
inertia gravity wave	惯性重力波	慣性重力波
inertial circle	惯性圆	慣性圓
inertial force	惯性力	慣性力
inertial forecast	惯性预报	慣性預報
inertial instability	惯性不稳定	慣性不穩度
inertial motion	惯性运动	慣性運動
inertial oscillation	惯性振荡	慣性振盪
inertial stability	惯性稳定度	慣性穩度
inertial wave	惯性波	慣性波
infiltration	入渗	入滲
infiltration capacity	入渗量	入滲容量
influence theory	感应理论	感應理論
informatics	信息学	資訊學
information	信息	資訊
information theory	信息论	資訊論
infrared cloud imagery	红外云图	紅外雲圖
infrared radiation	红外辐射	紅外輻射
infrared temperature profile radiometer（ITPR）	红外温度廓线辐射仪	紅外溫度剖線輻射計
infrared thermometer	红外温度表	紅外溫度計
infrasonic wave	次声波	次聲波
inhomogeneity	①非均匀性 ②非齐次性	①非均匀性 ②非齊
initial condition	初始条件	初始條件
initialization	初值化	初始化
inner product	内积	內積,純量積
input	输入	輸入
in situ observation	现场观测	現場觀測
instability	不稳定[度]	不穩度
instability line	不稳定线	不穩度線
instantaneous field of view（IFOV）	瞬时视场	瞬間視場
integral transform	积分变换	積分轉換
intensity	强度	強度
interaction	相互作用	交互作用
interannual variability	年际变率	年際變率
intercloud discharge（＝cloud-to-cloud discharge）	云际放电	雲際放電
interglacial condition	间冰期状况	間冰期狀況
interglacial period	间冰期	間冰期

英　文　名	大　陆　名	台　湾　名
intermediate standard time	辅助天气观测时间	間標準時
intermediate synoptic observation	辅助天气观测	間綜觀觀測
intermittent rain	间歇性雨	間歇性雨
inter-monthly pressure variation	气压月际变化	氣壓月際變化
inter-monthly temperature variation	温度月际变化	溫度月際變化
inter-monthly variability	月际变率	月際變率
internal friction	内摩擦	内摩擦
internal gravity wave	重力内波	内重力波
internal wave	内波	内波
International Association of Meteorology and Atmospheric Sciences(IAMAS)	国际气象学和大气科学协会	國際氣象學和大氣科學協會
International Civil Aviation Organization (ICAO)	国际民航组织	國際民航組織
international cloud atlas	国际云图	國際雲圖
International Council of Scientific Unions (ICSU)	国际科学联盟理事会	國際科學聯合總會
International Date Line	国际日期变更线	國際換日線
International Decade for Natural Disaster Reduction (IDNDR)	国际减灾十年计划	國際減災十年計畫
International Geophysical Year (IGY)	国际地球物理年	國際地球物理年
International Geosphere-Biosphere Programme (IGBP)	国际地圈生物圈计划	國際地圈生物圈計畫
International Meteorological Telecommunication Network	国际气象电[传通]信网	國際氣象電傳通信網
International Organization for Standardization (ISO)	国际标准化组织	國際標準化組織
International Satellite Cloud Climatology Project (ISCCP)	国际卫星测云气候学计划	國際衛星雲氣候計畫
International Standard Atmosphere (ISA)	国际标准大气	國際標準大氣
international synoptic code	国际天气电码	國際天氣電碼
International System of Units (SI)	国际单位制	國際單位制
International Union of Geodesy and Geophysics (IUGG)	国际大地测量和地球物理学联盟	國際大地測量地球物理學聯會
interplanetary magnetic field (IMF)	行星际磁场	行星際磁場
interpolation	插值法,内插	内插法
interseasonal variability	季[节]际变率	季際變率
interstadial period	间冰段	次冰期
intertropical cloud zone	热带云区	間熱帶雲區

英　文　名	大　陆　名	台　湾　名
intertropical convergence zone（ITCZ）	热带辐合带,赤道辐合带	間熱帶輻合帶,間熱帶輻合區
intracloud discharge	云内放电	雲内放電
intransitive system	不定转移系统,非可递系统	非傳遞系統
inundation	洪水	洪水
inverse algorithm	反演算法	反演算則
inverse Fourier transform	傅里叶逆变换	逆傅立葉轉換
inverse method	反演法	逆方法
inverse problem	反[演]问题	反演問題
inversion	①反演 ②逆转	①反演 ②逆變
inversion layer	逆温层	逆溫層
inversion lid	逆温层顶	逆溫層頂
inverted trough	倒槽	倒槽
inviscid fluid	无黏性流体	无黏性流體
ion counter	离子计数器	離子計數器
ion exchange	离子交换	離子交換
ionic activity	离子活动性	離子活動性
ionization	电离作用	電離[作用]
ionization potential	电离电势	電離位
ion life	离子寿命	離子壽命
ion mobility	离子迁移率	離子遷移率
ionogram	电离图	電離圖解
ionopause	电离层顶	電離層頂
ionosphere	电离层	電離層
ionospheric storm	电离层[风]暴	電離層風暴
ionospheric sudden disturbance	电离层突扰	電離層突擾
ion pair	离子对	離子對
irradiance	辐照度	輻照度
irreversible process	不可逆过程	不可逆過程
irrotational motion	无旋运动	非旋轉運動,無旋運動
ISA（＝International Standard Atmosphere）	国际标准大气	國際標準大氣
isallobar	等变压线	等變壓線
isallobaric wind	等变压风	等變壓風
isallohypse	等变高线	等變高線
isallotherm	等变温线	等變溫線
isanomaly	等距平线	等距平線

英　文　名	大　陆　名	台　湾　名
ISCCP（＝International Satellite Cloud Climatology Project）	国际卫星测云气候学计划	國際衛星雲氣候計畫
isentropic analysis	等熵分析	等熵分析
isentropic chart	等熵面图	等熵圖
isentropic condensation level	等熵凝结高度	等熵凝結高度
isentropic process	等熵过程	等熵過程
isentropic vertical coordinate	等熵垂直坐标	等熵垂直坐標
ISO（＝International Organization for Standardization）	国际标准化组织	國際標準化組織
isobar	等压线	等壓線
isobaric equivalent temperature	等压相当温度	等壓相當溫度
isobaric surface	等压面	等壓面
isochion	等雪量线	等雪線
isochrone	等时线	等時線
isoclimatic line	等气候线	等氣候線
isodiaphore	等月变线	等月變線
isodrosotherm	等露点线	等露點線
iso-echo contour	等回波线	等回波線
isogon	等风向线	等風向線
isohaline	等盐度线	等鹽度線
isohel	等日照线	等日照線
isohume	等湿度线	等濕度線
isohyet	等雨量线	等雨量線
isohypse（＝contour）	等高线	等高線
isolated cell	孤立单体	孤立胞
isolated system	孤立系统	隔離系統
isoline	等值线	等值線
isomenal	月平均等值线	月平均等值線
isopag	等冰期线	等凍期線
isoparallage	等年温较差线	等年溫差線
isopectrics	冰冻等时线	等凍時線
isophane	等物候线	等物候線
isophenological line（＝isophane）	等物候线	等物候線
sopluvial（＝isohyet）	等雨量线	等雨量線
isopycnal mixing	等密度混合	等密度混合
isotac	等解冻线	等解凍線
isotach	等风速线	等風速線
isotherm	等温线	等溫線

英　文　名	大　陆　名	台　湾　名
isothermal atmosphere	等温大气	等溫大氣
isothermal layer	等温层	同溫層
isothermal process	等温过程	等溫過程
isotope	同位素	同位素
isotopic analysis	同位素分析	同位素分析
isotopic tracer	同位素示踪物	同位素追蹤劑
isotropic turbulence	各向同性湍流	均向亂流
isotropy	各向同性	均向性
ITCZ（=intertropical convergence zone）	热带辐合带,赤道辐合带	熱帶輻合帶
iteration	迭代	疊代法
ITOS（=Improved TIROS Operational Satellite）	艾托斯卫星	改良泰洛斯作業衛星
ITPR（=infrared temperature profile radiometer）	红外温度廓线辐射仪	紅外溫度剖線輻射計
IUGG（=International Union of Geodesy and Geophysics）	国际大地测量和地球物理学联盟	國際大地測量地球物理學聯會

J

英　文　名	大　陆　名	台　湾　名
Jacobian［determinant］	雅可比行列式	函數行列式,亞可比式
Japan current	日本[暖]海流	日本海流,黑潮
jet stream	急流	噴流
jet stream cloud［system］	急流云[系]	噴流雲[系]
jet stream core	急流核	噴流心
Johnson-Williams liquid water probe	约翰逊-威廉姆斯液态含水量探测器	強威水滴探測器
Jordan sunshine recorder	乔唐日照计	約旦日照計
Junge layer	荣格[气溶胶]层	榮格[氣膠]層
Junge size distribution	荣格谱	榮格譜
Jurassic Period	侏罗纪	侏羅紀

K

英　文　名	大　陆　名	台　湾　名
Kalman filtering	卡尔曼滤波	卡爾曼濾波
Karman constant	卡门常数	卡門常數

英　文　名	大　陆　名	台　湾　名
Karman turbulent similarity theory	卡门湍流相似理论	卡門亂流相似理論
Karman vortex street	卡门涡街	卡門渦列
katabatic front	下滑锋	下滑鋒
katabatic wind	下降风	下坡風
katallobar	负变压线	降壓線
katallobaric center	负变压中心	降壓中心
Kelvin circulation theorem	开尔文环流定理	克耳文環流定理
Kelvin-Helmholtz instability	开尔文–亥姆霍兹不稳定	克赫不穩度
Kelvin-Helmholtz wave	开尔文–亥姆霍兹波	克赫波
Kelvin temperature scale	开尔文温标	克氏溫標,絕對溫標
Kelvin theorem	开尔文定理	克耳文定理
Kelvin wave	开尔文波	克耳文波
kernel function	核函数	核函數
Kew barometer	寇乌气压表	寇烏式氣壓計
killing freeze	严冻	嚴凍
killing temperature	致死温度	致死溫度
kinematic boundary condition	运动学边界条件	運動邊界條件
kinematic similarity	运动学相似性	運動相似性
kinematic viscosity coefficient	运动黏滞系数	運動黏性係數
kinetic energy	动能	動能
Kirchoff's law	基尔霍夫定律	克希何夫定律
Knollenberg probe	诺伦贝格探测器	諾氏探測器
Knudsen number	克努森数	紐生數
Kolmogorov similarity hypothesis	科尔莫戈罗夫相似假说	科莫相似假說
Kona cyclone	科纳气旋	可那氣旋
Kona storm	科纳风暴	可那風暴
Köppen classification	柯本分类	柯本分類[法]
Köppen climatic classification	柯本气候分类法	柯本氣候分類[法]
Köppen-Geiger climate	柯本–盖格气候	柯蓋氣候
Köppen-Supan line	柯本–苏潘等温线	柯蘇線
Kriging	克里金法	克氏插分法
krypton	氪	氪
K-theory of turbulence	湍流 K 理论	亂流 K 理論
Kuo's convective scheme	郭晓岚对流[参数化]方案	郭氏對流法
Kurile current	千岛海流	千島海流,視潮
Kuroshio	黑潮	黑潮

英 文 名	大 陆 名	台 湾 名
Kuroshio counter current	黑潮逆流	黑潮反流

L

英 文 名	大 陆 名	台 湾 名
Labrador current	拉布拉多[冷]海流	拉布拉多海流
lag	落后,滞后	落後
lag coefficient	滞后系数	落後係數
lag correlation	滞后相关	落後相關
lag cross-correlation	滞后交叉相关	落後交叉相關
Lagrange interpolation	拉格朗日插值	拉格朗日内插
Lagrangian advective scheme	拉格朗日平流格式	拉格朗日平流法
Lagrangian coordinate	拉格朗日坐标	拉格朗日坐標
Lagrangian correlation	拉格朗日相关	拉格朗日相關
Lagrangian equation	拉格朗日方程	拉格朗日方程
lag time	滞后时间	落後時間
lake breeze	湖风	湖風
LAM (=limited area model)	有限区模式	有限區模式
Lambert's [cosine] law	朗伯[余弦]定理	藍伯[餘弦]定律
Lamb wave	兰姆波	蘭姆波
laminar boundary layer	层流边界层	片流邊界層
land and sea breeze	海陆风	海陸風
land breeze	陆风	陸風
land breeze front	陆风锋	陸風鋒
land fog	陆雾	陸霧
landing [weather] forecast	着陆[天气]预报	降落預報
LANDSAT (=Land Satellite)	陆地卫星	陸地衛星
Land Satellite (LANDSAT)	陆地卫星	陸地衛星
landscape climatology	景观气候学	景觀氣候學
land sea contrast	海陆对比	海陸對比
Langevin ion	朗之万离子	朗日凡離子
langley (Ly)	兰利(卡/厘米²)	朗勒
La Niña	拉尼娜	反聖嬰
Laplace equation	拉普拉斯方程	拉卜拉士方程
Laplace tidal equation	拉普拉斯潮汐方程	拉卜拉士潮汐方程
lapse rate	[温度]递减率	直減率
large ion	大离子	大離子
large nucleus	大核	大核

英　文　名	大　陆　名	台　湾　名
laser	激光	雷射
laser ceilometer	激光云幂仪	雷射雲幂計
last snow	终雪	終雪
late frost	晚霜	晚霜
late glacial stage climate	晚冰期气候	晚冰期氣候
latent heat	潜热	潛熱
latent instability	潜在不稳定	潛在不穩度
lateral boundary condition	侧边界条件	側邊界條件
lateral mixing	侧向混合	側向混合
lateral wind	侧风	側風
latest frost	终霜	終霜
late subboreal climatic phase	亚北方气候晚期	亞北氣候晚期
Lax-Wendroff differencing scheme	拉克斯-温德罗夫差分格式	拉文差分法
layered echo	层状回波	層狀回波
LCL（=lifting condensation level）	抬升凝结高度	舉升凝結高度,舉升凝結層
lead	冰间水道	冰間水道
leader streamer	导闪,先导[流光]	導閃
leaf temperature	叶温	葉溫
lee depression	背风坡低压	背風低壓
lee side	背风面	背風面
lee trough	背风槽	背風槽
lee wave	背风波	背風波
Legendre function	勒让德函数	勒壤得函數
level	水准仪	水準儀
level of free convection（LFC）	自由对流高度	自由對流高度,自由對流層
Lewis number	刘易斯数	路易士數
LFC（=level of free convection）	自由对流高度	自由對流高度,自由對流層
LFM（=limited area fine-mesh model）	有限区细网格模式	有限區域細網格模式
LI（=lifting index）	抬升指数	舉升指數
Liapunov index	李雅普诺夫指数	李氏指數
Liapunov stability	李雅普诺夫稳定性	李氏穩度
lidar	激光雷达	光達
lifting condensation level（LCL）	抬升凝结高度	舉升凝結高度,舉升凝結層

英　文　名	大　陆　名	台　湾　名
lifting index (LI)	抬升指数	舉升指數
light air	1 级风,软风	軟風
light breeze	2 级风,轻风	輕風
light exposure	光照[射]量	光照量
light intensity	光照强度	光強度
light ion	轻离子	輕離子
lightning	闪电	閃[電]
lightning channel	闪电通道	閃[電]路
lightning conductor	避雷针	避雷針,導閃器
lightning current	闪电电流	閃電流
lightning detection network	闪电探测网	閃電探測網
lightning echo	闪电回波	閃[電]回波
lightning rod (=lightning conductor)	避雷针	避雷針,導閃器
lightning suppression	人工雷电抑制	閃電抑制
light rain	小雨	小雨
limb brightening	临边增亮	臨邊增亮
limb darkening	临边变暗	臨邊減光
limb occultation photometer	边蚀光度计	邊蝕光度計
limb retrieval	临边反演	臨邊反演
limb scanning method	临边扫描法	臨邊掃描法
limit	①限度 ②极限	①限度 ②極限
limited area fine-mesh model (LFM)	有限区细网格模式	有限域細網格模式
limited area forecast model	有限区预报模式	有限區域預報模式
limited area model (LAM)	有限区模式	有限域模式
linear correlation	线性相关	線性相關
linear interpolation	线性插值	線性內插
linear inversion	线性反演	線性反演
linear transformation	线性变换	線性轉換
linear wave	线性波	線性波
line convection	线对流	線狀對流
liquid water content(LWC)	[液态]含水量	液態水含量
lithometeor	[大气]尘粒	塵粒
lithosphere	岩石圈	岩界
Little Climatic Optimum	小气候最宜期	小最適氣候期
Little Ice Age	小冰期	小冰[河]期
littoral climate	海滨气候	海岸氣候
littoral current	沿岸流	沿岸流
LLJ (=low-level jet [stream])	低空急流	低層噴流

英　文　名	大　陆　名	台　湾　名
LLWS（＝low level wind shear）	低空风切变	低層風切
local action	局地作用	局部作用
local apparent time	地方视时	地方視時
local axis	局地［坐标］轴	局地［坐標］軸
local circulation	局地环流	局部環流
local climate	局地气候	局部氣候
local climatology	局地气候学	局部氣候學
local derivative	局部导数	局部導數
local forecast	局地预报	當地預報
local isotropic turbulence	局地各向同性湍流	局部均向性亂流
local precipitation	地方性降水	局部降水
local standard time（LST）	地方标准时	地方標準時
local thermodynamic equilibrium	局地热力平衡	局部熱力平衡
local time	地方时	地方時
local variation	局地变化	局部變化
local weather	地方性天气	當地天氣
local wind	地方性风	局部風
loess	黄土	黄土
logarithmic velocity profile	风速对数廓线	對數風速剖線
lognormal cloud-size distribution	对数正态云尺度分布	對數常態雲尺度分佈
longitudinal wave	纵波	縱波
long-range［weather］forecast	长期［天气］预报	長期預報
long-range navigation（LORAN）	罗兰导航	羅倫導航
long-wave radiation	长波辐射	長波輻射
long-wave trough	长波槽	長波槽
LORAN（＝long-range navigation）	罗兰导航	羅倫導航
Lorentz force	洛伦兹力	勞侖茲力
loss function	损失函数	損失函數
louverd screen	百叶箱	百葉箱
low altitude radiosonde	低空探空仪	低空雷送
low cloud	低云	低雲
lower atmosphere	低层大气	低層大氣
lower mirage	下现蜃景	下蜃景
low index	低指数	低指數
low-level jet［stream］（LLJ）	低空急流	低層噴流
low-level wind shear（LLWS）	低空风切变	低層風切
low-pass filter	低通滤波器	低通濾波器
low［pressure］	低气压	低［氣］壓

英 文 名	大 陆 名	台 湾 名
LST（=local standard time）	地方标准时	地方標準時
luminance	光亮度	亮度
lunar atmospheric tide	太阴大气潮	太陰大氣潮
lunar calendar	阴历	陰歷
lunar corona	月华	月華
lunar eclipse	月食	月蝕
lunar halo	月晕	月暈
lunar tide	太阴潮	太陰潮
lunar year	太阴年	太陰年
lunation	太阴月	太陰月
LWC（=liquid water content）	[液态]含水量	液態水含量
Ly（=langley）	兰利(卡/厘米²)	朗勒
Lyman-α hygrometer	莱曼-α 湿度表	來曼-α 濕度計
lysocline	溶[解]跃面	溶解層

M

英 文 名	大 陆 名	台 湾 名
Mach number	马赫数	馬赫數
mackerel sky	鱼鳞天	魚鱗天
Macky effect	马盖效应	馬開效應
macroclimate	大气候	大氣候
macroclimatology	大气候学	大氣候學
macroscale	大尺度	大尺度
macroviscosity	宏观黏滞度	粗黏度
Madden-Julian oscillation	M-J 振荡	麥儒振盪
magnetic disturbance	磁扰	磁擾
magnetic storm	磁暴	磁暴
magnetopause	磁层顶	磁層頂
magnetosphere	磁层	磁層
Magnus formula	马格努斯公式	馬氏公式
main standard time	基本天气观测时间	標準[天氣圖]時間
manifold	流形	流形
man-machine mix	人机结合	人機結合
man-machine weather forecast	人机结合天气预报	人機結合天氣預報
map	地图	地圖
map factor	地图[放大]因子	地圖因數
map projection	地图投影	地圖投影

英 文 名	大 陆 名	台 湾 名
map scale	地图比例尺	地圖比尺
marine air	海洋空气	海洋空氣
marine air fog	海洋气团雾	海洋氣團霧
marine atmosphere	海洋大气	海洋大氣
marine biology	海洋生物学	海洋生物學
marine climate	海洋性气候	海洋氣候
marine climatology	海洋气候学	海洋氣候學
marine ecology	海洋生态学	海洋生態學
marine ecosystem	海洋生态系统	海洋生態系
marine meteorology	海洋气象学	海洋氣象學
maritime aerosol	海洋气性溶胶	海洋氣[懸]膠
maritime climate(=marine climate)	海洋性气候	海洋氣候
maritime continental contrast	海洋大陆对比	海洋大陸對比
maritime polar air mass	极地海洋气团	極地海洋氣團
maritime tropical air mass	热带海洋气团	熱帶海洋氣團
maritimity	[气候]海洋度	海性度
Markov chain	马尔可夫链	馬可夫鏈
Markov process	马尔可夫过程	馬可夫過程
marsh gas	沼气	沼氣
MASER (=microwave amplification by stimulated emission of radiation)	脉泽,微波激射器	邁射
mass conservation	质量守恒	質量守恆,品質不滅
mass spectrometer	质谱仪	質譜儀
master station	主站	主站
mathematical climate	数理气候	數理氣候
mathematical simulation	数学模拟	數學模擬
mathematical statistics	数理统计[学]	數理統計[學]
Matsuno scheme	松野格式	松野法
Maunder Minimum	蒙德极小期	蒙德極小期
maximum design wind speed	最大设计平均风速	最大設計風速
maximum growth temperature	最高生长温度	最高生長溫度
maximum precipitation	最大降水[量]	最大降水[量]
maximum temperature	最高温度	最高溫度
maximum thermometer	最高温度表	最高溫度計
maximum unambiguous range	最大不模糊距离	最大不模糊距離
maximum unambiguous velocity	最大不模糊速度	最大不模糊速度
maximum value	极大值	極大值,最大值,最高值
maximum wind level	最大风速层,最大风高	最大風高度

英　文　名	大　陆　名	台　湾　名
	度	
maximum wind speed	最大风速	最大風速
Maxwell equation	麦克斯韦方程	馬克士威方程
MCC（=mesoscale convective complex）	中尺度对流复合体	中尺度對流複合體
MCL（=mixing condensation level）	混合凝结高度	混合凝結層
MCS（=mesoscale convective system）	中尺度对流系统	中尺度對流系統
mean annual precipitation	平均年降水[量]	年平均降水[量]
mean annual range of temperature	[月平均]温度年较差， 　平均年温度较差	[月平均]溫度年較差
mean annual temperature	年平均温度	年平均溫度
mean circulation	平均环流	平均環流
mean flow	平均[气]流	平均流
mean meridional circulation	平均经向环流	平均經向環流
mean sea level（MSL）	平均海平面	平均海平面
mean skin temperature	平均表面温度	平均表面溫度
mean solar day	平太阳日	平太陽日
mean solar time	平太阳时	平太陽時
mean solar year	平太阳年	平太陽年
mean square deviation（=mean square 　error）	均方[误]差	均方差
mean square error（MSE）	均方[误]差	均方差
mean temperature	平均温度	平均溫度
mean value	平均值	平均值
mean zonal circulation	平均纬向环流	平均緯向環流
measure	①度量 ②测量	①量度 ②測量
mechanical equivalent of heat	热功当量	熱功當量
mechanical turbulence	机械湍流	機械亂流
median	中[位]数	中數
median volume diameter	中位体积直径	中位體積直徑
medical climatology	医疗气候学	醫療氣候學
medical meteorology	医疗气象学	醫療氣象學
Medieval Climate Optimum	中世纪气候最宜期	中世紀最適氣候期
Medieval Warm Epoch（MWE）	中世纪暖期	中世紀暖期
Mediterranean climate	地中海气候	地中海氣候
medium	介质	介質
medium frequency（MF）	中频	中頻
medium-range [weather] forecast	中期[天气]预报	中期[天氣]預報
megathermal climate	大暖期气候	大暖期氣候

英　文　名	大　陆　名	台　湾　名
megathermal period	大暖期	大暖期
Meiyu	梅雨	梅雨
Meiyu front	梅雨锋	梅雨鋒
Meiyu period	梅雨期	梅雨期
melting	融解	融解
melting point	融[化]点	融[解]點
memory	存储	儲存
mercury thermometer	水银温度表	水銀溫度計
meridian	经线,子午线	經線,子午線
meridian circle	子午圈	子午圈
meridian plane	子午面	子午面
meridional circulation	经向环流	經向環流
meridional cross-section	经向剖面	經向剖面
meridional current	经向气流	經向氣流
mesoclimatology	中尺度气候学	中尺度氣候學
mesopause	中间层顶	中氣層頂
mesoscale	中尺度	中尺度
mesoscale convective complex（MCC）	中尺度对流复合体	中尺度對流複合體
mesoscale convective system（MCS）	中尺度对流系统	中尺度對流系統
mesoscale lee vortex	中尺度背风[坡]涡旋	中尺度背風渦旋
mesoscale low	中尺度低压	中尺度低壓
mesoscale meteorology	中尺度气象学	中尺度氣象學
mesoscale model	中尺度模式	中尺度模式
mesoscale motion	中尺度运动	中尺度運動
mesosphere	中间层	中氣層
mesospheric circulation	中间层环流	中氣層環流
mesothermal climate	中温气候	中溫氣候
Mesozoic Era	中生代	中生代
meteorogram	天气实况演变图	氣象記錄圖
meteorological air plane	气象飞机	氣象飛機
meteorological code	气象电码	氣象電碼
meteorological disaster	气象灾害	氣象災害
meteorological element	气象要素	氣象要素
meteorological equator	气象赤道	氣象赤道
meteorological factor	气象因子	氣象因子
meteorological instrument	气象仪器	氣象儀器
meteorological loss	气象损失	氣象損失
meteorological minimum	最低气象条件	最低氣象條件

英　文　名	大　陆　名	台　湾　名
meteorological navigation	气象导航	氣象導航
meteorological noise	气象噪声	氣象雜訊
meteorological observation	气象观测	氣象觀測
meteorological observatory	气象台	氣象台,測候所
meteorological optical range（MOR）	气象光[学视]程	氣象光程
meteorological platform	气象观测平台	氣象觀測平台
meteorological proverb	气象谚语	氣象諺語
meteorological radar	气象雷达	氣象雷達
meteorological report	气象报告	氣象報告
meteorological rocket	气象火箭	氣象火箭
meteorological satellite	气象卫星	氣象衛星
meteorological satellite ground station	气象卫星地面站	氣象衛星地面站
meteorological shipping route	气象航线	氣象觀測路線
meteorological tide	气象潮	氣象潮
meteorological wind tunnel	气象风洞	氣象風洞
meteorology	气象学	氣象學
meteoropathy	气象病	氣象病
meteorotropic disease（=meteoropathy）	气象病	氣象病
meteorotropic effect	[生理]气象效应	[生理]氣象效應
meters per second（mps）	米/秒,米每秒	每秒公尺
methane	甲烷	甲烷
MF（=medium frequency）	中频	中頻
MFM（=movable fine-mesh model）	可移动细网格模式	可移動細綱格模式
microbarograph	微压计	微壓儀
microburst	微下击暴流	微爆流
microclimate	小气候	微氣候
microclimatic factor	小气候因子	微氣候因子
microclimatic heat island	小气候热岛	微氣候熱島
microclimatic measurement	小气候测量	微氣候測量
microclimatic observation	小气候观测	微氣候觀測
microclimatology	小气候学	微氣候學
microcomputer	微型计算机	微電腦
microenvironment	人造环境,微环境	人造環境,微環境
micrometeorology	微气象学	微氣象[學]
microscale［weather］system	微尺度天气系统,小尺 度天气系统	微尺度[天氣]系統
microwave amplification by stimulated emission of radiation（MASER）	脉泽,微波激射器	邁射

英　文　名	大　陆　名	台　湾　名
microwave radar	微波雷达	微波雷達
microwave radiometer	微波辐射仪	微波輻射計
middle atmosphere	中层大气	中層大氣
middle atmospheric physics	中层大气物理学	中層大氣物理［學］
middle cloud	中云	中雲
Middle Subboreal Climatic Phase	中亚北气候期	中亞北氣候期
mid-ocean trough（MOT）	洋中槽	洋中槽
midsummer	盛夏	盛夏
midtropospheric cyclone	对流层中层气旋	中層氣旋
midwinter	隆冬	隆冬
Mie scattering	米氏散射	米氏散射
migration	①移动 ②位移	①移動 ②位移
Milankovitch hypothesis	米兰科维奇假说	米蘭科維奇假說
Milankovitch oscillation	米兰科维奇振荡	米蘭科維奇振盪
Milankovitch solar radiation curve	米兰科维奇太阳辐射曲线	米蘭科維奇太陽輻射曲線
Milankovitch theory	米兰科维奇理论	米蘭科維奇理論
mild climate	温和气候	溫和氣候
military climatography	军事气候志	軍事氣候誌
military meteorological information	军事气象信息,军事气象情报	軍事氣象情報
military meteorological support	军事气象保障	軍事氣象支援
military meteorology	军事气象学	軍事氣象學
Miller's climatic classification	米勒气候分类法	米勒氣候分類法
minicomputer	小型计算机	小型電腦
minimum	最低值	最低［值］
minimum thermometer	最低温度表	最低溫度計
minimum value	最小值	最小值
Miocene Epoch	中新世	中新世
miothermic period	温和期	溫和期
mirage	蜃景	蜃景
mist	轻雾	輕霧,靄
mixed-layer capping inversion	混合层覆盖逆温	混合層冠蓋逆溫
mixed-layer depth	混合层厚度	混合層厚度
mixed-layer height	混合层高度	混合層高度
mixed-layer top	混合层顶	混合層頂
mixing condensation level（MCL）	混合凝结高度	混合凝結層
mixing depth	混合深度	混合［層］深度

英　文　名	大　陆　名	台　湾　名
mixing efficiency	混合效率	混合效率
mixing fog	混合雾	混合霧
mixing layer	混合层	混合層
mixing length	混合长	混合長度
mixing ratio	混合比	混合比
mode	①模态 ②众数 ③方式	①[波]模 ②眾數 ③方式
modeling（＝simulation）	模拟	模擬
model output statistics（MOS）	模式输出统计	模式輸出統計
moderate breeze	4级风,和风	和風
moderate rain	中雨	中雨
module	模块	組件
modulus	模数	模數
moist adiabat	湿绝热线	濕絕熱線
moist adiabatic lapse rate	湿绝热直减率	濕絕熱直減率
moist adiabatic process	湿绝热过程	濕絕熱過程
moist air	湿空气	濕空氣
moist baroclinic instability	湿斜压不稳定	濕斜壓不穩度
moist climate	湿润气候	潮濕氣候
moist convection	湿对流	濕對流
moist model	湿模式	濕模式
moist tongue	湿舌	濕舌
moisture	水分	水分
moisture［conservation］equation	水汽[守恒]方程	水氣方程
moisture content	水汽含量	水氣含量
moisture index	湿润度	水分指數
moisture inversion	逆湿	濕度逆增
moisture profile	湿度廓线	濕度剖線
mole	摩[尔]	莫[耳]
molecular scattering	分子散射	分子散射
molecular viscosity	分子黏性	分子黏性
molecular viscosity coefficient	分子黏性系数,分子黏滞系数	分子黏性係數
momentum conservation	动量守恒	動量守恆
momentum equation	动量方程	動量方程
momentum exchange	动量交换	動量交換
MONEX（＝Monsoon Experiment）	季风试验	季風試驗
Monin-Obukhov length	莫宁–奥布霍夫长度	莫奧長度

英　文　名	大　陆　名	台　湾　名
Monin-Obukhov similarity theory	莫宁-奥布霍夫相似理论	莫奥相似理论
monitoring	监测	监测
monochromatic radiation	单色辐射	单色辐射
monsoon	季风	季风
monsoon air	季风空气	季风空气
monsoon break	季风中断	季风中断
monsoon burst	季风爆发	季风爆发
monsoon circulation	季风环流	季风环流
monsoon climate	季风气候	季风气候
monsoon cloud cluster	季风云团	季风云族
monsoon convergence zone	季风辐合带	季风辐合带
monsoon current	季风海流	季风[海]流
monsoon depression	季风低压	季风低压
Monsoon Experiment（MONEX）	季风试验	季风试验
monsoon fog	季风雾	季风雾
monsoon index	季风指数	季风指数
monsoon meteorology	季风气象学	季风气象[学]
monsoon onset	季风建立	季风肇始
monsoon rain	季风雨	季风雨
monsoon rainfall	季风雨量	季风雨量
monsoon rainforest climate	季风雨林气候	季风雨林气候
monsoon region	季风区	季风区
monsoon season	季风季[节]	季风季
monsoon surge	季风潮	季风潮
monsoon trough	季风槽	季风槽
monsoon zone	季风带	季风带
Monte Carlo method	蒙特卡罗方法	蒙地卡罗法
Monte Carlo model	蒙特卡罗模式	蒙地卡罗模式
monthly amount	月总量	月总量
monthly mean	月平均	月平均
monthly mean maximum temperature	月平均最高温度	月平均最高温
moon's path	白道	白道
MOR（=meteorological optical range）	气象光[学视]程	气象光程
MOS（=model output statistics）	模式输出统计	模式产品统计
MOT（=mid-ocean trough）	洋中槽	洋中槽
mountain barometer	高山气压表	高山气压计
mountain climate	山地气候	山地气候

英 文 名	大 陆 名	台 湾 名
mountain climatology	山地气候学	山地氣候學
mountain fog	山雾	山霧
mountain glacier	山地冰川	高山冰川
mountain meteorology	山地气象学	高山氣象[學]
mountain observation	山地观测	高山觀測
mountain-valley breeze	山谷风	山谷風
movable fine-mesh model（MFM）	可移动细网格模式	可移動細網格模式
moving average	动态平均,滑动平均	移動平均
mps（=meters per second）	米/秒,米每秒	每秒公尺
MSE（=mean square error）	均方[误]差	均方差
MSI（=multi-spectral image）	多波段图像	多波段影像
MSL（=mean sea level）	平均海平面	平均海平面
mud flow	泥流	泥流
mud rime	泥凇	泥凇
mud-rock flow	泥石流	土石流
muggy weather	闷热天气	悶熱天氣
multi-equilibrium state	多平衡态	多平衡態
multilevel model	多层模式	多層模式
multiple correlation	复相关	複相關
multiple correlation coefficient	复相关系数	複相關係數
multiple regression	多重回归	複回歸
multiple scattering	多次散射	多次散射
multiple stroke	多次闪击	多次閃擊
multiple time scale	多时间尺度	多重時間尺度
multi-spectral image（MSI）	多波段图像	多波段影像
multivariate analysis	多元分析	多元分析
multivariate optimum interpolation	多元最优插值	多元最佳內插法
multivariate statistical analysis	多元统计分析	多元統計分析
multivariate time series	多元时间序列	多元時間序列
MWE（=Medieval Warm Epoch）	中世纪暖期	中世紀暖期

N

英 文 名	大 陆 名	台 湾 名
nacreous cloud	珠母云	貝母雲
NAS（=National Academy of Sciences, USA）	美国国家科学院	美國國家科學院
NASA（=National Aeronautics and Space	美国国家航空航天局	美國國家航空太空總署

英　文　名	大　陆　名	台　湾　名
Administration，USA）		
National Academy of Sciences，USA（NAS）	美国国家科学院	美國國家科學院
National Aeronautics and Space Adminis-tration，USA（NASA）	美国国家航空航天局	美國國家航空太空總署
National Center for Atmospheric Rese-arch，USA（NCAR）	美国国家大气研究中心	美國國家大氣研究中心
National Centers for Environmental Pre-diction，USA（NCEP）	美国国家环境预报中心	美國國家環境預報中心
National Climatic Center，USA（NCC）	美国国家气候中心	美國國家氣候中心
National Meteorological Center，USA（NMC）	美国国家气象中心	美國國家氣象中心
National Oceanic and Atmospheric Admi-nistration（NOAA）	美国国家海洋大气局，诺阿	美國國家海洋大氣總署
national standard barometer	国家标准气压表	國家標準氣壓計
National Weather Service，USA（NWS）	美国国家气象局	美國國家氣象局
natural calamity	自然灾害	自然災害
natural convection	自然对流	自然對流
natural coordinate	自然坐标	自然坐標
natural frequency	固有频率	自然頻率
natural landscape	自然景观	自然景觀
natural oscillation	自然振荡,固有振荡	自然振盪,固有振盪
natural period	自然周期,固有周期	自然週期,固有週期
natural sulfur cycle	自然硫循环	自然硫循環
natural synoptic period	自然天气周期	自然綜觀[天氣]期
natural synoptic region	自然天气区	自然綜觀[天氣]區
natural synoptic season	自然天气季节	自然綜觀[天氣]季
navaid wind-finding	导航测风	導航測風
Navier-Stokes equation	纳维-斯托克斯方程	那微司托克士方程
Nb（=nimbus）	雨云	雨雲
NCAR（=National Center for Atmos-pheric Research，USA）	美国国家大气研究中心	美國國家大氣研究中心
NCC（=National Climatic Center，USA）	美国国家气候中心	美國國家氣候中心
NCEP（=National Centers for Environ-mental Prediction，USA）	美国国家环境预报中心	美國國家環境預報中心
neap tide	小潮	小潮
near-equatorial ridge	近赤道脊	近赤道脊
near gale	7级风,疾风	疾風

英　文　名	大　陆　名	台　湾　名
negative feedback	负反馈	負反饋
negative ion	负离子	負離子
negentropy	负熵	負熵
Neogene Period	新近纪	第三紀
neoglaciation	新冰期	新冰川作用
Neolithic Age	新石器时代	新石器時代
Neoproterozoic Era	新元古代	新元古代
nephanalysis	云[层]分析	雲分析
nephelometer	①能见度测定表,浊度计 ②云量计	①濁度計 ②雲量計
nephohypsometer	云高表	雲高計
nephoscope	测云器,测云仪	測雲器
nested grid	套网格	嵌套網格
nested grid model（NGM）	套网格模式	嵌套網格模式
net radiation	净辐射	淨輻射
net radiometer	净辐射表	淨輻射計
neutral atmosphere	中性大气	中性大氣
neutral cyclone	中性气旋	中性氣旋,變性氣旋
neutral mode	中性模	中性模
neutral stability	中性稳定	中性穩度
neutron	中子	中子
neutropause	中性层顶	中性層頂
neutrosphere	中性层	中性層
neve	粒雪	陳年雪,積冰區
Newtonian cooling	牛顿冷却	牛頓冷卻
Newton stress formula	牛顿应力公式	牛頓應力公式
NEXRAD（=next generation weather radar）	下一代天气雷达	下一代氣象雷達
next generation weather radar（NEXRAD）	下一代天气雷达	下一代氣象雷達
NGM（=nested grid model）	套网格模式	嵌套網格模式
nightglow	夜[气]辉	夜輝
nimbostratus（Ns）	雨层云	雨層雲
nimbus（Nb）	雨云	雨雲
nitrate	硝酸盐	硝酸鹽
nitric acid	硝酸	硝酸
nitric oxide	一氧化氮	一氧化氮
nitrification	硝化作用	硝化作用
nitrogen cycle	氮循环	氮循環

英 文 名	大 陆 名	台 湾 名
nitrogen dioxide	二氧化氮	二氧化氮
nitrous oxide	氧化亚氮	氧化亞氮
nival belt	雪带	雪帶
nival climate	冰雪气候	冰雪氣候,冰凍氣候
nivation	雪蚀	雪蝕
NMC（=National Meteorological Center, USA）	美国国家气象中心	美國國家氣象中心
NOAA（=National Oceanic and Atmospheric Administration）	美国国家海洋大气局, 诺阿	美國國家海洋大氣總署
NOAA Satellite	诺阿卫星	諾阿衛星
noctilucent cloud	夜光云	夜光雲
nocturnal jet	夜间急流	夜間噴流
nocturnal radiation	夜间辐射	夜間輻射
nodal factor	节点因子	交點因數
nomogram	列线图	線規圖
non-convective precipitation	非对流[性]降水	非對流降水
non-conventional observation	非常规观测	非傳統觀測
non-dimensional equation	无量纲方程	無因次方程
non-dimensional parameter	无量纲参数	無因次參數
non-divergence level	无辐散层	非輻散層,非輻散高度
nonlinear	非线性	非線性
nonlinear instability	非线性不稳定[性]	非線性不穩度
nonlinear wave	非线性波	非線性波
non-periodic variation	非周期变化	非週期變化
non-real-time data	非实时资料,非实时数据	非即時資料
norm	范数	範數
normal barometer	标准气压表	標準氣壓計
normalization	标准化,规一化	標準化,常態化
normal mode	正规模[态]	正模
normal mode initialization	正规模[态]初值化	正模初始化
normal state	正常状态	[正]常[狀]態
normal value	正常值,标准值	標準值
North Atlantic Oscillation	北大西洋涛动	北大西洋[大氣]振盪
North China occluded front	华北锢囚锋	華北囚錮鋒
Northeast China low	东北低压	華北低壓
northeast monsoon	东北季风	東北季風
North Pacific Oscillation	北太平洋涛动	北太平洋振盪

英　文　名	大　陆　名	台　湾　名
nowcast	临近预报,现时预报	即時預報
nowcasting(＝nowcast)	临近预报,现时预报	即時預報
Ns（＝nimbostratus）	雨层云	雨層雲
nuclear winter	核冬天	核子冬天
nucleation	核化,成核[作用]	成核[作用]
nucleation threshold	成核阈值	成核低限
nudging	纳近[法],张弛递近[法]	纳近[法]
null hypothesis	虚无假设	虚無假設
numerical experiment	数值试验	數值實驗
numerical integration	数值积分	數值積分
numerical modeling	数值模拟	數值模擬
numerical simulation（＝numerical modeling）	数值模拟	數值模擬
numerical solution	数值解	數值解
numerical weather prediction（NWP）	数值天气预报	數值天氣預報
nutation	章动	章動
NWP（＝numerical weather prediction）	数值天气预报	數值天氣預報
NWS（＝National Weather Service,USA）	美国国家气象局	美國國家氣象局

O

英　文　名	大　陆　名	台　湾　名
oasis	绿洲	綠洲
oasis effect	绿洲效应	綠洲效應
objective analysis	客观分析	客觀分析
objective forecast	客观预报	客觀預報
objective function	目标函数	目標函數
observation	观测	觀測
observational error	观测误差	觀測誤差
observational frequency	观测次数,观测频率	觀測頻率
observer	[气象]观测员	觀測員
Obukhov's criterion	奥布霍夫判据	奧氏判據
occluded cyclone	锢囚气旋	囚錮氣旋
occluded front	锢囚锋	囚錮鋒
occlusion	锢囚	囚錮
occultation method	掩星法	掩星法
ocean	洋,海洋	海洋

英　文　名	大　陆　名	台　湾　名
ocean air mass	海洋气团	海洋氣團
ocean-atmosphere heat exchange	海气热交换	氣海熱交換
ocean circulation	海洋环流	海洋環流
ocean conveyor belt	海洋输送带	海洋輸送帶
ocean current	洋流,海流	海流,洋流
ocean heat transport	海洋热量输送	海洋熱傳[送]
oceanic general circulation model（OGCM）	海洋环流模式	海洋環流模式
oceanic hemisphere	水半球	水半球
oceanic meteorology（=marine meteorology）	海洋气象学	海洋氣象學
oceanic surface mixed layer	海面混合层	海洋混合層
oceanity	海洋度	海性度
oceanographic equator	海洋赤道	海洋赤道
oceanography	海洋学	海洋學
oceanophysics	海洋物理[学]	海洋物理[學]
ocean temperature	海水温度	海溫
ocean weather station	海洋气象站	海洋氣象站
ocean weather vessel	海洋天气船	氣象船
octant	卦限	卦限
offline	离线	離線
offshore wind	离岸风	離岸風
offtime	非[规]定时	非定時
OGCM（=oceanic general circulation model）	海洋环流模式	海洋環流模式
Okhotsk high	鄂霍次克海高压	鄂霍次克高壓
old ice	老冰	老冰
Oligocene Epoch	渐新世	漸新世
OLR（=outgoing long-wave radiation）	向外长波辐射	出長波輻射
one sided difference	单侧差分	單側差分
one sided smoothing	单边平滑	單側勻滑
on line	在线	線上
onset of Meiyu	入梅	入梅
onshore wind	向岸风	向岸風
opaque layer	浑浊层,不透明层	渾濁層,不透明層
open system	开放系统	開放系統
operating system	操作系统	作業系統
operation	操作	操作

英　文　名	大　陆　名	台　湾　名
operational forecast	业务预报	作業預報
operation center	操作中心	作業中心
opposing wind (=head wind)	逆风	逆風
opposition	冲	衝
optical depth	光学厚度	光學厚度
optical imaging probe	光学成像探测器	光學成像探測器
optical particle probe	光学粒子探测器	光學粒子探測器
optical path	光程	光程
optimal solution	最优解	最佳解
optimization	最优化,最佳化	最佳化
optimum climate	最佳气候	最佳氣候
optimum filter	最佳滤波器	最佳濾波器
optimum resolution	最佳分辨率	最佳解析度
optimum track line	最佳航线	最佳航線
optimum track route (=optimum track line)	最佳航线	最佳航線
orbit	轨道	軌道
orbital characteristics	[地球]轨道特征	軌道特徵
orbital eccentricity	轨道偏心率	軌道偏心率
orbital velocity	轨道速度	軌道速度
orbit plane	轨道面	軌道面
order of magnitude	数量级	數量級
ordinary climatological station	一般气候站	普通氣候站
ordinary wave	常波	常波
ordinary year	常年	平年
Ordovician Period	奥陶纪	奥陶紀
original error	原始误差	原始誤差
origin of atmosphere	大气起源	大氣起源
orogenesis	造山作用	造山作用
orographic depression	地形低压	地形低壓
orographic fog	地形雾	地形霧
orographic occluded front	地形锢囚锋	地形囚錮鋒
orographic precipitation	地形降水	地形降水
orographic rain	地形雨	地形雨
orographic rainfall	地形雨量	地形雨量
orographic snowline	地形雪线	地形雪線
orographic stationary front	地形静止锋	地形滞留鋒
orographic thunderstorm	地形雷暴	地形雷雨

英　文　名	大　陆　名	台　湾　名
orographic wave	地形波	地形波
orography	①山地学 ②地形	①山嶽學 ②地形
orthogonal function	正交函数	正交函數
orthogonality	正交性	正交性
orthogonal lines	正交线	正交線
orthogonal polynomials	正交多项式	正交多項式
orthonormality	标准正交性	標準正交性
oscillating body	振荡体	振盪體
oscillation	振荡,涛动	振盪
oscillation period	振荡周期	振盪週期
oscillation series	振荡级数	振盪級數
oscillator	振［动］子	振子
Ostrovski-Gauss formula	奥–高公式	奥–高公式
outbreak	爆发	爆發
outgoing long-wave radiation（OLR）	向外长波辐射	出長波輻射
output	输出	輸出
output signal	输出信号	輸出信號
overcast［sky］	阴天	陰天
overflow	溢出	溢出
overhang echo	悬垂回波	懸垂回波
over reflection	超反射	超反射
overrelaxation	超松弛	超鬆弛
overrunning cold front	上滑冷锋	上滑冷鋒
overstability	过稳定性	超穩度
overtrades	高空信风	高空信風
overturning	翻转	翻轉
oxidant	氧化剂	氧化劑
oxidizing reaction	氧化反应	氧化反應
oxygen cycle	氧循环	氧迴圈
Oyashio［current］	亲潮	親潮
ozone	臭氧	臭氧
ozone budget	臭氧收支	臭氧收支
ozone cloud	臭氧云	臭氧雲
ozone depletion potential	臭氧耗竭潜势	臭氧耗竭潛勢
ozone distribution	臭氧分布	臭氧分佈
ozone hole	臭氧洞	臭氧洞
ozone photochemistry	臭氧光化学	臭氧光化學
ozonesonde	臭氧探空仪	臭氧送

英　文　名	大　陆　名	台　湾　名
ozonogram	臭氧图	臭氧圖
ozonograph	臭氧仪	臭氧儀
ozonometer	臭氧计	臭氧計
ozonopause	臭氧层顶	臭氧層頂
ozonosphere	臭氧层	臭氧層

P

英　文　名	大　陆　名	台　湾　名
Pa（=Pascal）	帕[斯卡]	帕[斯卡]
Pacific high	太平洋高压	太平洋高壓
Paleocene Epoch	古新世	古新世
paleoclimate	古气候	古氣候
paleoclimate evidence	古气候证据	古氣候證據
paleoclimatic reconstruction	古气候重建	古氣候重建
paleoclimatic sequence	古气候序列	古氣候序列
paleoclimatology	古气候学	古氣候[學]
Paleogene Period	古近纪	古第三紀
paleotemperature	古温度	古溫[度]
Paleozoic Era	古生代	古生代
Pangaea	泛大陆	盤古大陸
PAR（=photosynthetically active radiation）	光合有效辐射	光合有效輻射
parallel	平行	平行
parameter	参数	參數
parameterization	参数化	參數化
parametric model	参数模式	參數模式
parantiselene	远幻月	遠幻月
paraselene	假月	幻月
paraselenic circle	幻月环	幻月環
parhelic circle	幻日环	幻日環
parhelion	假日	幻日
partial coherence	部分同调	部分同調
partial correlation	偏相关	偏相關
partial derivative	偏导数	偏導數
partial differential coefficient	偏微分系数	偏微分係數
partial differential equation	偏微分方程	偏微分方程
partial drought	部分干旱	部分乾旱

英　文　名	大　陆　名	台　湾　名
partial pressure	分压[力]	分壓
particle	质点,粒子	質點,粒子
particulate loading	微粒含量	微粒含量
partly cloudy	少云	少雲
parts per billion(ppb)	十亿分率	十億分率
parts per billion by volume (ppbv)	十亿分体积比	十億體積分率
parts per million(ppm)	百万分率	百萬分率
parts per trillion (ppt)	万亿分率	兆分率
parts per trillion by volume (pptv)	万亿分体积比	兆體積分率
Pascal(Pa)	帕[斯卡]	帕[斯卡]
Pasquill stability class	帕斯奎尔稳定度分类	帕氏穩度分類
past weather	过去天气	過去天氣
pathological biometerology	病理生物气象学	病理生物氣象學
pattern	型[式]	型[式]
pattern recognition	图形识别	圖形辨識
PBL (=planetary boundary layer)	行星边界层	行星邊界層
PE (=primitive equation)	原始方程	原始方程
peak	顶峰	峰
pearl lightning(=pearl-necklace light-ning)	[串]珠状闪电	珠狀閃電,球狀閃電
pearl-necklace lightning	[串]珠状闪电	珠狀閃電,球狀閃電
Pearson type distribution	皮尔逊型分布	皮爾遜型分佈
pedosphere	土壤圈	土圈
pendulum day	摆日	擺日
penetrative convection	穿透对流	穿透對流
pennant	三角风羽,风三角	三角風羽
pentad	候	候,五日
percentage error	百分误差	百分誤差
percentage of sunshine	日照百分率	日照百分率
percolation	渗透作用	滲透作用
perfect forecast(=perfect prediction)	理想预报,完全预报	理想預報
perfect gas (=ideal gas)	理想气体	理想氣體
perfect prediction	理想预报,完全预报	理想預報
pergelation	多年冻土过程	永凍[作用]
pergelisol	多年冻土,永冻土	永凍層
perhumid climate	过湿气候	過濕氣候
pericyclonic ring	气旋周环	氣旋週環
perigean tide	近地潮	近地潮

英　文　名	大　陆　名	台　湾　名
perigee	近地点	近地點
periglacial	冰川边缘	冰緣
periglacial climate	冰缘气候	冰緣氣候
periglacial stage	冰缘期	冰緣期
perihelion	近日点	近日點
period	①周期 ②纪	①週期 ②紀
period average	长期平均,周期平均	長期平均
period doubling	倍周期	倍週期
period doubling bifurcation	倍周期分岔	倍週期分歧
periodic function	周期函数	週期函數
periodicity	周期性	週期性
periodic motion	周期运动	週期運動
periodic oscillation	周期振荡	週期振盪
periodic signal	周期信号	週期信號
periodic variation	周期变化	週期變化
periodic wind	周期风	週期風
periodogram	周期图	週期圖
periodogram analysis	周期图分析	週期圖分析
period validity	预报时效	預報時效
permanent anticyclone	永久性反气旋	永久性反氣旋
permanent aurora	恒定极光	恆定極光
permanent depression	永久性低压	永久性低壓
permanent gas	恒定气体	永久氣體
permanent high	永久性高压	永久性高壓
permanent wave	恒定波	恆定波
Permian Period	二叠纪	二疊紀
perpetual frost climate	永冻气候［亚类］	永凍氣候
persistence	持续性	持續性
persistence forecast	持续性预报	持續性預報
persistence tendency	持续性趋势	持續性趨勢
perturbation	摄动	攝動
perturbation equation	扰动方程	擾動方程
perturbation method	小扰动法	微擾法,擾動法
Phanerozoic Eon	显生宙	顯生宙
phase	相	相,態
phase angle	相角	相角
phase change	相变	相變
phase coherence	相位同调	相位同調

英　文　名	大　陆　名	台　湾　名
phase constant	相常数	相常數
phase correlation function	相位相关函数	相位相關函數
phase delay	相延迟	相滯
phase diagram	相图	相圖
phase difference	位相差	位相差
phase function	相函数	相函數
phase lag	相位滞后	相位落後
phase plane	相平面	相平面
phase space	相空间	相空間
phase spectrum	位相谱	相位譜
phase velocity	相速[度]	相速[度]
phenodate	物候日	物候日期
phenogram	物候图	物候圖
phenological calendar	物候历	物候歷
phenological chart（=phenogram）	物候图	物候圖
phenological observation	物候观测	物候觀測
phenological phase	物候期	物候期
phenological relation	物候关系	物候關係
phenological season	物候季	物候季
phenological simulation	物候模拟	物候模擬
phenological spectrum	物候谱	物候譜
phenology	物候学	物候學
phenophase（=phenological phase）	物候期	物候期
photochemical decomposition	光化分解	光解作用
photochemical equilibrium	光化[学]平衡	光化平衡
photochemical oxidant	光化氧化剂	光化氧化劑
photochemical pollutant	光化学污染物	光化污染物
photochemical pollution	光化学污染	光化污染
photochemical reaction	光化学反应	光化作用
photochemical smog	光化学烟雾	光化煙霧
photochemistry	光化学	光化學
photodissociation	光解	光解
photoionization	光致电离	光電離
photolysis	光解作用	光解[作用]
photoperiod	光周期	光週期
photophase	光照阶段	光照階段,盛光期
photosynthesis	光合作用	光合作用
photosynthetically active radiation（PAR）	光合有效辐射	光合有效輻射

英　文　名	大　陆　名	台　湾　名
physical climate	物理气候	物理氣候
physical climatology	物理气候学	物理氣候學
physical environment	自然环境	自然環境
physical geography	自然地理学	自然地理[學]
physical meteorology	物理气象学	物理氣象[學]
physical mode	物理模[态]	物理模
physical statistic prediction	物理统计预报	物理統計預報
physiological climatology	生理气候[学]	生理氣候[學]
physiological drought	生理干旱	生理乾旱
phytoclimate	植物[小]气候	植物氣候
phytoclimatology	植物气候学	植物氣候學
phytogeography	植物地理学	植物地理學
phytological biometeorology	植物生物气象学	植物生物氣象[學]
phytotrone	①人工气候室 ②育苗室	①人工氣候室 ②育苗室
pibal	气球测风	氣球測風,派保
pilot balloon observation	测风气球观测	測風氣球觀測
pilot balloon plotting board	测风绘图板	測風繪圖板
pilot meteorological report	飞行员气象报告	飛行員氣象報告
pilot streamer	先导流	道閃流
pixel	像素,像元	像元
plain language report	明语气象报告	明語氣象報告
β-plane(=beta plane)	β 平面	β 平面,貝他平面
β-plane approximation	β 平面近似	β 平面近似
planet	行星	行星
planetary albedo	行星反照率	行星反照率
planetary atmosphere	行星大气	行星大氣
planetary boundary layer（PBL）	行星边界层	行星邊界層
planetary-gravity wave	行星重力波	行星重力波
planetary scale	行星尺度	行星尺度
planetary scale system	行星尺度系统	行星尺度系統
planetary temperature	行星温度	行星溫度
planetary vorticity	行星涡度	行星渦度
planetary vorticity effect	行星涡度效应	行星渦度效應
planetary wave	行星波	行星波
planetary wind	行星风	行星風
planetary wind belt	行星风带	行星風帶
planetary wind system	行星风系	行星風系
plane wave	平面波	平面波

英 文 名	大 陆 名	台 湾 名
plan position indicator(PPI)	平面位置显示器	平面位置指示器
plan shear indicator(PSI)	平面切变显示器	平面切變指示器
plasmapause	等离子体层顶	電漿層頂
plasmasphere	等离子体层	電漿層
plateau	高原	高原
plateau climate	高原气候	高原氣候
plateau glacier	高原冰川	高原冰川
plateau meteorology	高原气象学	高原氣象學
plateau monsoon	高原季风	高原季風
platykurtosis	低峰	平峰
playback	重放,再现	重放
pleistocene ice age	更新世冰期	更新世冰期
Pliocene Epoch	上新世	上新世
plotting symbol	填图符号	填圖符號
ploughing season	耕作期	耕作期
plume height	烟羽高度	煙流高度
plume rise	烟羽抬升	煙流上升
pluvial	雨期	雨期
pluvial index	雨量指数	雨量指數
pluvial period	多雨期	多雨期
pluvial region	多雨地区	多雨地區
pluviograph	雨量计	雨量儀
pluviometry	雨量测定法	雨量測定術
PMP(=probable maximum precipitation)	可能最大降水	最大可能降水量
Poincare cross-section	庞加莱剖面	彭卡瑞剖面
Poincare formula	庞加莱公式	彭卡瑞公式
Poincare wave	庞加莱波	彭卡瑞波
pointed summer	短夏	短夏
point of occlusion	锢囚点	囚錮點
point vortex	点涡	點渦
Poisson equation	泊松方程	包桑方程
Poisson formula	泊松公式	包桑公式
polar air	极地空气	極地空氣
polar anticyclone	极地反气旋	極地反氣旋
polar axis	极轴	極軸
polar circle	极圈	極圈
polar climate	极地气候	極地氣候
polar continental air	极地大陆空气	極地大陸空氣

英　文　名	大　陆　名	台　湾　名
polar coordinate	极坐标	極坐標
polar cyclone	极地气旋	極地氣旋
polar day	极昼	極晝
polar distance	极距	極距
polar easterlies	极地东风［带］	極地東風［帶］
polar front	极锋	極鋒
polar front theory	极锋理论,极锋［学］说	極鋒說
polar high	极地高压	極地高壓
polar ice	极地冰	極冰
polar ice sheet	极地冰原	極地冰原
polarizability	极化率	極化度
polarization	①偏振 ②极化	①偏振 ②極化
polarization-diversity radar	双偏振雷达	雙偏極化雷達
polarization matrix	极化矩阵	極化矩陣
polar low［pressure］	极性低压	極性低壓
polar marine air mass（=maritime polar air mass）	极地海洋气团	極地海洋氣團
polar meteorology	极地气象学	極地氣象學
polar night	极夜	極夜
polar night jet	极夜急流	極夜噴流
polar orbiting meteorological satellite	极轨气象卫星	繞極氣象衛星
polar orbiting satellite（POS）	极轨卫星	繞極軌道衛星
polar region	极地	極區
polar vortex	极涡	極地渦旋
pole	极	極
pollutant emission	污染物排放	污染物排放
pollutant index	污染物指数	污染物指數
pollutant transport	污染物输送	污染物傳送
polynya	冰间湖,冰隙	冰隙
polytropic atmosphere	多元大气	多元大氣
polytropic process	多元过程	多元過程
population	①总体 ②群体	①全體 ②群體
POS（=polar orbiting satellite）	极轨卫星	繞極軌道衛星
position vector	位置矢量	位置向量
positive area	正区	正區
positive circulation	正环流	正環流
positive feedback	正反馈	正反饋
positive ground flash	正地闪	正地閃

英　文　名	大　陆　名	台　湾　名
positive vorticity advection（PVA）	正涡度平流	正渦度平流
possible error	可能误差	可能誤差
posterior probability	后验概率	後驗機率
post-glacial period	冰后期	後冰期
post processing	后处理	後處理
potamology	河流学	河流學
potential	位［势］	位［勢］
potential energy	位能	位能
potential evaporation	潜在蒸发	蒸發位
potential evapotranspiration	潜在蒸散,可能蒸散	位蒸散
potential function	势函数	位函數
potential instability	位势不稳定	潛在不穩度
potential temperature	位温	位溫
potential vorticity	位势涡度,位涡	位渦
potential vorticity equation	位涡方程	位渦方程
power	功率	功率
power law	幂律	冪律
power spectral density	功率谱密度	功率譜密度
power spectral method	功率谱法	功率譜法
power spectrum	①功率谱 ②能谱	①功率譜 ②能譜
Poynting vector	坡印亭矢量	坡印廷向量
ppb（＝parts per billion）	十亿分率	十億分率
ppbv（＝parts per billion by volume）	十亿分体积比	十億體積分率
PPI（＝plan position indicator）	平面位置显示器	平面位置指示器
ppm（＝parts per million）	百万分率	百萬分率
ppt（＝parts per trillion）	万亿分率	兆分率
pptv（＝parts per trillion by volume）	万亿分体积比	兆體積分率
prairie climate	草原气候	草原氣候
Prandtl mixing length theory	普朗特混合长理论	卜然托混合長理論
Prandtl number	普朗特数	卜然托數
Precambrian	前寒武纪	前寒武紀
precipitable water	可降水量	可降水量
precipitable water vapor	可降水汽量	可降水氣量
precipitation	降水	降水
precipitation acidity	降水酸度	降水酸度
precipitation area	降水区	降水區
precipitation attenuation	降水衰减	降水衰減
precipitation chart	降水量图,雨量图	降水圖

英　文　名	大　陆　名	台　湾　名
precipitation chemistry	降水化学	降水化學
precipitation day	降水日	降水日,雨日
precipitation duration	降水持续时间,降水时段	降水延時
precipitation echo	降水回波	降水回波
precipitation evaporation ratio	降水蒸发比	降水蒸發比
precipitation index	降水指数	降水指數
precipitation intensity	降水强度	降水強度
precipitation inversion	降水逆减	降水[量]逆變
precipitation mechanism	降水机制	降水機制
precipitation physics	降水物理学	降水物理學
precipitation rate	降水率	降水率
precipitation regime	降水型,降水季节特征	降水型
precipitation scavenging	降水清除	降水清除
precision	精度	精度
predictability	可预报性	可預報度
predictand	预报量	預報值
prediction	预报	預報
prediction equation	预报方程	預報方程
predictor	预报因子	預報因子
predictor corrector method	预估校正法	估校法
predominant wind direction	主导风向	主要風向
preferred period	优势周期	優勢週期
prehistoric period	史前期	史前期
preprocessing	预处理,前处理	前處理
present climate	现代气候	近代氣候
present weather	现在天气	現在天氣
pressure altimeter	气压测高表	氣壓高度計
pressure coordinate system	气压坐标系	氣壓坐標系
pressure dome	气压丘	氣壓丘
pressure field	气压场	氣壓場
pressure gradient	气压梯度	氣壓梯度
pressure gradient force	气压梯度力	氣壓[梯度]力
pressure nose	气压鼻	氣壓鼻
pressure reduction	[海平面]气压换算	氣壓海平面訂正
pressure surge line	气压涌[升]线	氣壓驟升線
pressure system	气压系统	氣壓系
pressure tendency	气压倾向	氣壓趨勢

英　文　名	大　陆　名	台　湾　名
pressure wave	气压波	氣壓波
prevailing wind	盛行风	盛行風
PRF（=pulse recurrence frequency）	脉冲重复频率	脈衝重現頻率
primary air	原生空气	原生空氣
primary circulation	主级环流	主環流
primary data	原始资料	原始資料
primary maximum	主极大	主極大
primary minimum	主极小	主極小
primary pollutant	原生污染物	初始污染物
primary rainbow	主虹	［主］虹
primary scattering	一次散射	一次散射
primitive equation（PE）	原始方程	原始方程
primitive equation model	原始方程模式	原始方程模式
primordial atmosphere	原生大气	原生大氣
principal band	主雨带	主雨帶
principal component analysis	主成分分析,主分量分析	主成分分析
principal front	主锋	主鋒
principal synoptic observation	基本天气观测	基本綜觀觀測
principle	①原理 ②原则	①原理 ②原則
principle of superposition	叠加原理	重疊原理
prior probability	先验概率	先驗機率
probability	概率	機率,概率
probability distribution	概率分布	機率分配
probability forecast	概率预报	機率預報
probability function	概率函数	機率函數
probability model	概率模式	機率模式
probability of precipitation type	降水型概率	降水型機率
probability score	概率评分	機率評分
probability theory	概率论	機率說
probable maximum precipitation（PMP）	可能最大降水	最大可能降水量
probe	探测器	探測器
profile	廓线	剖線
profiler	廓线仪	剖線儀
progressing wave	前进波	前進波
proper vibration	固有振动	固有振動
Proterozoic Eon	元古宙	元古宙
Proterozoic Era	元古代	元生代

英 文 名	大 陆 名	台 湾 名
proxy climate record	代用气候记录	代用氣候記錄
proxy data	代用资料	代用資料
pseudo-adiabatic diagram	假绝热图	假絕熱圖
pseudo-adiabatic lapse rate	假绝热直减率	假絕熱直減率
pseudo-adiabatic process	假绝热过程	假絕熱過程
pseudo-cold front	假冷锋	假冷鋒
pseudo-equivalent potential temperature	假相当位温	假相當位溫
pseudospectral method	假谱方法	假譜法
PSI (=plan shear indicator)	平面切变指示器	平面切變指示器
psychrometer	干湿表	乾濕計
psychrometric formula	测湿公式	濕度公式
pulsation	脉动	脈動
pulse	脉冲	脈波,脈衝
pulse length	脉冲长度	脈波長度
pulse radar	脉冲雷达	脈波雷達
pulse recurrence frequency (PRF)	脉动重现频率	脈衝重現頻率
pulse volume	脉冲体积	脈衝體積
pumping	水银柱唧动	水銀柱唧動
PVA (=positive vorticity advection)	正涡度平流	正渦度平流
pycnocline	密度跃层	斜密層
pyranometer	总辐射表	全天空輻射計
pyrheliometer	直接辐射表	日射強度計
pyrheliometry	直接日射测量学	直接日射測量學

Q

英 文 名	大 陆 名	台 湾 名
QBO (=quasi-biennial oscillation)	准两年振荡	準兩年振盪
Qinghai-Xizang Plateau high	青藏高压	青藏高壓
Qinghai-Xizang Plateau monsoon	青藏高原季风	青藏高原季風
Qinghai-Xizang trough	青藏低槽	青藏低壓
QPF (=quantitative precipitation forecast)	定量降水预报	定量降水預報
quadratic form	二次型	二次形
quality control	质量控制	品質控制
quantitative forecast	定量预报	定量預報
quantitative precipitation forecast(QPF)	定量降水预报	定量降水預報
quantity	量	量,數量

英　文　名	大　陆　名	台　湾　名
quantization	量化	量化
quasi-biennial oscillation（QBO）	准两年振荡	準兩年振盪
quasi-geostrophic current	准地转流	準地轉流
quasi-geostrophic equilibrium	准地转平衡	準地轉平衡
quasi-geostrophic motion	准地转运动	準地轉運動
quasi-geostrophic theory	准地转理论	準地轉理論
quasi-hydrostatic approximation	准静力近似	準靜力近似
quasi-nondivergence	准无辐散	準非輻散[的]
quasi-periodic	准周期性	準週期性[的]
quasi-stationary front	准静止锋	準滯留鋒
quasi-triennial oscillation	准三年振荡	準三年振盪
Quaternary climate	第四纪气候	第四紀氣候
Quaternary climate record	第四纪气候记录	第四紀氣候記錄
Quaternary Ice Age	第四纪冰期	第四紀冰期
Quaternary Period	第四纪	第四紀

R

英　文　名	大　陆　名	台　湾　名
radar	雷达	雷達
radar constant	雷达常数	雷達常數
radar display	雷达显示	雷達顯示
radar dome	雷达天线罩	雷達天線罩
radar echo	雷达回波	雷達回波
radar horizon	雷达视线水平	雷達地平
radar meteorological observation	雷达气象观测	雷達[氣象]觀測
radar meteorology	雷达气象学	雷達氣象學
radar observation	雷达观测	雷達觀測
radar reflectivity	雷达反射率	雷達反射率
radar reflectivity factor	雷达反射率因子	雷達反射率因數
radar resolution volume	雷达分辨体积	雷達解析體積
radar scatterometer	雷达散射仪	雷達散射計
radar sounding	雷达探空	雷達探空
radar wind sounding	雷达测风	雷達測風
radial velocity	径向速度	徑向速度
radiance	辐射率	輻射率
radiance emittance	辐射发射率	輻射發射率
radiance energy	辐射能	輻射能

英　文　名	大　陆　名	台　湾　名
radiation	辐射	輻射
radiation balance	辐射平衡	輻射平衡
radiation balance meter	辐射平衡表	輻射平衡計
radiation budget	辐射收支	輻射收支
radiation chart	辐射图	輻射圖
radiation climate	辐射气候	輻射氣候
radiation cooling	辐射冷却	輻射冷卻
radiation feedback	辐射反馈	輻射回饋
radiation fog	辐射雾	輻射霧
radiation heating	辐射加热	輻射加熱
radiation inversion	辐射逆温	輻射逆溫
radiation pattern	辐射型	輻射型
radiation sonde	辐射探空仪	輻射探空儀,輻射送
radiation torque	辐射转矩	輻射力矩
radiation transfer	辐射传输	輻射傳送
radiative-convective model	辐射–对流模式	輻射–對流模式
radiative heat exchange	辐射热交换	輻射熱交換
radio-acoustic sounding system(RASS)	[无线]电声探测系统	電聲探測系統
radioactive carbon	放射性碳	放射性碳
radioactive fallout	放射性沉降	放射[性]落塵
radio climatology	无线电气候学	無線電氣候學
radio horizon	无线电地平[线]	無線電地平
radio meteorology	无线电气象学	無線電氣象學
radio mirage	无线电幻波	無線電幻波
radiosonde	无线电探空仪	雷送,[無線電]探空儀
radiosonde observation	探空观测	探空觀測
radiosonde recorder	探空站记录器	雷送站記錄器
radiosonde station	探空站	雷送站
radio sounding	无线电探空	無線電探空
radio theodolite	无线电经纬仪	無線電經緯儀
radio wind finding	无线电测风	無線電測風
radio wind observation	无线电测风观测	無線電測風觀測
raggiatura	强陆风	強陸風
rain	雨	雨
rain and snow	雨夹雪	雨夾雪
rain area	雨区	雨區
rain band	雨带	雨帶
rainbow	虹	虹

英　文　名	大　陆　名	台　湾　名
rain cell	雨胞	雨胞
rain day	雨日	雨日
raindrop size distribution	雨滴谱	雨滴譜,雨滴粒徑分佈
rain erosion	雨蚀	雨蝕
rain factor	降雨因子	降雨因子
rainfall〔amount〕	雨量	雨量
rainfall area	降雨区	降雨區
rainfall erosion	降雨侵蚀	雨蝕〔作用〕
rainfall excess	超渗雨量	滲餘雨量
rainfall factor（=rain factor）	降雨因子	降雨因數
rainfall frequency	降雨频率	降雨頻率
rainfall hour	降雨时数	降雨時數
rainfall intensity	降雨强度	降雨強度
rainfall intensity recorder	雨强计	雨強記錄器
rainfall intensity return period	雨强重现周期	雨強重現期
rainfall loss	雨量损失	雨量損失
rainforest	雨林	雨林
rainforest climate	雨林气候	雨林氣候
raingauge	雨量器	雨量計
raingauge wind shield	雨量器风挡	雨量計風擋
rain-out	雨洗,雨除	雨洗,雨除
rain virga	雨幡	雨旛
rainwash（=rain-out）	雨洗,雨除	雨洗,雨除
rainy climate	多雨气候	多雨氣候
rainy season	雨季	雨季
RAM（=random access memory）	随机存储器	隨機存取記憶體
random	随机	隨機
random access memory（RAM）	随机存储器	隨機存取記憶體
random error	随机误差	隨機誤差
random forcing	随机强迫	隨機強迫〔作用〕
random model	随机模式	隨機模式
random noise	随机噪声	隨機噪音
random number	随机数	亂數
random sample	随机样本	隨機樣本
range aliasing	距离混淆〔现象〕	距離混淆
range attenuation	距离衰减	距離衰減
range-height indicator（RHI）	距离高度显示器	距高指示器
range resolution	距离分辨率	測距解析〔度〕

英 文 名	大 陆 名	台 湾 名
range velocity display（RVD）	距离速度显示	距速顯示
range wind	射程风	射程風
rank correlation	秩相关,等级相关	等級相關
Rankine vortex	兰金涡旋	阮肯渦旋
Raoult's law	拉乌尔定律	拉午耳定律
rapid interval scan	快速扫描	快速掃描
RASS（=radio-acoustic sounding system）	［无线］电声探测系统	電聲探測系統
rate coefficient	速率系数	速率係數
rate constant	反应速率常数	反應速率常數
ratio	比,比率	比,比率
rawinsnode	无线电探空测风仪	雷文送
rawinsonde observation	探空测风仪观测	雷文送觀測,探空觀測
Rayleigh friction	瑞利摩擦	瑞立摩擦
Rayleigh-Jeans radiation law	瑞利–金斯辐射定理	瑞金輻射定律
Rayleigh number	瑞利数	瑞立數
Rayleigh optical thickness	瑞利光厚度	瑞立光厚度
Rayleigh scattering	瑞利散射	瑞立散射
Rayleigh theorem	瑞利定理	瑞立定理
reaction rate	反应速率	反應速率
read only memory（ROM）	只读存储器	唯讀記憶體
real atmosphere	实际大气	實際大氣
real time	实时	即時
receiver［noise］temperature	接收机［噪声］温度	接收機［噪音］溫度
recession curve	退水曲线	退水曲線
recombination	复合	複合
reconnaissance	飞行侦察	飛行偵察
recording pluviometer	自记雨量计	自記雨量計
rectangular coordinate	直角坐标,正交坐标	正交坐標
recurrence formula	递推公式,循环公式	遞推公式
recurrence period	重现周期	重現週期
recursion	循环	迴圈
recurvature	转向	轉向
red noise	红噪声	紅噪
red rain	红雨	紅雨
red snow	红雪	紅雪
red tide	赤潮	紅潮
reduction	①订正 ②换算	①訂正 ②換算
reduction factor	订正因子	訂正因數

英　文　名	大　陆　名	台　湾　名
reference climatological station	基准气候站	基本氣候站
reflected [global] solar radiation	[地球]反射太阳辐射	反射全天空輻射
reflected radiation	反射辐射	反射輻射
reflected terrestrial radiation	反射地球辐射	反射地球輻射
reflecting power	反射能力	反射能力
reflection	反射	反射
reflection coefficient	反射系数	反射係數
reflectivity	反射率,反射比	反射率
reflectivity factor	反射率因子	反射率因子
refraction	折射	折射
refraction coefficient	折射系数	折射係數
refractive index	折射指数,折射率	折射指數,折射率
regelation	再冻[作用],复冰现象	複冰[現象]
regeneration	再生	再生
regime	体系	體係
regional climate	区域气候	區域氣候
regional forecast	区域预报	區域預報
regional model	区域模式	區域模式
regional pollution	区域污染	區域污染
regional standard barometer	区域标准气压表	區域標準氣壓計
regolith	风化层	風化層
regression	回归	回歸
regression analysis	回归分析	回歸分析
regression equation	回归方程	回歸方程
regression estimation	回归估计	回歸估計
regression line	回归线	回歸線
regression prediction equation	回归预报方程	回歸預報方程
regressor	回归因子	回歸因數
relative angular momentum	相对角动量	相對角動量
relative humidity（RH）	相对湿度	相對濕度
relative soil moisture	土壤相对湿度	土壤相對水分
relative sunshine	相对日照	相對日照
relative topography	厚度型	厚度型
relative vorticity	相对涡度	相對渦度
relaxation method	张弛法	鬆弛法
relaxation time	张弛时间	鬆弛時間
reliability test	可靠性检验	可靠性檢驗
remote measurement	遥测	遙測

英　文　名	大　陆　名	台　湾　名
remote sensing	遥感	遙測
renewable energy	[可]再生能源	再生能源
reseau	气象站网	測站網
residence half-time	半滞留期	半滯留期
residence time	滞留期	滯留期
residual	残差	剩餘[值]
residual atmosphere	剩余大气	剩餘大氣
residual circulation	剩余环流	剩餘環流
residual layer	残留层	殘餘層
resolution	①分辨率 ②分解	①解析[度] ②分解
resolution power	分辨能力	解析能力
resonance	共振	共振
resonance trough	共振槽	共振槽
response function	响应函数	反應函數
response time	响应时间	反應時間
resultant wind	合成风	合成風
retrograde wave	后退波	後退波
return period	重现期	回復期,重現期
return stroke	回闪击	回閃擊
reversal of the monsoon	季风转换	季風反轉
reversibility	可逆性	可逆性
reversible cycle	可逆循环	可逆迴圈
reversible process	可逆过程	可逆過程
revolution	①绕转 ②公转	①繞轉 ②公轉
revolutions per minute	转/分	每分鐘轉數
revolutions per second	转/秒	每秒鐘轉數
Reynolds method	雷诺方法	雷諾法
Reynolds number	雷诺数	雷諾數
Reynolds stress	雷诺应力	雷諾應力
RH（＝relative humidity）	相对湿度	相對濕度
RHI（＝range-height indicator）	距离高度显示器	距高指示器
rhomboidal truncation	菱形截断	菱形截斷
ribbon lightning（＝band lightning）	带状闪电	帶狀閃電
Richardson number	理查森数	理查遜數
ridge	高压脊	高壓脊
ridge line	脊线	脊線
rigid boundary condition	刚体边界条件	剛體邊界[條件]
rime	雾凇	霧凇

英　文　名	大　陆　名	台　湾　名
rime fog（＝ice fog）	冰雾	冰雾,凇雾
rime ice	凇冰	凇冰
ring densitometry	年轮密度测定法	年輪測密術
rip current	离岸流	激流
rise time	上升时间	上升時間
RMS（＝root mean square）	均方根	均方根
RMSE（＝root mean square error）	均方根误差	均方根誤差
rocket lightning	火箭状闪电	火箭狀閃電
rocket sounding	火箭探测	火箭探空
ROM（＝read only memory）	只读存储器	唯讀記憶體
root mean square（RMS）	均方根	均方根
root mean square error（RMSE）	均方根误差	均方根誤差
Rossby diagram	罗斯贝图解	羅士比圖
Rossby formula	罗斯贝公式	羅士比公式
Rossby gravity wave	罗斯贝重力混合波	羅士比重力波
Rossby index	罗斯贝指数	羅士比指數
Rossby number	罗斯贝数	羅士比數
Rossby parameter	罗斯贝参数	羅士比參數
Rossby radius of deformation	罗斯贝变形半径	羅士比變形半徑
Rossby regime	罗斯贝域,罗斯贝型	羅士比型
Rossby wave	罗斯贝波	羅士比波
rotating dishpan experiment	转盘试验	轉盤實驗
rotating Reynolds number	旋转雷诺数	旋轉雷諾數
rotation	①旋转,回转 ②自转	①旋轉 ②自轉
rotation band	转动谱带	轉動帶
roughness	粗糙度	粗糙度
roughness coefficient	粗糙度系数	粗糙係數
roughness layer	粗糙层	粗糙層
roughness length	粗糙度长度	粗糙長度
roughness parameter	粗糙度参数	粗糙參數
rounding error	舍入误差	舍入誤差
round-off error（＝rounding error）	舍入误差	舍入誤差
routine	①程序 ②常规	①程式 ②常規
Runge-Kutta method	龙格–库塔法	容庫法
running mean（＝moving average）	动态平均,滑动平均	移動平均
run off	径流	逕流
runway visual range（RVR）	跑道能见度,跑道视程	跑道視程
RVD（＝range velocity display）	距离速度显示	距速顯示

英 文 名	大 陆 名	台 湾 名
RVR (=runway visual range)	跑道能见度,跑道视程	跑道视程

S

英 文 名	大 陆 名	台 湾 名
Saffir-Simpson hurricane scale	赛福尔–辛普森飓风等级	赛辛飓风等级
SAGE (=Stratospheric Aerosol and Gas Experiment)	平流层气溶胶和气体试验	平流层气胶气体实验
Saharan dust	撒哈拉尘	撒哈拉尘
salinity	盐度	盐度
salinization	盐碱化	盐渍化
salometry	盐量测定法	盐量测定法
salt nucleus	盐核	盐核
salt seeding	盐粉播撒	盐粉种云
salty wind damage	盐风灾害	盐风灾害
sample	样本	样本
sample function	样本函数	样本函数
sampler	取样器	取样器
sample size	样本量	样本数
sampling interval	采样间隔	采样间距
sampling station	取样站	取样站
sand devil	沙卷风	沙捲风
sand haze	沙霾	沙霾
sand mist	沙霭	沙霭
sandstorm	沙[尘]暴	沙暴
sand whirl	沙旋	沙旋
SAR (=synthetic aperture radar)	合成孔径雷达	合成孔径雷达
satellite	卫星	卫星
satellite climatology	卫星气候学	卫星气候学
satellite cloud picture	卫星云图	卫星云图
satellite cloud picture analysis	云星云图分析	云星云图分析
satellite derived wind	卫星云迹风	卫星[云导]风
satellite geodesy	卫星大地测量学	卫星大地测量学
satellite infrared spectrometer	卫星红外分光仪	卫星红外分光仪
satellite lightning sensor	卫星闪电探测器	卫星闪电探测器
satellite meteorology	卫星气象学	卫星气象学
satellite oceanography	卫星海洋学	卫星海洋学

英　文　名	大　陆　名	台　湾　名
satellite sounding	卫星探测	衛星探空
saturated air	饱和空气	飽和空氣
saturation	饱和	飽和
saturation deficit	饱和差	飽和差
saturation equivalent potential temperature	饱和相当位温	飽和相當位溫
saturation moisture capacity	饱和持水量	飽和水氣容量
saturation point	饱和点	飽和點
saturation specific humidity	饱和比湿	飽和比濕
saturation static energy	饱和静力能	飽和靜能
saturation vapor pressure	饱和水汽压	飽和水氣壓
saturation vapor pressure with respect to ice	冰面饱和水汽压	純冰面飽和水氣壓
saturation vapor pressure with respect to water	水面饱和水汽压	純水面飽和水氣壓
savanna	[热带]稀树草原	熱帶草原
savanna climate	热带稀树草原气候,萨瓦纳气候	熱帶草原氣候
sawtooth wave	锯齿波	鋸齒波
SBL（=stable boundary layer）	稳定边界层	穩定邊界層
Sc（=stratocumulus）	层积云	層積雲
scale	①标尺 ②比例尺 ③尺度 ④级 ⑤标度 ⑥比例	①尺規 ②比尺 ③尺度 ④级 ⑤標度 ⑥比例
scale analysis	尺度分析	尺度分析
scales interaction	尺度相互作用	尺度交互作用
scan line	扫描线	掃描線
scanning radiometer（SR）	扫描辐射仪	掃描輻射計
scan radius	扫描半径	掃描半徑
scatter diagram	点聚图	散佈圖
scattered radiation	散射辐射	散射輻射
scattering	散射	散射
scattering coefficient	散射系数	散射係數
scattering cross-section	散射截面	散射截面
scavenging	清除	清除
Sc cas（=stratocumulus castellanus）	堡状层积云	堡狀層積雲
Sc cug（=stratocumulus cumulogenitus）	积云性层积云	積雲性層積雲
Sc du（=stratocumulus duplicatus）	复层积云	重疊層積雲
schematic diagram	示意图	示意圖

英　文　名	大　陆　名	台　湾　名
scheme	方案	［方］法
Schmidt number	施密特数	史米特數
Schwarzchild equation	施瓦茨恰尔德方程	席氏方程
Sc la （＝stratocumulus lacunosus）	网状层积云	網狀層積雲
Sc lent （＝stratocumulus lenticularis）	荚状层积云	莢狀層積雲
Sc op （＝stratocumulus opacus）	蔽光层积云	蔽光層積雲
Sc pe （＝stratocumulus perlucidus）	漏隙层积云	漏光層積雲
Sc ra （＝stratocumulus radiatus）	辐辏状层积云	輻狀層積雲
screen （＝louver screen）	百叶箱	百葉箱
Sc str （＝stratocumulus stratiformis）	层状层积云	層狀層積雲
Sc tra （＝stratocumulus translucidus）	透光层积云	透光層積雲
Sc un （＝stratocumulus undulatus）	波状层积云	波狀層積雲
SDM （＝statistical dynamic model）	统计动力模式	統計動力模式
sea and land breeze circulation	海陆风环流	海陸風環流
sea breeze	海风	海風
sea fog	海雾	海霧
sea fret	海涌雾	海蝕霧
sea ice	海冰	海冰
sea level	海平面	海平面
sea-level change	海平面变化	海平面變化
sea-level pressure	海平面气压	海平面氣壓
sea-level synoptic chart	海平面天气图	海平面氣壓圖
SEASAT （＝Sea Satellite）	海洋卫星	海洋衛星
Sea Satellite （SEASAT）	海洋卫星	海洋衛星
sea scale	风浪等级	風浪等級
sea smoke	海面蒸汽雾	海面蒸氣霧
seasonal adjustment	季节调整	季節調整
seasonal change	季节变化	季節變化
seasonal forecast	季节预报	季節預報
seasonality	季节性	季節性
seasonal lag	季节性滞后	季節性滯後
seasonal wind	季节性风	季節性風
sea surface temperature （SST）	海面温度	海面溫度
seawater desalination	海水淡化	海水淡化
seawater pollution	海水污染	海水污染
secondary bands	次生［飑］带	次雨帶
secondary circulation	二级环流,次级环流	次環流
secondary cold front	副冷锋	副［冷］鋒

英　文　名	大　陆　名	台　湾　名
secondary cyclone	次生气旋	副氣旋
secondary pollutant	次生污染物	次生污染物
secondary rainbow	霓	副虹,霓
second law of thermodynamics	热力学第二定律	熱力學第二定律
second order climatological station	二级气候站	次級氣候站
second trip echo	二次回波	二程回波
second year ice	隔年冰	次年冰
sectorized cloud picture	分区云图	分區雲圖
sediment	沉积物,沉淀物	沈積物
sedimentation	沉降	沈降
seeding	播撒	種[雲]
seeding agent	云催化剂	種雲劑
seeding rate	播撒率	種雲率
seepage	渗流,渗出	滲流
seesaw structure	跷跷板结构	蹺蹺板結構
Seidel iteration method	赛德尔迭代法	謝德疊代法
seismic sea wave	海啸	海嘯
selective adsorption	选择吸附	選擇吸附
self-recording barometer	自计气压表	自計氣壓計
semiannual oscillation (=half-yearly oscillation)	半年振荡	半年振盪
semi-arid	半干旱	半乾燥
semi-arid climate	半干旱气候	半乾燥氣候
semi-arid region	半干旱区	半乾燥區
semi-arid zone	半干旱带	半乾燥帶
semi-desert	半荒漠	半沙漠
semidiurnal tide	半日潮	半日潮
semidiurnal variation	半日变化	半日變化
semidiurnal wave	半日波	半日波
semi-empirical theory of turbulence	湍流半经验理论	攪動半經驗理論
semigeostrophic motion	半地转运动	半地轉運動
semi-humid region	半湿润区	半濕區
semi-implicit scheme	半隐式格式	半隱法
semiperiod	半周期	半週期
semi-permanent depression	半永久性低压	半永久[性]低壓
semi-permanent high	半永久性高压	半永久[性]高壓
semi-spectral method	半谱方法	半譜法
sensible heat	感热	可感熱

英 文 名	大 陆 名	台 湾 名
sensible heat flux	感热通量	可感熱通量
sensible temperature	感觉温度	感覺溫度
sensitivity	灵敏度,敏感度	敏感度
sensitivity test	敏感性试验	敏感性測試
sensitivity time control（STC）	灵敏度时间控制	敏感度時控
sequence of weather	天气历史顺序	天氣序列
sequential analysis	序贯分析	逐次分析
serein	晴空雨	晴空雨
series	①序列 ②级数	①序列 ②級數
SESAME（=Severe Environmental Storms and Mesoscale Experiment）	强[环境]风暴和中尺度试验	劇烈風暴中尺度實驗
severe drought year	大旱年	大旱年
Severe Environmental Storms and Mesoscale Experiment（SESAME）	强[环境]风暴和中尺度试验	劇烈風暴中尺度實驗
severe frost	严霜	嚴霜
severe local storm	局地强风暴	局部劇烈風暴
severe weather（=disastrous weather）	灾害性天气,恶劣天气	災害性天氣,劇烈天氣
severe weather warning	危险天气警报,恶劣天气警报	劇烈天氣警報
severe winter	严冬	嚴冬
shadow band	阴影带	蔭帶
shadow zone	阴影区	蔭區
shallow convection	浅对流	淺對流
shallow water approximation	浅水近似	淺水近似
shallow water model	浅水模式	淺水模式
shallow water wave	浅水波	淺水波
sharp edged gust	突变阵风	突變陣風
shear	切变	切變,風切
shear-gravity wave	切变重力波	風切重力波
shearing instability	切变不稳定	風切不穩度,切變不穩度
shearing stress	切应力	切應力
shear layer	切变层	風切層
shear line	切变线	風切線,切變線
shear energy production	切变能生	風切能生
shear term	切变项	風切項
shear vorticity	切变涡度	風切渦度,切變渦度
shear wave	切变波	風切波,切變波

英　文　名	大　陆　名	台　湾　名
sheet ice	片冰	片冰
sheet lightning	片状闪电	片閃
shelter belt	防风带	防風帶
ship barometer	船用气压表	船用氣壓計
ship observation	船舶观测	船舶觀測
shock wave	冲击波	震波
shore wind	[海]岸风	[海]岸風
short-range [weather] forecast	短期[天气]预报	短期[天氣]預報
short-wave radiation	短波辐射	短波輻射
shower	阵雨	陣雨
showery snow	阵雪	陣雪
SI(=International System of Units)	国际单位制	國際單位制
Siberian high	西伯利亚高压	西伯利亞高壓
SID (=sudden ionospheric disturbance)	电离层突扰	電離層突擾
side lobe	旁瓣	側瓣,側葉
side-looking airborne radar (SLAR)	机载侧视雷达	機載側視雷達
side-looking radar (SLR)	侧视雷达	側視雷達
sidereal day	恒星日	恆星日
sigma vertical coordinate	σ垂直坐标	σ垂直坐標
signal	信号	信號,訊號
signal-to-noise ratio(S/N)	信噪比	信號雜訊比
significance	显著性	顯著度
significance test	显著性检验	顯著性測驗
significant level	特性层	特性層
significant wave	有效波	顯著波
significant weather report	重要天气报告	顯著天氣報告
Silurian Period	志留纪	誌留紀
Siluro-Devonian Ice Age	志留–泥盆纪冰期	誌留泥盆紀冰期
similarity	相似性	相似性
similarity theory	相似理论	相似理論
simple climate model	简单气候模式	簡單氣候模式
simple correlation	单相关	單相關
simulated climate	模拟气候	模擬氣候
simulation	模拟	模擬
simulation correlation	同时相关	同時相關
simulation test	模拟试验	模擬測試
single-cell storm	单体风暴	單胞風暴
single station [weather] forecast	单站[天气]预报	單站預報

英　文　名	大　陆　名	台　湾　名
singularity	奇异性	特異性
singular point	奇异点	特異點
sink	汇	匯
siphon rainfall recorder	虹吸[式]雨量计	虹吸雨量儀
skill score	技巧[评]分	技術得分
sky condition	天空状况	天空狀況
skyline	地平线	地平線
sky map	[极区]云底亮度图	[極區]雲底亮度圖
sky radiation	天空辐射	天空輻射
slant visibility	倾斜能见度	斜能見度
SLAR (=side-looking airborne radar)	机载侧视雷达	飛機側視雷達
slight sea	轻浪	小浪
sling psychrometer	手摇干湿表	手搖乾濕計
sling thermometer	手摇温度表	手搖溫度計
slope current	坡度流	坡流
slope wind	坡风	坡風
slope wind circulation	坡风环流	坡風環流
SLR (=side-looking radar)	侧视雷达	側視雷達
small perturbation	小扰动	小擾動
smog	烟雾	煙霧
smog aerosol	烟雾气溶胶	煙霧氣膠
smog horizon	烟雾层顶,烟雾高度	煙霧層頂
smog index	烟雾指数	煙霧指數
smoke	烟	煙
smoke haze	烟霾	煙霾
[smoke] plume	烟羽,烟流	煙羽
smoke trail	烟迹	煙跡
smoothing	平滑	勻滑
smoothing coefficient	平滑系数	勻滑係數
smoothing operator	平滑算子	勻滑運算元
SMS (=synchronous meteorological satellite)	同步气象卫星	同步氣象衛星
S/N (=signal-to-noise ratio)	信噪比	信號雜訊比
snap	短冷期	短冷期
snow	雪	雪
snow climate	雪原气候	雪地氣候
snow cover	积雪	覆雪
snow cover line	积雪线	積雪線

英　文　名	大　陆　名	台　湾　名
snow crystal	雪晶	雪晶
snow damage	雪灾	雪災
snow depth scale (=snow scale)	量雪尺	雪標
snow drift	雪堆	雪堆
snowfall	雪量	雪量
snowflake	雪花	雪花
snow forest climate	雪林气候	雪林氣候
snow grain	米雪,雪粒	雪粒
snow-line	雪线	雪線
snow pellet	软雹	霰
snow scale	量雪尺	雪標
snowstorm	雪暴	雪暴
snow virga	雪幡	雪旛
SO (=Southern Oscillation)	南方涛动	南方振盪
sodar	声[雷]达	聲達
sodium layer	钠层	鈉層
soft rime (=rime)	雾凇	霧凇
software	软件	軟體
SOI (=Southern Oscillation Index)	南方涛动指数	南方振盪指數
soil acidity	土壤酸度	土壤酸度
soil climatology	土壤气候学	土壤氣候學
soil drought	土壤干旱	土壤乾旱
soil erosion	土壤流失,土蚀	土蝕
soil evaporimeter	土壤蒸发表,土壤蒸发器	土壤蒸發計
soil heat flux	土壤热通量	土壤熱通量
soil moisture	土壤湿度	土壤水分
soil-plant-atmosphere continuum	土壤–植物–大气系统	土壤–植物–大氣系統
soil temperature	土壤温度	土壤溫度
soil thermometer	土壤温度表	土壤溫度計
soil water balance	土壤水分平衡	土壤水平衡
soil water content	土壤含水量	土壤水含量
soil water potential	土壤水势	土壤水潛勢
solar activity	太阳活动	太陽活動
solar altitude	太阳高度	太陽高度
solar atmosphere	太阳大气	太陽大氣
solar atmosphere tide	太阳大气潮	太陽大氣潮
solar climate	太阳气候	太陽氣候

英　文　名	大　陆　名	台　湾　名
solar constant	太阳常数	太陽常數
solar corona	日华	日華
solar corpuscular emission	太阳微粒发射	太陽微粒輻射
solar crown	日冕	日冕
solar cycle	太阳[活动]周期	太陽[活動]週期
solar day	太阳日	太陽日
solar distance	日[地]距	日[地]距
solar disturbance	太阳扰动	太陽擾動
solar ebb	太阳活动低潮	太陽活動低潮
solar eclipse	日食	日蝕
solar energy	太阳能	太陽能
solar flare	太阳耀斑	日焰
solar flare activity	太阳耀斑活动	日焰活動
solar flare disturbance	太阳耀斑扰动	日焰擾動
solar halo	日晕	日暈
solar heating rate	太阳[辐射]加热率	太陽[輻射]加熱率
solarimeter	日射总量表	[總]日射計
solar maximum(=sunspot maximum)	太阳黑子极大期	[太陽]黑子極大期
solar minimum(=sunspot minimum)	太阳黑子极小期	[太陽]黑子極小期
solar prominence	日珥	日珥
solar proton monitor	太阳质子监测仪	太陽質子監測器
solar radiation	太阳辐射,日射	日射
solar signal	太阳信号	太陽信號
solar spectrum	太阳光谱	太陽光譜
solar temperature	太阳温度	日射溫度
solar terms	节气	節氣
solar-terrestrial physics	日地物理学	日地物理學
solar-terrestrial relationships	日地关系	日地關係
solar tide	太阳潮	太陽潮
solar time	太阳时	太陽時
solar wind	太阳风	太陽風
solar year	太阳年	太陽年
solenoid	力管	力管
solenoid circulation	力管环流	力管環流
solidification	凝固	固化[作用]
solitary wave	孤立波	孤立波
soliton	孤立子	孤立子
solstices	二至点	至點,夏至,冬至

英　文　名	大　陆　名	台　湾　名
solstitial colure	二至圈	二至圈
solubility	溶解度	溶解度
Somali jet	索马里急流	索馬利噴流
sonde	探空仪	探測,送
sootfall	煤烟沉降	煤煙沈降
sound energy flux	声能通量	聲能通量
sound inertia-gravity wave	声重力惯性波	聲重力慣性波
sounding	探空,探测	探測
sounding balloon	探空气球	探空氣球
sounding rocket	探空火箭	探空火箭
sound power level	声功率级	聲能級
sound wave (=acoustic wave)	声波	聲波
source	源点	源
source term	源项	源項
South Asia high	南亚高压	南亞高壓
South Atlantic convergence zone	南大西洋辐合带	南大西洋輻合帶
South China quasi-stationary front	华南准静止锋	華南準靜止鋒
South China Sea depression	南海低压	南海低壓
southeaster	东南大风	東南大風
southeast monsoon	东南季风	東南季風
southeast trade	东南信风	東南信風
South Equatorial Countercurrent	南赤道逆流	南赤道反流
south equatorial current	南赤道海流	南赤道海流
south equatorial drift current	南赤道漂流	南赤道漂流
southern branch jet stream	南支急流	南支噴流
southernly buster	南寒风	南勃斯特風
Southern Oscillation (SO)	南方涛动	南方振盪
Southern Oscillation Index (SOI)	南方涛动指数	南方振盪指數
southern Pacific convergence zone(SPCZ)	南太平洋辐合带	南太平洋輻合帶
south frigid zone	南寒带	南寒帶
south temperature zone	南温带	南溫帶
south tropic	南回归线	南回歸線
Southwest China vortex	西南[低]涡	西南渦
southwesterlies	西南风带	西南風[帶]
southwest monsoon	西南季风	西南季風
space	①空间 ②太空	①空間 ②太空
space charge	空间电荷	空間電荷
space domain	空间域	空間域

英　文　名	大　陆　名	台　湾　名
space filtering	空间滤波	空間濾波
space remote sensing	航天遥感	航太遙測
space smoothing	空间平滑	空間勻滑
spacetime correlation	时空关联	時空相關
spatial coherence	空间相干	空間相干
spatial resolution	空间分辨率	空間解析度
spatial scale	空间尺度	空間尺度
spatial temporal variability	时空变动度	時空變動度
SPCZ（＝Southern Pacific convergence zone）	南太平洋辐合带	南太平洋輻合帶
special function	特殊函数	特殊函數
specific attenuation	比衰减	比衰減
specific capacity	比容量	比容量
specific discharge	比流量	比流量
specific enthalpy	比焓	比焓
specific entropy	比熵	比熵
specific flux	比通量	比通量
specific heat	比热	比熱
specific heat at constant pressure	定压比热	定壓比熱
specific heat at constant volume	定容比热	定容比熱
specific heat capacity	比热容	比熱容
specific humidity	比湿	比濕
specific volume	比容	比容
spectral analysis	[波]谱分析	[波]譜分析
spectral diffusivity	谱扩散率	譜擴散率
spectral gap	谱[间]隙	譜隙
spectral hygrometer	光谱湿度表	光譜測濕計
spectral interval	谱间隔	譜距
spectral irradiance	照度谱	照度譜
spectral method	谱方法	波譜法
spectral model	谱模式	譜模式
spectral numerical analysis	谱数值分析	譜數值分析
spectral radiance	亮度谱	亮度譜
spectral similarity	谱相似[性]	譜相似性
spectral space	谱空间	譜空間
spectral transform method	谱变换法	譜轉換法
spectrometer	分光计,分光仪	分光計
spectrum	谱	光譜

英　文　名	大　陆　名	台　湾　名
spectrum analysis	谱分析	譜分析
spectrum parameter	谱参数	譜參數
spherical albedo	球面反照率	球面反照率
spherical coordinate	球面坐标	球面坐標
spherical grid	球面网格	球面網格
spherical harmonic analysis	球面调和分析	球面調和分析
spherical harmonics	球面调和函数,球谐函数	球面調和函數
spherical harmonic wave	球面谐波	球面諧波
spherical wave	球面波	球面波
spillover	背风飘雨	背風飄雨
spindown	消转	消旋
spindown effect	消转效应	消旋效應
spindown time	消转时间	消旋時間
spinup	起转	起轉
spinup process	起转过程	起轉過程
spinup time	起转时间	起轉時間
spiral [cloud] band	螺旋云带	螺旋雲帶
spiral rain band echo	螺旋雨带回波	螺旋雨帶回波
spiral wave	螺旋波	螺旋波
spline function expansion	样条函数展开	仿樣函數展開
spline interpolation	样条插值	仿樣內插[法]
spongy boundary condition	海绵边界条件	海綿邊界條件
sporadic E	散见 E 层	散塊 E 層
spout(= tornado)	龙卷	龍捲
Spring Equinox	春分	春分
squall	飑	颮
squall cloud	飑[线]云	颮雲
squall front	飑锋	颮鋒
squall line	飑线	颮線
squall line echo	飑线回波	颮線回波
squall line thunderstorm	飑线雷暴	颮線雷暴
SR (= scanning radiometer)	扫描辐射仪	掃描輻射計
S1 score	S1 评分	S1 評分
SSP (= subsatellite point)	[卫星]星下点	[衛星]星下點
SST (= sea surface temperature)	海面温度	海面溫度
St (= stratus)	层云	層雲
stability	稳定性	穩度

英　文　名	大　陆　名	台　湾　名
stability theory	稳定性理论	穩定理論
stable air mass	稳定气团	穩定氣團
stable boundary layer（SBL）	稳定边界层	穩定邊界層
stable wave	稳定波	穩定波
stack effluent	烟囱排放物	煙囪排出物
staggered grid	交错网格,跳点网格	交錯網格
staggered scheme	交错格式,跳点格式	交錯法
standard aspirated psychrometer	标准通风干湿表	標準通風乾濕計
standard atmosphere	标准大气	標準大氣
standard atmosphere pressure	标准大气压	標準大氣壓
standard depth	标准[水层]深度	標準深度
standard deviation	标准差	標準差
standard error	标准误差	標準誤差
standard gravity	标准重力	標準重力
standard isobaric surface	标准等压面	標準等壓面
standard level	标准层	標準層
standard pan	标准蒸发器	標準[蒸發]皿
standard precipitation index	标准降水指数	標準降水指數
standard raingauge	标准雨量计	標準雨量計
standard temperature and pressure（STP）	标准温压	標準溫壓
standard time	标准时	標準時
standard time of observation	标准观测时间	標準觀測時間
standard unit	标准单位	標準單位
standing eddy	驻涡	滯性渦流
standing wave	驻波	駐波
static energy	静力能	乾靜能
static equilibrium	静力平衡	靜力平衡
static initialization	静力初值化	靜力初始化
static instability parameter	静力不稳定度参数	靜力不穩度參數
static method	静态法	靜態法
static pressure	静压[力]	靜力壓
static stability	静力稳定度	靜力穩度
stationary cyclone	静止气旋	滯留氣旋
stationary eddies	定常涡动	滯性渦流
stationary front	静止锋	滯留鋒
stationary phase	平稳期	平穩期
stationary process	平稳过程	平衡過程
stationary state	定常态	恆定態

英　文　名	大　陆　名	台　湾　名
stationary wave	定常波	駐波
station model	填图格式	填圖格式
station pressure	本站气压	測站氣壓
statistic	统计量	統計量
statistical band model	统计带模式	統計帶模式
statistical climatology	统计气候学	統計氣候學
statistical dependence	统计关联	統計相依
statistical dynamic model（SDM）	统计动力模式	統計動力模式
statistical dynamic prediction	统计动力预报	統計動力預報
statistical forecast	统计预报	統計預報
statistical interpolation method	统计插值法	統計內插法
statistical method	统计方法	統計法
statistical significance test	统计显著性检验	統計顯著性檢驗
statistics	①统计学 ②统计	①統計學 ②統計
STC（=sensitivity time control）	灵敏度时间控制	敏感度時控
steady flow	定常流,恒定流	定常流,恆定流
steady state solution	定态解	恆定解
steady system	定常系统	恆定系統
steady vortex	定常涡旋	恆定渦旋
steady wind pressure	稳定风压	恆定風壓
steam fog	蒸气雾	蒸氣霧
steering flow	引导气流	駛流
Stefan-Boltzmann constant	斯特藩–玻尔兹曼常数	史特凡波茲曼常數
step function	阶梯函数	階梯函數
steppe	草原	草原
step size	步长	步長
stepwise discriminatory analysis	逐步判别分析	逐步判別分析
stepwise regression analysis	逐步回归分析	逐步回歸分析
stern climate	严酷气候	嚴酷氣候
St fra（=stratus fractus）	碎层云	碎層雲
stiff system	刚性系统	剛性系統
St neb（=stratus nebulosus）	薄幕层云	霧狀層雲
stochastic coalescence equation	随机合并方程	隨機合併方程
stochastic dynamical model	随机动力模式	隨機動力模式
stochastic dynamic prediction	随机动力预报	隨機動力預報
stochastic perturbation	随机扰动	隨機擾動
stochastic process	随机过程	隨機過程
stochastic response	随机响应	隨機響應

英 文 名	大 陆 名	台 湾 名
stochastic sampling	随机取样	隨機取樣
Stokes drift	斯托克斯漂移	司托克士漂移
Stokes drift velocity	斯托克斯漂移速度	司托克士漂速
Stokes formula	斯托克斯公式	司托克士公式
Stokes number	斯托克斯数	司托克士數
Stokes stream function	斯托克斯流函数	司托克士流函數
Stokes theorem	斯托克斯定理	司托克士定理
Stokes wave	斯托克斯波	司托克士波
St op（=stratus opacus）	蔽光层云	蔽光層雲
storage（=memory）	存储	儲存
storm	10 级风,狂风	風暴
STORM（=Storm-Scale Operational and Research Meteorology Program）	风暴尺度气象业务和研究计划	風暴尺度氣象作業研究計畫
storm duration	风暴时段	風暴延時
Storm-Scale Operational and Research Meorology Program（STORM）	风暴尺度气象业务和研究计划	風暴尺度氣象作業研究計畫
storm surge	风暴潮	風暴潮
storm swell	风暴涌	風暴湧
STP（=standard temperature and pressure）	标准温压	標準溫壓
strange attractor	奇怪吸引子	奇異吸子
stratification	层结	成層
stratification curve	层结曲线	成層曲線
stratified atmosphere	层结大气	成層大氣
stratified fluid	层结流体	成層流體
stratiform cloud	层状云	層狀雲
stratiform precipitation area	层状降水区	層狀降水區
stratocumulus（Sc）	层积云	層積雲
stratocumulus castellanus（Sc cas）	堡状层积云	堡狀層積雲
stratocumulus cumulogenitus（Sc cug）	积云性层积云	積雲性層積雲
stratocumulus duplicatus（Sc du）	复层积云	重疊層積雲
stratocumulus lacunosus（Sc la）	网状层积云	網狀層積雲
stratocumulus lenticularis（Sc len）	荚状层积云	莢狀層積雲
stratocumulus opacus（Sc op）	蔽光层积云	蔽光層積雲
stratocumulus perlucidus（Sc pe）	漏隙层积云	漏光層積雲
stratocumulus radiatus（Sc ra）	辐辏状层积云	輻狀層積雲
stratocumulus stratiformis（Sc str）	层状层积云	層狀層積雲
stratocumulus translucidus（Sc tr）	透光层积云	透光層積雲

英　文　名	大　陆　名	台　湾　名
stratocumulus undulatus（Sc un）	波状层积云	波狀層積雲
stratopause	平流层顶	平流層頂
stratosphere	平流层	平流層
stratospheric aerosol	平流层气溶胶	平流層氣膠
Stratospheric Aerosol and Gas Experiment（SAGE）	平流层气溶胶和气体试验	平流層氣膠氣體實驗
stratospheric chemistry	平流层化学	平流層化學
stratospheric inversion	平流层逆温	平流層逆溫
stratospheric oscillation	平流层振荡	平流層振盪
stratospheric ozone	平流层臭氧	平流層臭氧
stratospheric photochemistry	平流层光化学	平流層光化學
stratospheric pollutant	平流层污染物	平流層污染物
stratospheric pollution	平流层污染	平流層污染
stratospheric sudden warming	平流层爆发[性]增温	平流層驟暖
stratospheric sulfate layer	平流层硫酸盐层	平流層硫酸鹽層
stratospheric warming	平流层增温	平流層增溫
stratus（St）	层云	層雲
stratus fractus（St fra）	碎层云	碎層雲
stratus nebulosus（St neb）	薄幕层云	霧狀層雲
stratus opacus（St op）	蔽光层云	蔽光層雲
stratus translucidus（St tr）	透光层云	透光層雲
stratus undulatus（St un）	波状层云	波狀層雲
streak lightning	条状闪电,枝状闪电	條狀閃電
streamer	流光	流光
stream function	流函数	流函數
streamline	流线	流線
streamline analysis	流线分析	流線分析
streamline chart	流线图	流線圖
stream network	河网,水系	流域網
stream tube	流管	流管
stress tensor	应力张量	應力張量
strong breeze	6 级风,强风	強風
strong gale	9 级风,烈风	烈風
strong-line approximation	强线近似	強線近似
Strouhal number	斯特鲁哈尔数	司徒哈數
structure function	结构函数	結構函數
St tr（＝stratus translucidus）	透光层云	透光層雲
St un（＝stratus undulatus）	波状层云	波狀層雲

英　文　名	大　陆　名	台　湾　名
subantarctic front	副南极锋	副南極鋒
subantarctic zone	副南极区	副南極區
subarctic climate	副北极地气候	副北極氣候
subarctic zone	副北极带	副北極帶
subcloud layer	云下层	雲下層
subgeostrophic wind	次地转风	次地轉風
subgradient wind	次梯度风	次梯度風
subgrid-scale parameterization	次网格[尺度]参数化	次網格參數化
subjective analysis	主观分析	主觀分析
subjective assessment	主观评价,主观估计	主觀評估
subjective forecast	经验预报	主觀預報
sublimation	升华	升華
subpolar	副极地	副極地[的]
subpolar glacier	副极地冰川	副極地冰川
subpolar high	副极地高压	副極地高壓
subpolar low	副极地低压	副極地低壓
sub-satellite point（SSP）	[卫星]星下点	[衛星]星下點
subseasonal oscillation	次季节振荡	次季振盪
subseasonal time scale	次季节时间尺度	次季節時間尺度
subsidence	下沉	下沈
subsidence inversion	下沉逆温	下沈逆溫
subsynoptic scale［weather］system	次天气尺度系统	次綜觀[尺度天氣]系統
subsystem	子系统	子系統
subtropical anticyclone	副热带反气旋	副熱帶反氣旋
subtropical calms	副热带无风带	副熱帶無風帶
subtropical climate	副热带气候	副熱帶氣候
subtropical cyclone	副热带气旋	副熱帶氣旋
subtropical easterlies	副热带东风带	副熱帶東風[帶]
subtropical high	副热带高压	副熱帶高壓
subtropical jet	副热带急流	副熱帶噴流
subtropical monsoon zone	副热带季风区	副熱帶季風區
subtropical westerlies	副热带西风带	副熱帶西風[帶]
subtropical zone	副热带	副熱帶
subtropics（＝subtropical zone）	副热带	副熱帶
successive correction analysis	逐步订正法	逐次訂正分析
successive regression	逐步回归	逐次回歸
suction vortex	抽吸[性]涡旋	抽吸渦旋

英 文 名	大 陆 名	台 湾 名
sudden ionospheric disturbance (SID)	电离层突扰	電離層突擾
sulfate aerosol	硫酸盐气溶胶	硫酸鹽氣膠
sulfur cycle	硫循环	硫循環
sulfur dioxide	二氧化硫	二氧化硫
sulfur dust	硫尘	硫塵
sulfuric acid	硫酸	硫酸
sulfuric acid aerosol	硫酸气溶胶	硫酸氣膠
sulfuric acid mist	硫酸轻雾	硫酸靄
sulfur oxide	硫氧化物	硫氧化物
sulfur rain	黄雨	硫酸雨
sultriness	闷热[度]	悶熱[度]
summer	夏[季]	夏[季]
summer dry region	夏干区	夏乾區
summer fog	夏雾	夏霧
summer half year	夏半年	夏半年
summer hemisphere	夏半球	夏半球
summer monsoon	夏季风	夏季季風
Summer Solstice	夏至	夏至
sundial	日晷	日晷
sunlit aurora	日耀极光	日照極光
sunpillar	日柱	日柱
sunrise	日出	日出
sunset	日没	日沒
sunshine	日照	日照
sunshine duration	日照时数	日照時數
sunspot	太阳黑子,日斑	[太陽]黑子
sunspot cycle	太阳黑子周期	[太陽]黑子週期
sunspot group	黑子群	黑子群
sunspot maximum	太阳黑子极大期	[太陽]黑子極大期
sunspot minimum	太阳黑子极小期	[太陽]黑子極小期
sunspot periodicity	太阳黑子周期性	[太陽]黑子週期性
sunspot relative number	黑子相对数	[太陽]黑子相對數
sun-weather correlation	太阳-天气相关	太陽天氣相關
supercell	超级单体	超大胞
supercell storm	超级单体风暴	超大胞風暴
supercooled cloud droplet	过冷云滴	過冷雲滴
supercooled fog	过冷却雾	過冷霧
supergeostrophic wind	超地转风	超地轉風

英　文　名	大　陆　名	台　湾　名
supergradient wind	超梯度风	超梯度風
superimposed field	叠加场	疊加場
superposition	叠加	重疊
superrefraction	超折射	超折射
super-saturated air	过饱和空气	過飽和空氣
supersaturation	过饱和	過飽和
supplementary observation	补充观测	輔助觀測
supplementary [weather] forecast	补充[天气]预报	輔助[天氣]預報
surf	拍岸浪,碎浪	衝岸浪
surface air temperature	地面气温	地面氣溫
surface albedo	地面反照率	地表反照率
surface analysis	地面分析	地面分析
surface boundary condition	地面边界条件	地面邊界條件
surface current	表层流	表面流
surface data	地面资料	地面資料
surface drag	地面拖曳	表面曳力
surface energy balance	地表能量平衡	表面能量平衡
surface flux	表面通量	地面通量
surface front	地面锋	地面鋒
surface gravity wave	表面重力波	表面重力波
surface inversion (= ground inversion)	地面逆温	地面逆溫
surface layer	近地层	近地層
surface observation	地面观测	地面觀測
surface of discontinuity	不连续面	不連續面
surface pressure	地面气压	地面氣壓
surface radiation balance	地表辐射平衡	地表輻射平衡
surface radiation budget	地表辐射收支	地表輻射收支
surface roughness	地面粗糙度	地面粗糙度
surface velocity	表面速度	表面速度
surface visibility (= ground visibility)	地面能见度	地面能見度
surface water hydrology	地表水文学	地表水文學
surface [weather] chart	地面[天气]图	地面[天氣]圖
surface wetness	叶面湿润度	葉面濕潤度
surface wetness duration	叶面湿润期	葉面濕潤期
surface wind stress	表面风应力	表面風應力
surge-tide interaction	浪潮相互作用	浪潮交互作用
suspended ash	悬浮灰	懸浮灰
suspended colloid	悬浮胶体	懸浮膠體

英　文　名	大　陆　名	台　湾　名
suspended dust	浮尘	懸浮塵
suspended load	悬浮荷载	懸浮負荷
suspended particle	悬浮粒子	懸浮粒子
suspended particulate	悬浮颗粒物	懸浮微粒
suspended phase	悬浮相	懸浮相
swell	①涌 ②长浪	①湧[浪] ②長浪
symmetric instability	对称不稳定	對稱不穩度
synchronous meteorological satellite（SMS）	同步气象卫星	同步氣象衛星
synchronous teleconnection	同步遥相关	同步遥相關
synergetics	协同学	協同學
synodic month	朔望月	朔望月
synoptic analysis	天气分析	綜觀分析
synoptic chart	天气图	天氣圖,綜觀圖
synoptic climatology	天气气候学	綜觀氣候學
synoptic code	天气电码	綜觀電碼
synoptic data	天气资料	綜觀資料
synoptic forecast	天气图预报	綜觀預報
synoptic hour	天气观测时间	綜觀時間
synoptic meteorology	天气学	天氣學
synoptic process	天气过程	綜觀過程
synoptic scale	天气尺度	綜觀尺度
synoptic scale［weather］system	天气尺度系统	綜觀尺度天氣系統
synoptic situation	天气形势	綜觀形勢
synthetic analysis	综合分析	綜觀分析
synthetic aperture radar（SAR）	合成孔径雷达	合成孔徑雷達
systematic error	系统误差	系統誤差
syzygy	朔望	朔望

T

英　文　名	大　陆　名	台　湾　名
tabetisol	不冻地	不凍層
Taiga climate	泰加林气候	寒林氣候
tail cloud	尾云	尾雲
tail wind	顺风	順風,尾風
taking off［weather］forecast	起飞[天气]预报	起飛預報
talik	融区	不凍層

英　文　名	大　陆　名	台　湾　名
tangential acceleration	切向加速度	切線加速度
tangent linear approximation	切线性近似	切線性近似
tangent linear equation	切线性方程	切線性方程
tangent linear model	切线性模式	切線性模式
target area	目标区	目標區
targeted observation	目标观测	目標觀測
target position indicator（TPI）	目标位置显示器,目标位置指示器	目標位置指示器
taryn	多季性陆地结冰	陳陸冰
Taylor column	泰勒［流体］柱	泰勒柱
Taylor number	泰勒数	泰勒數
Taylor-Proudman theorem	泰勒–普劳德曼定理	泰卜定理
Taylor's theorem	泰勒定理	泰勒定理
teleconnection	遥相关	遙聯,遙相關
telemetering pluviograph	遥测雨量计	遙測雨量計
telephotometer	遥测光度计	遙測光度計
telethermometer	遥测温度表	遙測溫度計
temperate climate	温带气候	溫帶氣候
temperate climate with summer rain	温带夏雨气候	溫帶夏雨氣候
temperate climate with winter rain	温带冬雨气候	溫帶冬雨氣候
temperate glacier	温冰川	融期冰川
temperate rainforest	温带雨林	溫帶雨林
temperate rainy climate	温带多雨气候	溫帶多雨氣候
temperate westerlies	温带西风带	溫帶西風［帶］
temperate zone	温带	溫帶
temperature	温度	溫度
temperature advection	温度平流	溫度平流
temperature contrast	温度对比	溫度對比
temperature extreme	温度极值	溫度極端值,溫度極值
temperature field	温度场	溫度場
temperature gradient	温度梯度	溫度梯度
temperature-humidity index	温湿指数	溫濕指數
temperature inversion	逆温	逆溫［層］
temperature lapse rate	气温直减率	溫度直減率
temperature pressure field	温压场	溫壓場
temperature profile	温度廓线	溫度剖線
temperature range	温度较差	溫度較差
temperature retrieval	温度反演	溫度反演

英　文　名	大　陆　名	台　湾　名
temperature salinity curve	温盐曲线	溫鹽曲線
temperature scale	温标	溫標
temporal coherence	时间相干	時間相干
temporal correlation function	时间相关函数	時間相關函數
temporal fluctuation	时间变动	時間變動
ten day average	旬平均	旬平均,十天平均
tendency	趋势	趨勢
tendency chart	趋势图	趨勢圖
tendency equation	倾向方程	趨勢方程
tephigram	温熵图	溫熵圖
terrestrial infrared radiation	地球红外辐射	地球紅外線輻射
terrestrial radiation	地球辐射	地球輻射
terrestrial radiation balance	地球辐射平衡	地球輻射平衡
Tertiary climate	第三纪气候	第三紀氣候
tetroon	等容气球	等容氣球
thawing index	解冻指数	解凍指數
thawing season	解冻季节	解凍季节
theodolite	经纬仪	經緯儀
π-theorem	π 定理	π 定理
theoretical meteorology	理论气象学	理論氣象[學]
thermal	热[力]泡	熱泡
thermal climate	温度型气候	溫度型氣候
thermal conductivity	热导率,导热系数	熱導係數
thermal contrast	热对比	熱對比
thermal convection	热对流	熱對流
thermal current	热流	熱流
thermal death point (=killing temperature)	致死温度	致死溫度
thermal effect	热效应	熱效應
thermal energy	热能	熱能
thermal enthalpy	热焓	熱焓
thermal high	热高压	熱高壓
thermal hysteresis	热滞后	熱滯後[現象]
thermal low	热低压	熱低壓
thermal radiation	热辐射	熱輻射
thermal Rossby number	热力罗斯贝数	熱力羅士比數
thermal roughness	热[力]粗糙度	熱力粗糙度
thermal stratification	热力层结	溫度成層

英 文 名	大 陆 名	台 湾 名
thermal thunderstorm rain	热雷雨	熱雷雨
thermal turbulence	热力湍流	熱亂流
thermal vorticity advection	热力涡度平流	熱力渦度平流
thermal wind	热成风	熱力風
thermal wind equation	热成风方程	熱力風方程
thermal wind steering	热成风引导	熱力風駛引
thermistor	热敏电阻	熱阻器
thermistor anemometer	热敏电阻风速表	熱阻風速計
thermistor thermometer	热敏电阻温度表	熱阻溫度計
thermocline	温跃层，斜温[性]	斜溫層，斜溫[性]
thermocyclogenesis	热旋生	熱旋生
thermodynamical function	热力函数	熱力函數
thermodynamic diagram	热力学图	熱力圖
thermodynamic equation	热力学方程	熱力方程
thermodynamic model	热力学模式	熱力學模式
thermodynamics	热力学	熱力學
thermodynamic scale of temperature	热力学温标	溫度熱力標
thermogram	温度自记曲线	溫度自記曲線
thermograph	温度计	溫度儀
thermohaline circulation	温盐环流	溫鹽環流
thermometer	温度表	溫度計
thermometry	测温法	測溫術
thermoperiodism	温周期[性]	溫[度]週[期]感應性
thermosphere	热层	增溫層,熱氣層
thickness advection	厚度平流	厚度平流
thickness chart	厚度图	厚度圖
thin fog（＝mist）	轻雾	輕霧
third order climatological station	三级气候站	三級氣候站
Thornthwaite climatic classification	桑思韦特气候分类	桑士偉氣候分類
Thornthwaite moisture index	桑思韦特湿度指数	桑士偉濕度指數
threat score	TS 评分	T 得分
three cell circulation	三圈环流	三胞環流
three-dimensional variational analysis	三维变分分析	三維變分分析
threshold of nucleation	核化阈	核化閾
threshold temperature	阈温	低限溫度
thunder	雷	雷
thunderbolt	霹雳,落雷	霹靂
thunder shower	雷阵雨	雷陣雨

英　文　名	大　陆　名	台　湾　名
thunderstorm	雷暴	雷雨,雷暴
thunderstorm cell	雷暴单体	雷雨胞
thunderstorm depression	雷暴低压	雷暴低壓
thunderstorm echo	雷暴回波	雷暴回波
thunderstorm high	雷暴高压	雷暴高壓
tidal bore	涌潮	怒潮
tidal breeze	潮汐风	潮汐風
tidal current	潮流	潮流
tidal day	潮日	潮日
tidal force	潮汐力	潮汐力
tidal range	潮差	潮差
tidal wave	潮汐波	潮浪
tidal wind (=tidal breeze)	潮汐风	潮汐風
tide	潮汐	潮[汐]
tide generating force	引潮力	生潮力
tilted trough	斜槽	斜槽
tilting bucket raingauge	翻斗[式]雨量计	傾斗雨量計
tilting term	倾斜项	傾斜項
time and space scale	时空尺度	時空尺度
time average	时间平均	時間平均
time average model	时间平均模式	時間平均模式
time constant	时间常数	時間常數
time correlation	时间相关	時間相關
time cross-section	时间剖面图	時間剖面圖
time delay	时滞	時滯
time derivative	时间导数	時間導數
time domain	时间域	時間域
time-domain averaging	时-域平均	時域平均
time filtering	时间滤波	時間濾波
time-height cross-section	时间高度剖面	時高剖面
time-height indicator	时间高度显示器	時高指示器
time integration	时间积分	時間積分
time interval	时间间隔	時距
time invariant system (=steady system)	定常系统	恆定系統
time lag	时间滞后	時間落後
time lapse	时间推移	時移
time mean flow	时间平均[气]流	時間平均流
time normalization	时间标准化	時間標準化

英　文　名	大　陆　名	台　湾　名
time parameter	时间参数	時間參數
time resolution	时间分辨率	時間解析[度]
time response	时间响应	時間反應
time scale	时间尺度	時間尺度
time series analysis	时间序列分析	時間序列分析
time smoothing	时间平滑	時間勻滑
time space transformation	时空转换	時空轉換
time splitting integral	时间分离积分	時間分離積分
time varying system	时变系统	時變系統
time zone	时区	時區
TIROS	泰罗斯卫星	泰羅斯衛星
TIROS-N	泰罗斯–N 卫星	泰羅斯 N 衛星
TOGA（=Tropical Oceans Global Atmosphere Program）	热带海洋全球大气计划	熱帶海洋全球大氣計畫
topoclimate	地形气候	地形氣候
topoclimatology	地形气候学	地形氣候學
topographic forcing［effect］	地形强迫[效应]	地形強迫[作用]
topographic Rossby wave	地形罗斯贝波	地形羅士比波
tornadic vortex signature	龙卷涡旋信号	龍捲渦旋標記
tornado	龙卷	龍捲
tornado alley	龙卷通道	龍捲通道
tornado cyclone	龙卷气旋	龍捲氣旋
tornado echo	龙卷回波	龍捲回波
torrent	洪流,激流	急流
Torrid Zone	热带	熱帶
total angular momentum	总角动量	總角動量
total cloud cover	总云量	總雲量
total energy equation	总能量方程	總能量方程
total pressure	总压[力]	總壓[力]
total radiation	全辐射	全輻射
town fog	城市雾	城霧
TPI（=target position indicator）	目标位置显示器,目标位置指示器	目標位置指示器
tracer analysis	示踪[物]分析	追蹤劑分析
tracking radar echo by correlation（TREC）	雷达回波相关跟踪法	雷達回波相關追蹤法
track wind	航线风	航路風
trade winds	信风,贸易风	信風

英　文　名	大　陆　名	台　湾　名
trade-wind circulation	信风环流	信風環流
trade-wind equatorial trough	信风赤道槽	信風赤道槽
trade-wind front	信风锋	信風鋒[面]
trade-wind inversion	信风逆温	信風逆溫
trail	尾迹	尾跡
trailing wave	拖曳波	拖曳波
trajectory	轨迹	軌跡[線]
transfer function	传递函数	傳送函數
transformed air mass	变性气团	變性氣團
transient climate response	瞬变气候响应	瞬變氣候反應
transient eddy energy	瞬变涡动能量	瞬變渦流能量
transient variation	瞬变	瞬變
transient vortex	瞬变涡旋	瞬變渦旋
transient wave	瞬变波	瞬變波
transition period	过渡期	過渡期
transition season	过渡季节	過渡季節
transitive system	可递系统	傳遞系統
transmission coefficient	透射系数	透射係數
transmission function	透射函数	透射函數
transmissivity	透射率	透射率
transmissometer	视程仪	視程儀
transmittance	透射比	透射率
transosonde	等压面环球探空	等壓面環球送
transversal trough	横槽	橫槽
transversal wave	横波	橫波
trapped wave	陷波	陷波
traveling anticyclone	移动性反气旋	移動性反氣旋
traveling cyclone	移动性气旋	移動性氣旋
traveling wave	行波	移行波
traveling wave tube	行波管	移行波管
TREC (=tracking radar echo by correlation)	雷达回波相关跟踪法	雷達回波相關追蹤法
tree ring climatology (=dendroclimatology)	年轮气候学	年輪氣候學
trend analysis	趋势分析	趨勢分析
triangular truncation	三角截断	三角形截斷
Triassic Period	三叠纪	三疊紀
trigger action	触发作用,激发作用	激發作用

英　文　名	大　陆　名	台　湾　名
trigger mechanism	触发机制	激發機制
triple point	三相点	三相點
tropical air mass	热带气团	熱帶氣團
tropical calm zone	热带无风带	熱帶無風帶
tropical climate	热带气候	熱帶氣候
tropical climatology	热带气候学	熱帶氣候學
tropical cloud cluster	热带云团	熱帶雲簇
tropical cyclone	热带气旋	熱帶氣旋
tropical depression	热带低压	熱帶低壓
tropical disturbance	热带扰动	熱帶擾動
tropical easterlies	热带东风带	熱帶東風［帶］
tropical easterlies jet	热带东风急流	熱帶東風噴流
tropical marine air	热带海洋空气	熱帶海洋空氣
tropical meteorology	热带气象学	熱帶氣象［學］
tropical monsoon climate	热带季风气候	熱帶季風氣候
Tropical Oceans Global Atmosphere Program（TOGA）	热带海洋全球大气计划	熱帶海洋全球大氣計畫
tropical rainforest climate	热带雨林气候	熱帶雨林氣候
tropical rainy climate	热带多雨气候	熱帶多雨氣候
tropical savanna climate	热带草原气候	熱帶草原氣候
tropical storm	热带风暴	熱帶風暴
tropical synoptic meteorology	热带天气学	熱帶天氣學
tropical upper-tropospheric cold vortex	热带对流层上层冷涡	熱帶高對流層冷渦
tropical year	回归年,分至年	回歸年,分至年
Tropic of Cancer	北回归线	北回歸線
Tropic of Capricorn	南回归线	南回歸線
tropic tide	回归潮	回歸潮
tropopause	对流层顶	對流層頂
tropopause folding	对流层顶折叠	對流層頂折疊
troposphere	对流层	對流層
tropospheric aerosol	对流层气溶胶	對流層氣膠
tropospheric chemistry	对流层化学	對流層化學
tropospheric ozone	对流层臭氧	對流層臭氧
tropospheric refraction	对流层折射	對流層折射
trough	低压槽	［低壓］槽
trough line	槽线	槽線
true solar day	真太阳日	真太陽日
true solar time	真太阳时	真太陽時

英　文　名	大　陆　名	台　湾　名
truncation error	截断误差	截斷誤差
Tsushima Current	对马海流	對馬海流
t test	t 检验	t 檢定
tundra climate	苔原气候,冻原气候	苔原氣候
turbidity factor	浑浊因子	濁度因數
turbopause	湍流层顶	渦動層頂
turbosphere	湍流层	渦動層
turbulence	湍流	亂流
turbulence cloud	湍流云	亂流雲
turbulence condensation level	湍流凝结高度	亂流凝結高度
turbulence energy	湍流能量	亂流能量
turbulence intensity	湍流强度	亂流強度
turbulence inversion	湍流逆温	亂流逆溫
turbulence spectrum	湍流谱	亂流譜
turbulent boundary layer	湍流边界层	亂流邊界層
turbulent diffusion	湍流扩散	亂流擴散
turbulent exchange	湍流交换	亂流交換
turbulent fluctuation	湍流脉动	亂流變動
turbulent flux	湍流通量	亂流通量
turbulent heat flux	湍流热通量	亂流熱通量
turbulent inertial subrange	湍流惯性次区	亂流慣性次區
turbulent scale stress	湍流尺度应力	亂流尺度應力
turbulent similarity theory	湍流相似理论	亂流相似論
turbulent statistical theory	湍流统计理论	亂流統計理論
turbulent structure	湍流结构	亂流結構
TVS(= tornadic vortex signature)	龙卷涡旋信号	龍捲渦旋標記
twilight	曙暮光	曙暮光
twilight color	日暮霞	日暮霞
twisting term	扭转项	扭轉項
two-stream approximation	二流近似	雙流近似
two way attenuation	双程衰减	雙程衰減
typhoon	台风	颱風
typhoon eye	台风眼	颱風眼
typhoon looping	台风打转	颱風打轉
typhoon recurvature	台风转向	颱風轉向
typhoon regeneration	台风再生	颱風再生
typhoon steering flow	台风引导气流	颱風駛流
typhoon storm surge	台风风暴潮	颱風暴潮

英　文　名	大　陆　名	台　湾　名
typhoon track	台风路径	颱風路徑
typhoon transformation	台风变性	颱風變性
typhoon warning	台风警报	颱風警報

U

英　文　名	大　陆　名	台　湾　名
udomograph	自记雨量器	自記雨量儀
UHF（=ultra-high frequency）	超高频	超高頻
UHF radar	超高频雷达	超高頻雷達
ultra-high frequency（UHF）	超高频	超高頻
ultra-long wave	超长波	超長波
ultrasonic anemometer	超声测风仪	超音波風速計
ultraviolet（UV）	紫外线	紫外[線]
ultraviolet radiometer（UV radiometer）	紫外辐射表	紫外輻射計
ultraviolet spectrometer	紫外光谱仪	紫外分光計
umbral eclipse	本影食	本影食
umbrella effect	阳伞效应	傘效應
unambiguous velocity interval	不模糊速度间隔	不模糊速度間距
unbiased estimate	无偏估计	無偏估計
uncertainty	不确定性	不確定性
undamped oscillation	无阻尼振荡	無阻尼振盪
underdamped system	弱阻尼系统	次阻尼系統
underestimate	低估	低估
underflow	潜流	潛流
underground ice	地下冰	地下冰
underground water	地下水	地下水
underlying earth surface	下垫面	下墊面
undermelting	冰下消融	下溶
undetermined coefficient	待定系数	未定係數
undisturbed sun	非扰动太阳	無擾動太陽
unfree water	死水	死水
unidirectional vertical wind shear	单向垂直风切变	單向垂直風切
uniform distribution	均匀分布	均勻分佈
uniform flow	均流	均勻流
unimodal distribution	单峰分布	單峰分佈
unimodal spectrum	单峰谱	單峰譜
unitary filter	单通滤波器	單通濾波器

英　文　名	大　陆　名	台　湾　名
univariate time series	一元时间序列	一元時間序列
universal constant	通用常数	通用常數
universal day	国际日	國際日
universal filter	通用滤波器	通用濾波器
universal gas constant	普适气体常数	通用氣體常數
universal gravitational constant	万有引力常数	萬有引力常數
universal gravitational law	万有引力定律	萬有引力定律
universal time（UT）	世界时	世界時
universe	宇宙	宇宙
unpredictability	不可预报性	不可預報性
unstable air mass	不稳定气团	不穩[定]氣團
unstable condition	不稳定条件	不穩[定]條件
unstable optimum wave length	不稳定最优波长	不穩定最佳波長
updraft curtains	上升气流薄层	上衝簾
updraught	上曳气流	上衝流
upgradient	逆梯度	反梯度
upgradient flux	逆梯度通量	反梯度通量
upgradient transport	逆梯度输送	反梯度傳送
upper-air analysis	高空分析	高空分析
upper-air chart	高空[天气]图	高空圖
upper-air data	高空资料	高空資料
upper-air observation	高空观测	高空觀測
upper-air station	高空站	高空站
upper-arcs	上珥	上珥
upper atmosphere	高层大气	高層大氣
upper cold front	高空冷锋	高空冷鋒
upper front	高空锋	高空鋒
upper frontal zone	高空锋区	高空鋒區
upper-level jet stream	高空急流	高空噴流
upper-level trough	高空槽	高空槽
upper-level wind	高空风	高空風
upper stratosphere	平流层上层	高平流層
upper troposphere	对流层上层	高對流層
upstream effect	上游效应	上游效應
upward atmospheric radiation	向上大气辐射	向上大氣輻射
upward flow	上升气流	上升氣流
upward heat transport	向上热[量]输送	向上熱傳送
upward terrestrial radiation	向上地球辐射	向上地球輻射

英　文　名	大　陆　名	台　湾　名
upward [total] radiation	向上[全]辐射	向上[全]輻射
upwelling current	涌升流	湧升流
upwind	上风向	上風
upwind difference	迎风差分	迎風差分
upwind effect	上风效应	上風效應
Ural blocking high	乌拉尔山阻塞高压	烏拉爾山阻塞高壓
urban climate	城市气候	都市氣候
urban climatology	城市气候学	都市氣候學
urban environmental pollution	城市环境污染	都市環境污染
urban heat island effect	城市热岛效应	都市熱島效應
urbanization effect	城市化效应	都市化效應
urban-rural circulation	城乡环流	城鄉環流
urban weather	城市天气	都市天氣
UT (=universal time)	世界时	世界時
UTC (=coordinated universal time)	协调世界时,世界标准时	世界標準時
UV (=ultraviolet)	紫外线	紫外線
UV dosimeter	紫外线表	紫外線計
UV radiometer(=ultraviolet radiometer)	紫外辐射表	紫外輻射計

V

英　文　名	大　陆　名	台　湾　名
vacillation	漂移,摆动	游移
vacillation cycle	摆动循环	游移週期
vacillation phenomena	摆动现象	游移現象
VAD (=velocity azimuth display)	速度方位显示	速度方位顯示
valley breeze	谷风	谷風
valley fog	谷雾	谷霧
valley wind circulation	谷风环流	谷風環流
Vallot heliothermometer	瓦劳特日光温度表	瓦勞特日光溫度計
Van Allen radiation belt	范艾伦辐射带	範艾倫輻射帶
van der Waals' equation	范德瓦耳斯方程	凡得瓦方程
van't Hoff's law	范托夫定律	凡何夫定律
vapor density	水汽密度	水汽密度
vapor flux	水汽通量	水汽通量
vapor pressure thermometer	水汽压温度表	水氣壓溫度計
variability	变异性	變率,變異度

英 文 名	大 陆 名	台 湾 名
variance	方差	方差
variance analysis	方差分析	方差分析
variance ratio	方差比	方差比
variance reduction	方差缩减	方差遞減
variance spectrum	方差谱	方差譜
variation	变化	變化
variational method	变分法	變分法
variational objective analysis	变分客观分析	變分客觀分析
variograph	微变数计	微變數儀
variometer	微变数表	微變數計
vectopluviometer(=vector gauge）	向风雨量器	向風雨量計
vector	矢量	向量
vector analysis	矢量分析	向量分析
vector-diagram	矢量图	向量圖
vector equation	矢量方程	向量方程
vector field	矢量场	向量場
vector function	矢量函数	向量函數
vector gauge	向风雨量器	向風雨量計
vector potential	矢量势	向量位
vector product	矢量乘积	向量積,外積
vector vane	矢量风标	向量風標
veering	顺转	順轉
veering wind	顺转风	順轉風
vegetation	植被	植被
vegetation index	植被指数	植被指數
vegetation season	生长季	生長季
vel (=velum)	缟状云	帆狀雲
velocity ambiguity	速度模糊	速度模糊
velocity azimuth display （VAD）	速度方位显示	速度方位顯示
velocity fluctuation	速度脉动	速度變動
velocity potential	速度势	速度位
velocity spectrum	速度谱	速度譜
velo cloud	云幔	維洛雲
velum	缟状云	帆狀雲
ventilation coefficient	通风系数	通風係數
verano	范拉诺旱期	凡拉諾乾期
verdant zone （ =frostless zone）	无霜带	無霜帶
verification	检定,检验	檢定

英　文　名	大　陆　名	台　湾　名
verification sample	校验样本	校驗樣本
verification statistics	校验统计	校驗統計
Vernal Equinox（=Spring Equinox）	春分	春分
vernier	①游标 ②游[标]尺	①游標 ②游尺
vertical advection	垂直平流	垂直平流
vertical anemometer	垂直风速表	垂直風速計
vertical anemoscope	垂直风速仪	垂直風速儀
vertical-beam radar	垂直射束雷达	垂直光束雷達
vertical circle	地平经圈	地平經圈
vertical circulation	垂直环流	垂直環流
vertical climatic zone	垂直气候带	垂直氣候帶
vertical cross-section	垂直剖面	垂直剖面
vertical motion	垂直运动	垂直運動
vertical temperature profile radiometer （VTPR）	温度垂直廓线辐射仪	垂直溫度剖線輻射計
vertical time cross-section	垂直时间剖面	垂直時間剖面
vertical velocity	垂直速度	垂直速度
vertical visibility	垂直能见度	垂直能見度
vertical vorticity	垂直涡度	垂直渦度
very high frequency（VHF）	甚高频	特高頻
very high resolution radiometer（VHRR）	甚高分辨率辐射仪	特高解輻射計
very high sea	狂涛(风浪级)	狂濤
very low frequency（VLF）	甚低频	特低頻
very rough sea	巨浪(风浪级)	巨浪
very short-range［weather］forecast	甚短期[天气]预报	極短期[天氣]預報
VHF（=very high frequency）	甚高频	特高頻
VHF radar	甚高频雷达	特高頻雷達
VHRR（=very high resolution radiometer）	甚高分辨率辐射仪	特高解輻射計
vibration	振动	振動
video frequency	视频	視頻
videograph	视程计	視程儀
videometer	视程表	視程計
video scanner	视像扫描仪	視像掃描器
violent storm	11 级风,暴风	暴風
virtual displacement	虚位移	虚位移
virtual height	虚高	虚高
virtual temperature	虚温	虚溫

英　文　名	大　陆　名	台　湾　名
viscosity	黏滞性	黏[滞]性,黏度
viscous fluid	黏性流体	黏性流體
viscous stress	黏性应力	黏滞應力
visibility	能见度	能見度
visibility index	能见度指数	能見度指數
visibility marker	能见度目标[物]	能見度目標
visibility meter	能见度表	能見度計
visible and infrared spin scan radiometer（VISSR）	可见光和红外自旋扫描辐射仪	可見光紅外旋描輻射計
visible cloud imagery	可见光云图	可見光雲圖
visible IR radiometer	可见光和红外辐射仪	可見光紅外輻射計
visible light	可见光	可見光
visible radiation	可见光辐射	可見光輻射
visible spectrum	可见光谱	可見光譜
visiometer（=visibility meter）	能见度表	能見度計
VISSR（=visible and infrared spin scan radiometer）	可见光和红外自旋扫描辐射仪	可見紅外旋描輻射計
visual extinction meter	可见光消光计	可見光消光計
visual observation	目测	目測
visual range formula	视程公式	視程公式
vivosphere（=biosphere）	生物圈	生物圈
VLF（=very low frequency）	甚低频	特低頻
volcanic activity	火山活动	火山活動
volcanic ash（=volcanic dust）	火山灰	火山灰,火山塵
volcanic dust	火山灰	火山灰,火山塵
volcanic eruption	火山喷发	火山爆發
volcanic gas	火山气体	火山氣[體]
volcanic lightning	火山闪电	火山閃電
volcanic sand	火山砂	火山砂
volcanic storm	火山风暴	火山風暴
volcanic thunder	火山雷鸣	火山雷鳴
volcanic wind	火山风	火山風
volcano aerosol	火山气溶胶	火山氣膠
VOLMET broadcast	对空气象广播	航空氣象廣播
volume	体积,容积	體積,容積
volume average	体积平均	體積平均
volume scattering function	体散射函数	體散射函數
von Neumann condition	冯·诺伊曼条件	馮紐條件

英 文 名	大 陆 名	台 湾 名
vortex	涡[旋],低涡	渦[旋]
vortex cloud street	涡旋云街	渦旋雲街
vortex cloud system	涡旋云系	渦旋雲系
vortex line	涡线	渦線
vortex ring	涡环	渦環
vortex signature	涡旋特征	渦旋標記
vortex street	涡街	渦街
vortex trail	涡列	渦列
vortex tube	涡管	渦管
vorticity	涡度	渦度
vorticity advection	涡度平流	渦度平流
vorticity equation	涡度方程	渦度方程
vorticity flux	涡度通量	渦度通量
vorticity source	涡源	渦源
vorticity transport theory	涡度传输理论	渦度傳送理論
VTPR (=vertical temperature profile radiometer）	温度垂直廓线辐射仪	垂直溫度剖線輻射計

W

英 文 名	大 陆 名	台 湾 名
wake capture	尾流捕捉	尾流捕捉
wake depression	尾流低压	尾流低壓
wake [flow]	尾流	尾流
wake low	尾低压	尾流低壓
wake stream region	尾流区	尾流區
wake turbulence	尾流湍流	機尾亂流
Walker circulation	沃克环流	沃克環流
warm advection	暖平流	暖平流
warm air mass	暖气团	暖氣團
warm anticyclone	暖性反气旋	暖反氣旋
warm braw	暖布劳风	暖布勞風
warm climate with dry summer	夏干温暖气候	夏乾溫暖氣候
warm climate with dry winter	冬干温暖气候	冬乾溫暖氣候
warm cloud	暖云	暖雲
warm-core ring	暖心涡环	暖心環
warm current	暖[海]流	暖流
warm cyclone	暖性气旋	暖氣旋

英　文　名	大　陆　名	台　湾　名
warm fog	暖雾	暖霧
warm front	暖锋	暖鋒
warm front cloud system	暖锋云系	暖鋒雲系
warm front type shear	暖锋型切变	暖鋒型風切
warm front wave	暖锋波	暖鋒波
warm high	暖高压	暖高壓
warm low	暖低压	暖低壓
warm occluded front	暖性锢囚锋	暖囚錮鋒
warm occlusion	暖[性]锢囚	暖囚錮
warm pool	暖池	暖池
warm rain	暖雨	暖雨
warm ridge	暖脊	暖脊
warm season	暖季	暖季
warm sector	暖区	暖區
warm tongue	暖舌	暖舌
warm vortex	暖涡	暖渦
warm water mass	暖水团	暖水團
warm water sphere	暖水层	暖水層
warm wave	暖浪	熱浪
warm-wet climate	湿热气候	濕熱氣候
washout	冲洗	雨洗
water and soil conservation	水土保持	水土保持
water atmosphere	水汽圈	水汽大氣
water balance	水分平衡	水文平衡
water budget	水分收支	水文收支
water circulation coefficient	水[分]循环系数	水文迴圈係數
water cloud	水云	水雲
water cycle	水[分]循环	水[文]迴圈
waterdrop	水滴	水滴
water erosion	水侵蚀	水侵蝕
water level	水位,水平面	水位,水準面
water mass	水团	水團
water mass transformation	水团变性	水團變性
water pollution	水污染	水污染
water potential	水势	水勢
water resources	水资源	水資源
watershed	①分水岭 ②水域	①分水嶺 ②流域
water sky	水映空	水映空

英　文　名	大　陆　名	台　湾　名
water spout	水龙卷	水龍捲
water spreading	水流扩展	水流擴展
water surface evaporation	水面蒸发	水面蒸發
water table	地下水面	地下水面
water temperature	水温	水溫
water thermometer	水温表	水溫計
watertight stratum	土壤不透水层	土壤不透水層
water type	水型	水型
water use ratio	耗水比	耗水比
water vapor	水蒸气,水汽	水氣
water vapor budget	水汽收支	水氣收支
water vapor-greenhouse effect	水汽–温室效应	水氣溫室效應
water vapor pressure	水汽压	水氣壓
water vapor profile	水汽廓线	水氣廓線
water vapor retrieval	水汽反演	水氣反演
water year	水文年	水文年
wave	波浪	波浪
wave action	波作用量	波作用
wave activity	波活动性	波活動[性]
wave amplification	波幅增大	波增強
wave amplitude	波幅	波幅
wave blocking	波阻塞	波阻塞
wave cloud	波状云	波狀雲
wave drag	波阻	波阻
wave energy density	波能密度	波能密度
wave energy flux	波能通量	波能通量
wave ensemble	波集	波集
wave equation	波动方程	波[動]方程
wave forcing	波动强迫[作用]	波强迫[作用]
waveform	波形	波形
waveform analysis	波形分析	波形分析
wave front	波阵面,波锋	波前
wave guide	波导	波導
wave height	波高	波高
wave length	波长	波長
wavelet	小波	小波
wavelet analysis	小波分析	小波分析
wave mode	波模	波模

英　文　名	大　陆　名	台　湾　名
wave motion	波动	波動
wave number	波数	波數
wave number space	波数空间	波數空間
wave packet	波包	波包[絡]
wave period	波动周期	波週期
wave profile	波廓线	波剖面
wave range	波段	波段
wave ray	波射线	波射線
wave ridge	波脊	波脊
wave source	波源	波源
wave spectrum	波谱	波譜
wave speed	波速	波速
wave system	波系	波系
wave theory	波动理论,波动说	波動說
wave train	波列	波列
wave transience	波瞬态	波瞬變
wave trough	波槽	波槽
wave type disturbance	波型扰动	波型擾動
wave vector	波矢量	波向量
WCRP（=World Climate Research Programme）	世界气候研究计划	世界氣候研究計畫
weak echo region	弱回波区	弱回波區
weak echo vault	弱回波穹窿	弱回波拱腔
weather	天气	天氣
weather above minimum	适航天气	適航天氣
weather below minimum	禁航天气	禁航天氣
weather control	天气控制	天氣控制
weather echo	天气回波	天氣回波
weather facsimile（WEFAX）	天气图传真	天氣傳真
weather forecast	天气预报	天氣預報
weathering	风化[作用]	風化
weather integration and nowcasting system（WINS）	临近预报系统	即時預報系統
weather modification	人工影响天气	天氣改造
weather outlook	天气展望	天氣展望
weather phenomena	天气现象	天氣現象
weatherproof	全天候	全天候
weather proverb	天气谚语	天氣諺語

英 文 名	大 陆 名	台 湾 名
weather radar	天气雷达	氣象雷達
weather reconnaissance flight	天气侦察飞行	氣象偵察飛行
weather report	天气报告	天氣報告
weather resistance	天气适应能力	天氣適應能力
weather symbol	天气符号	天氣符號
weather system	天气系统	天氣系統,綜觀系統
wedge	脊	脊
WEFAX（=weather facsimile）	天气图传真	天氣傳真
weighted mean	加权平均	加權平均
weighted residual method	加权余量法	加權剩餘法
weighting	加权,权重	加權,權重
weighting factor	权[重]因子	加權因數
weighting function	权[重]函数	加權函數
weighting snow-gauge	称雪器	秤雪計
westerlies	西风带	西風[帶]
westerly belt（=westerlies）	西风带	西風帶
westerly jet	西风急流	西風噴流
westerly trough	西风槽	西風槽
westerly wave	西风波	西風波
wet-bulb potential temperature	湿球位温	濕球位溫
wet-bulb pseudo-potential temperature	假湿球位温	假濕球位溫
wet-bulb pseudo-temperature	假湿球温度	假濕球溫度
wet-bulb temperature	湿球温度	濕球溫度
wet-bulb thermometer	湿球温度表	濕球溫度計
wet damage	湿害	濕害
wet deposition	湿沉降	濕沈降
wet fog	湿雾	濕霧
wet growth	湿生长	濕成長
wet index	湿指数	濕指數
wet season	湿季	濕季
wet spell	湿期	濕期
wet static energy	湿静力能	濕靜能
whirling echo	涡旋状回波	渦旋狀回波
white bulb thermometer	白球温度表	白球溫度計
White Dew	白露	凍露白
white noise	白噪声	白噪
whiteout	白化天	白濛天
white squall	白飑	白颮

英　文　名	大　陆　名	台　湾　名
Wien's displacement law	维恩位移定律	汾因位移[定]律
Wien's distribution law	维恩单波分配定律	汾因分佈[定]律
Wien's law of radiation	维恩辐射定律	汾因輻射[定]律
wilting coefficient	萎蔫系数	枯萎係數
wilting point	萎蔫点	枯萎點
wind	风	風
wind arrow	风矢	風矢
wind-chill factor	风寒因子	風寒因數
wind-chill index	风寒指数	風寒指數
wind cone	风向袋	風袋
wind damage	风害	風害
wind direction	风向	風向
wind-driven ocean circulation	风生海洋环流	風成[海洋]環流
wind effect	风效应	風效應
wind energy	风能	風能
wind energy potential	风能潜力	風能潛勢
wind energy resources	风能资源	風能資源
wind energy rose	风能玫瑰图	風能玫瑰圖
wind engineering	风力工程	風力工程
wind field	风场	風場
wind-finding	测风过程	測風過程
wind-finding radar	测风雷达	測風雷達
wind force	风力	風力
wind [force] scale	风级	風級
wind-generated current	风生海流	風生海流
wind-induced surface heat exchange （WISHE）	风生表面热交换	風誘表面熱交換
wind pressure	风压	風壓
wind reversal	风向逆转	風向反轉
wind ripple	风成雪波	風雪紋
wind rose	风玫瑰图	風花圖
wind shaft	风矢杆	風向桿
wind shear	风切变	風切
wind shield	风屏	風屏
wind spectrum	风谱	風譜
wind speed	风速	風速
wind speed profile	风速廓线	風速剖線
wind stress	风应力	風應力

英　文　名	大　陆　名	台　湾　名
wind stress curl	风应力旋度	風應力旋度
wind tunnel	风洞	風洞
wind vane	风向标	風標
wind vector	风矢量	風向量
wind velocity fluctuation	风速脉动	風速變動
WINS（=weather integration and nowcasting system）	临近预报系统	即時預報系統
winter	冬[季]	冬[季]
winter dry moderate	冬干温和[气候]	冬乾溫和[氣候]
winter half year	冬半年	冬半年
winter hemisphere	冬半球	冬半球
winter ice	严冰	嚴冰
winter monsoon	冬季风	冬季季風
winter severity index	冬季严寒指数	冬季嚴寒指數
Winter Solstice	冬至	冬至
wintriness index	冬性指数	冬性指數
wiresonde	系留探空	繫留探空
WISHE（=wind-induced surface heat exchange）	风生表面热交换	風誘表面熱交換
WMO（=World Meteorological Organization）	世界气象组织	世界氣象組織
Wolf number	沃尔夫数	沃爾夫[黑子]數
world climate	世界气候	世界氣候
World Climate Research Programme（WCRP）	世界气候研究计划	世界氣候研究計畫
World Meteorological Organization（WMO）	世界气象组织	世界氣象組織
World Weather Watch（WWW）	世界天气监测网	世界氣象守視
WWW（=World Weather Watch）	世界天气监测网	世界氣象守視

X

英　文　名	大　陆　名	台　湾　名
XBT（=expendable bathythermograph）	投弃式温深仪,消耗性温深仪	可拋式溫深儀
xerophilous plant	适旱植物,喜旱植物	適旱植物,喜旱植物
xerothermal index	干热指数	乾熱指數
xerothermal period	干热期	乾熱期

Y

英　文　名	大　陆　名	台　湾　名
Yanai wave	柳井波	Yanai 波,柳井波
year climate	年气候	年氣候
year-to-year pressure difference	年际气压差	年際氣壓差
year-to-year temperature difference	年际温差	年際溫差
yellow snow	黄雪	黄雪
yellow wind	黄[土]风	黃[土]風
yield forecasting	产量预报	產量預報
Younger Dryas event	新仙女木事件	新仙女事件
young ice	新冰	新冰

Z

英　文　名	大　陆　名	台　湾　名
z coordinate	z 坐标	z 坐標
zenith	天顶	天頂
zenith angle	天顶角	天頂角
zenith distance	天顶距	天頂距
zenith rain	天顶雨	天頂雨
zero dimension	零维	零維
zero-dimensional model	零维模式	零維模式
zero gravity	零重力	零重力
zero isotherm	零度等温线	零度等溫線
zero layer	零层	零層
zero-order closure	零阶闭合	零階閉合
zero point	①零点 ②致死临界温度	①零點 ②致死點
zero temperature level	零温度层	零溫度層
zodiac（＝ecliptic）	黄道	黄道
zonal circulation	纬向环流	緯向環流
zonal circulation index	纬向环流指数	緯向環流指數
zonal cross-section	纬向剖面	緯向剖面
zonal index	纬向[度]指数	緯流指數
zonally symmetric model	纬向对称模式	緯向對稱模式

英　文　名	大　陆　名	台　湾　名
zonal mean	纬向平均	緯向平均
zonal wave number	纬向波数	緯向波數
zonal wind	纬向风	緯向風
zonal wind profile	纬向风速廓线	緯向風剖線
zone of discontinuity	不连续带	不連續帶
zone of saturation	饱和区	飽和區
Z-R relationship	*Z-R* 关系	*ZR* 關係